职业教育示范性教材
中等职业学校机电类专业规划教材

计算机辅助设计与绘图技术（UG NX 基础教程）

主　编　张续仁
副主编　彭　署　赖志炎
主　审　陈进泽
编　委　（以姓氏笔画为序）
李云义　陈进泽　张续仁
彭　署　赖志炎

湖南大学出版社

内容简介

本书是学习UG软件的快速入门指南，内容包括UG NX 6.0概述、UG NX建模通用知识、曲线功能、绘制草图、实体特征建模、工程图功能、曲面建模以及装配建模等。在内容安排上，为了使读者更快地掌握该软件的基本功能，本书结合范例对软件中一些抽象的概念、命令和功能进行讲解。在写作方式上，UG NX紧贴软件的实际操作，采用软件中真实的对话框和按钮等进行讲解，使读者能够直观、准确地操作软件进行学习，从而尽快上手，提高学习效率。本书可作为中等职业技术学校机电类专业的教材，也可作为自学UG的入门教程和参考书。

图书在版编目(CIP)数据

计算机辅助设计与绘图技术(UG NX基础教程)/张续仁主编.
—长沙：湖南大学出版社，2010.7
(中等职业学校机电类专业规划教材)
ISBN 978-7-81113-861-0
Ⅰ.①计…　Ⅱ.①张…　Ⅲ.①计算机辅助设计—应用软件，UG NX—专业学校—教材
Ⅳ.①TP391.72
中国版本图书馆CIP数据核字(2010)第146583号

计算机辅助设计与绘图技术(UG NX基础教程)
Jisuanji Fuzhu Sheji yu Huitu Jishu(UG NX Jichu Jiaocheng)

总 主 编：沈言锦
主　　编：张续仁
责任编辑：金　伟
封面设计：晓艺视觉
出版发行：湖南大学出版社
社　　址：湖南·长沙·岳麓山　　**邮　　编**：410082
电　　话：0731-88822559(发行部)，88821142(编辑室)，88821006(出版部)
传　　真：0731-88649312(发行部)，88822264(总编室)
电子邮箱：pressjinw@hnu.cn
网　　址：http://press.hnu.cn
印　　装：衡阳顺地印务有限公司
开本：787×1092　16开　　**印张**：13　　**字数**：300千
版次：2010年8月第1版　　**印次**：2010年8月第1次印刷
书号：ISBN 978-7-81113-861-0/TP·65
定价：26.00元

前　言

UG是当今应用最广泛、最具竞争力的CAE/CAD/CAM大型集成软件之一。其囊括了产品设计、零件装配、模具设计、NC加工、工程图设计、模流分析、自动测量和机构仿真等多种功能。该软件完全能够改善整体流程以及流程中每个步骤的效率，广泛应用于航空、航天、汽车、通用机械和造船等工业领域。

UG NX 6.0是UG NX的最新版本，与以前的版本相比，UG NX 6.0具有更好的绘图界面以及形象生动的、简洁快速的设计环境，为企业提供无约束的设计能力，体现更多灵活性。它将主动数字样机引入到行业中，使工程师能够了解整个产品的关联关系，从而更高效地工作。UG NX 6.0在性能和功能方面都有较大的增强，同时保证与低版本完全兼容。

本书以最新版本UG NX 6.0中文版为蓝本，按照该软件各功能模块的逻辑关系，对其进行系统化的阐述。

本书以理论知识为基础，以机械设备中最常见的零部件和典型的建筑模型为训练对象，带领读者全面学习UG NX 6.0软件。全书共分9个项目，具体内容如下：

项目一　介绍UG NX 6.0软件的特点和功能，以及基础建模模块的功能和使用方法，并详细讲解了工作环境设置和文件管理的基本操作方法。

项目二　详细介绍坐标系、构造器、视图布局、对象变换、图层管理、表达式和基准特征等建模通用知识，并详细讲解用这些专业知识辅助UG NX 6.0模型建模的方法和技巧。

项目三　介绍如何在三维环境中绘制和编辑各种曲线，包括基本曲线、高级建模曲线以及曲线编辑的使用和操作技巧。

项目四　介绍UG NX中草图的基本环境、创建草图的基本流程、草图的绘制和约束，以及草图的操作等内容。

项目五　重点介绍在UG NX 6.0中基本体素特征、扫描特征和设计特征的创建方法，以及特征关联复制的各种操作。介绍UG NX中利用布尔运算、细节特征进行产品设计的方法和使用技巧，以及编辑特征的方法。

项目六　重点介绍UG工程图的建立和编辑方法，具体包括工程图管理，添加视图，编辑视图，标注尺寸、形位公差和表面粗糙度及输入文本和输出工程图等内容。

项目七　全面介绍曲面造型的创建和编辑方法，其中包括曲面的概念及有关编辑曲面的操作方法和技巧，并分别介绍了以线构面和以面构面这两种不同方式。

项目八　介绍使用UG NX 6.0进行装配设计的基本方法，包括自顶向下和自底向上的装配方法，以及创建爆炸视图和执行组件阵列等操作方法。

项目九　全面介绍了合页建模和滚动轴承建模方法，具体包括绘制合页、绘制销、装配，并介绍了绘制轴承内、外圈,绘制滚动体,绘制保持架以及轴承的装配等内容。

本书由多所国家级重点职业中专骨干专业教师联合编写,具体分工如下:冷水江工业学校张续仁任主编,湘潭大学陈进泽任主审,醴陵市职业中专赖志炎、澧县职业中专彭署任副主编,潇湘技师学院李云义参加了编写。

本书既适合于初、中级用户入门与提高阶段使用,也可作为中职学校机械、模具设计、钣金设计等专业的教材,还可供工业设计领域的工程设计技术人员和相关专业的学生参考。

尽管编者倾力相注,精心而为,但由于时间仓促,加之水平有限,书中难免存在疏漏之处,恳请读者批评指正。

编　者

2010 年 5 月

目　次

项目一　UG NX 6.0 概述

任务一　UG NX 6.0 软件简介
任务二　UG NX 6.0 操作界面
任务三　UG NX 6.0 基本操作
任务四　设置 UG 基本环境
任务五　观察视图
任务六　对象操作

UG NX 6.0 是 Unigraphics Solutions 公司(简称 UGS)提供的集 CAD/CAE/CAM 于一体的集成系统的最新版本。它在 UG NX 5.0 的基础上做了许多改进,为当今世界最先进的计算机辅助设计、分析和制作软件之一。此软件将建模、制图、加工、结构分析、运动分析和装配等功能集于一体,广泛应用于航天、航空、汽车、造船等领域,显著地提高了相关工业的生产率。本章主要介绍 UG NX 6.0 软件的特点和功能,以及基础建模模块的功能和使用方法,并详细讲解了工作环境设置和文件管理的基本操作方法。

任务一 UG NX 6.0 软件简介

UG 软件作为 UGS 公司的旗舰产品,是当今最流行的 CAD/CAE/CAM 一体化软件,为用户提供了最先进的集成技术和一流实践经验的解决方案,能够把任何产品的构思付诸实际。UG NX 6.0 是 UG 系列软件的最新版本,于 2008 年 7 月发布。其不仅具有 UG 以前版本的强大功能,而且用户界面更加灵活,并由多个应用模块组成。使用这些模块,可以实现工程设计、绘图、装配、辅助制造和分析一体化。本节主要介绍其特点及主要功能模块。

一、软件特点

UG NX 6.0 采用复合建模技术,融合了实体建模、曲面建模和参数化建模等多方面的技术,摒弃了传统建模设计意图传递与参数化建模严重依赖草图,以及生成和编辑方法单一的缺陷。用户可根据自身需要和习惯选择适合自身的建模方法。

UG NX 6.0 系统提供了一个基于过程的产品设计环境,使产品开发从设计到加工真正实现了数据的无缝集成,从而优化了企业的产品设计与制造。UG 面向过程驱动的技术是虚拟产品开发的关键技术,在面向过程驱动技术的环境中,用户的全部产品以及精确的数据模型能够在产品开发全过程的各个环节保持相关,从而有效地实现了并行工程。

该软件不仅具有强大的实体造型、曲面造型、虚拟装配和产生工程图等设计功能,而且在设计过程中可进行有限元分析、机构运动分析、动力学分析和仿真模拟,提高设计的可靠性。同时,可用建立的三维模型直接生成数控代码,用于产品的加工,其后处理程序支持多种类型数控机床。另外,它所提供的二次开发语言 UG/Open GRIP、UG/Open API 简单易学,实现功能多,便于用户开发专用 CAD 系统。

二、主要功能模块

UG NX 6.0 功能非常强大,其所包含的模块也非常多,涉及工业设计与制造的各个层面。通过不同的功能模块来实现不同的用途,下面简要介绍各常用模块。

1. 基本环境模块

基本环境模块是 UG 的基本模块,是 UG 启动后自动运行的第一个模块,是其他应用模块运行的公共平台。该模块可以打开已经存在的部件文件,创建新的部件文件,改变显示部件,分析部件,还可以启动在线帮助,输出图纸,执行外部程序等。

2. 建模模块

建模模块用于创建 3D 模型,是 UG 的核心模块。该模块不但能生成和编辑各种实体特征,还具有丰富的曲面建模工具,可以自由地表达设计思想,创造性地改进设计,从而获得良好的造型效果和造型速度。

3. 制图模块

UG 工程绘图模块提供了自动布置视图的功能，可生成剖视图、各向视图、局部放大图、局部剖视图，自动/手工标注尺寸、形位公差、粗糙度和符号，输入标准汉字，对视图进行手工编辑，使装配图生成可视图和爆炸图，并自动生成明细表，支持 ANSI、ISO、DIN、JIS 和 GB 等工业制图标准。

4. 装配模块

UG 装配模块可以提供并行的自顶向下或自底向上的产品开发方法，可以快速跨越装配层来直接访问任何组件或子装配图的设计模型。其生成的装配模型中的零件数据是对零件本身的链接，保证装配模型和零件设计完全双向相关，即零件设计修改后装配模型中的零件会自动更新，同时也可在装配环境下直接修改零件设计。

三、其他模块

除了以上介绍的常用模块外，UG 还有其他一些功能模块。如用于钣金设计的钣金模块、用于管路设计的管道与布线模块、供用户进行二次开发的，由 UG/Open GRIP、UG/Open API 和 UG/Open＋＋组成的 UG 开发模块（UG/Open）等等。以上各种模块构成了 UG 的强大功能。

任务二 UG NX 6.0 操作界面

要使用 UG NX 6.0 软件进行工程设计，首先必须进入该软件的操作环境。可通过新建文件的方法进入操作界面，或者通过打开文件的方式进入操作。

UG NX 6.0 中文版的界面完全采用窗口式风格，用户可以使用熟悉的 Windows 操作技巧来操作该软件，并且新版操作界面设置使用视窗风格，简单明快，用户可以方便快捷地找到所需要的工具按钮，其操作界面如图 1.1 所示。

新的操作界面更具 Windows 风格，它加入大量 XP 风格的操作方式和图标，使界面更加简练、清晰、美观。

1. 标题栏

在 UG NX 6.0 工作界面中，标题栏的用途与一般 Windows 应用软件的标题栏用途大致相同。在此，标题栏的主要功能用于显示软件版本与使用者应用的模块名称，并显示当前正在操作的文件名称及状态。

2. 菜单栏

菜单栏包含了 UG NX 6.0 软件所有的主要功能，位于主窗口的顶部，在标题栏的下面。菜单栏中的菜单是下拉式菜单，系统将所有的指令和设置选项予以分类，分别放置在不同的下拉式菜单中。

选择菜单栏中任何一个功能时，系统将会弹出下拉菜单，同时显示出该功能菜单包含的有关指令，每一个指令的前后可能有一些特殊标记。例如，在“编辑”子菜单的“删除”选项前方标注有图标，后方标注有该选项对应的快捷键。

3. 工具栏

工具栏在菜单栏的下面，它以简单直观的图标来表示每个工具的作用，UG 具有大量的工

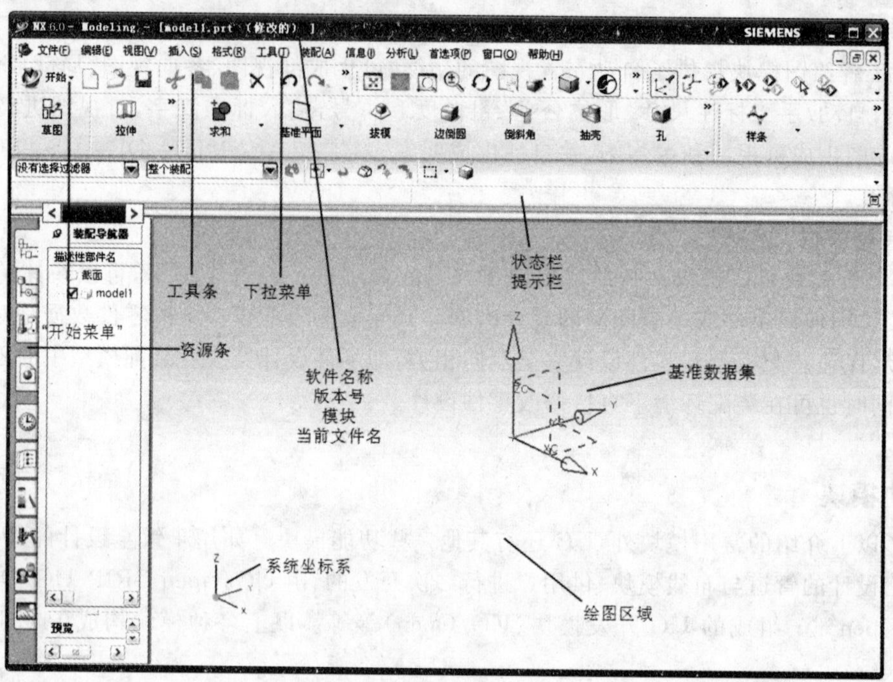

图 1.1 UG NX 6.0 操作界面

具按钮供用户使用,只要单击工具栏中的图标按钮,就可启动相应的 UG 软件的功能。

在 UG 中,几乎所有的功能都可以通过单击工具栏上的图标按钮来启动,UG 的工具栏可以按照不同的功能组别分成若干类,工具栏可以以固定或浮动的形式出现在窗口中。如果将鼠标指针停留在工具栏按钮上,将会出现该工具对应的功能提示。

4. 绘图区

绘图区是 UG NX 6.0 的主要工作区域,是以窗口的形式呈现的,占据了屏幕的大部分空间,用于显示绘图后的效果、分析结果、刀具路径结果等。UG NX 6.0 还支持以下操作方法:

(1)挤出式按钮:在绘图区按住鼠标右键不放,UG NX 6.0 将打开新的挤出式按钮,同样可以选择多种视图的操作方式,如图 1.2 所示。

(2)小选择条和视图菜单:小选择条和视图菜单将选择功能直接显示在光标位置上,由此减少了鼠标移动,从而提高了工作效率。无论何时使用视图快捷菜单,都可以在图形窗口中显示选择条的精简版本。

当光标位于几何体周围空白位置时,右击或按住 Ctrl 键右击,将同时显示小选择条和视图菜单,如图 1.3 所示。

5. 提示栏和状态栏

提示栏位于绘图区的上方,用于提示使用者操作的步骤。在执行每个指令步骤时,系统均会在提示栏中显示使用者必须执行的动作,或提示使用者下一个动作。UG 有很多指令,对于一个使用 UG 的用户来说不可能记住所有指令的操作过程,当用户不记得某些不常用的指令步骤时,就可以看提示栏了。如果是初学者,每做一步都要看看提示栏。

状态栏固定于提示栏的右方,其主要用途是显示系统及图素的状态。

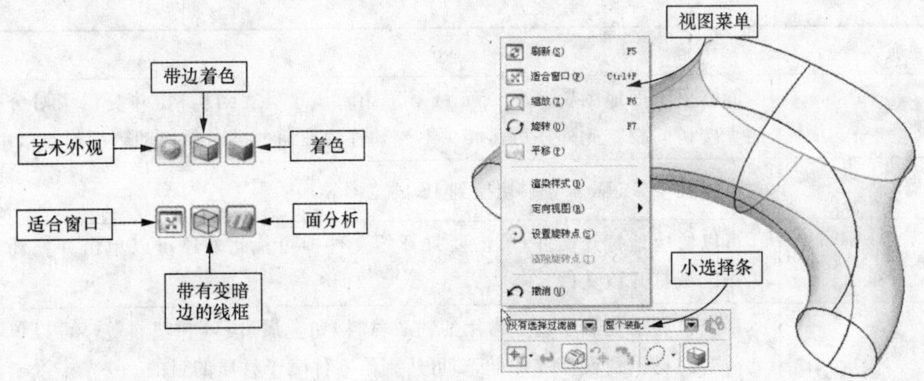

图 1.2 挤出式按钮

图 1.3 小选择条和视图菜单

6. 资源栏

资源栏是用于管理当前零件的操作及操作参数的一个树形界面，当鼠标离开操作资源栏界面时，操作导航器将自动隐藏，如图 1.4 所示。

该资源栏的导航按钮位于屏幕的左侧，提供常用的导航器的按钮，如装配导航器、部件导航器等，该资源栏主要导航按钮的含义如表 1.1 所示。

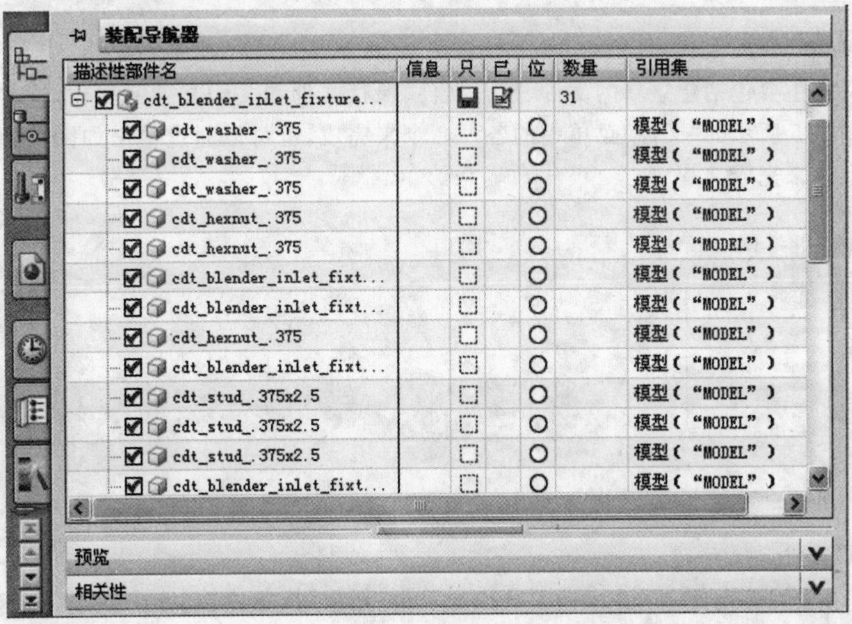

图 1.4 资源栏

表 1.1 资源栏主要导航按钮的含义

导航器	含 义
装配导航器	用来显示装配特征树及其相关操作过程。
部件导航器	用来显示零件特征树及其相关操作过程，即从中可以看出零件的建模过程及其相关参数。通过特征树可以随时对零件进行编辑和修改。

续表

导航器	含 义
重用库	能够更全面地浏览 Teamcenter Classification 层次结构树,并提供了对分类对象的直接访问权。此外还可将相关 NX 部件的任何分类对象拖动到图形窗口中。
IE 浏览器	可以在 UG NX 6.0 中切换到 IE 浏览器。
历史记录	可以快速地打开文件,单击要打开的文件即可。此外还可以单击并拖动文件到工作区域打开该文件。
系统材料	系统材料中提供了很多常用的物质材料,如金属、玻璃和塑料等。可以单击并拖动需要的材质到设计零件上,即可达到给零件赋予材质的目的。

任务三 UG NX 6.0 基本操作

在通常的 UG NX 6.0 模型设计过程中,几乎每个操作步骤都会涉及一些基本操作。例如,执行打开或者创建零部件文件等文件管理操作,以及使用鼠标和键盘辅助管理图形显示方式和方位。因此,学好这些基本的操作方法是将来进一步学好 UG NX 6.0 复杂建模的基础。

一、管理文件

管理文件主要包括建立新的文件、打开文件、保存文件和关闭文件的操作,这些操作可通过选择如图 1.5 所示的"文件"菜单中的各种命令来完成,也可以通过单击如图 1.6 所示的工具栏上的图标来完成。

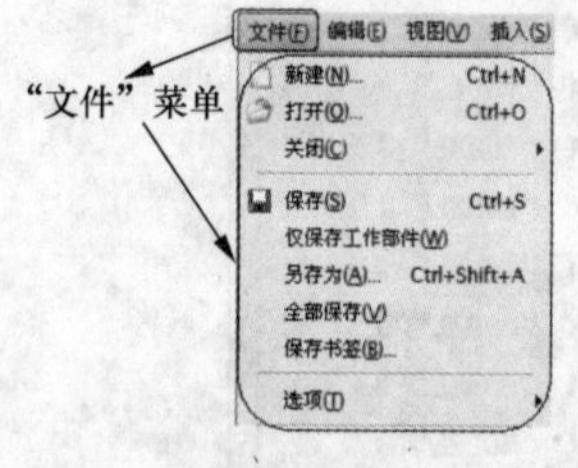

图 1.5 "文件"菜单

图 1.6 工具栏上的图标

1. 新建文件

选择"文件"—"新建"命令,或在工具栏上单击"新建"按钮或按"Ctrl+N"快捷键,即可打开"文件新建"对话框,如图 1.7 所示。

在对话框中先选择要创建文件的路径,然后在"名称"文本框中输入文件名,文件类型可自由选择(默认后缀名 .prt),在"单位"下拉列表框中选择将要创建零件的尺寸单位,UG 提供了 3 种度量单位:英寸、毫米和全部,设置完成后单击"确定"按钮即可。

2. 打开文件

点击菜单下的"文件"—"打开"命令,就会打开图 1.8 的"打开文件"对话框。对话框中的文件列表框中列出了当前工作目录下存在的部件文件。可以直接选择要打开的部件文件,也可以在"文件名"文本框中输入要打开的部件名称。当然,对于当前目录下没有所要文件的时

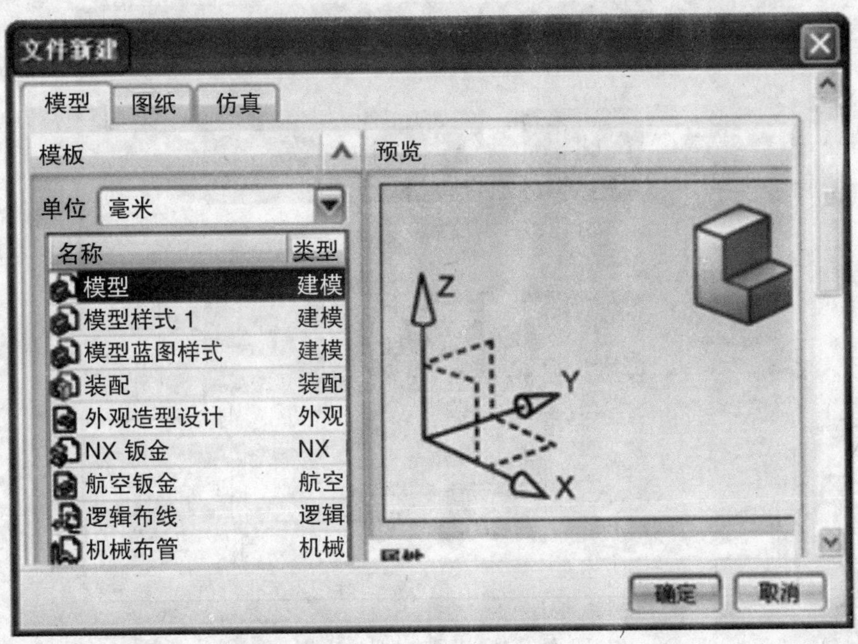

图 1.7 “文件新建”对话框

候，可以在查找范围里找到文件所在的路径。

对于上次打开过的文件，我们可以用“文件”—“最近打开的部件”命令来打开，具体操作如图 1.9 所示。

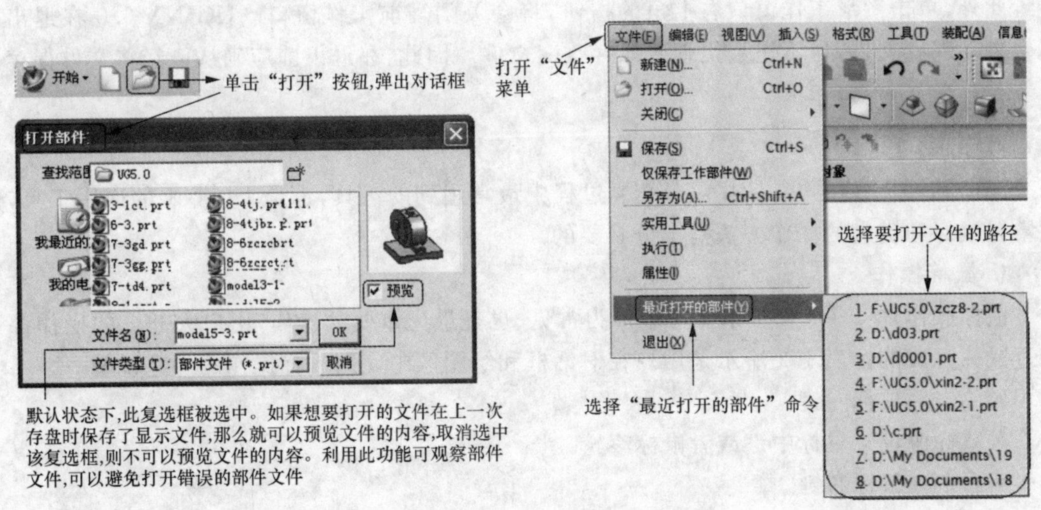

图 1.8 “打开文件”对话框

图 1.9 打开最近打开过的文件

3. 保存文件

要保存文件，可选择“文件”→“保存”选项（工具栏：“标准”→“保存”），即可将文件保存到原来的目录。如果需要将当前图形保存为另一个文件，可选择“文件”→“另存为”选项，打开“另存为”对话框，如图 1.10 所示。在“文件名”下拉列表框中输入保存的名称，然后单击“OK”按钮即可。

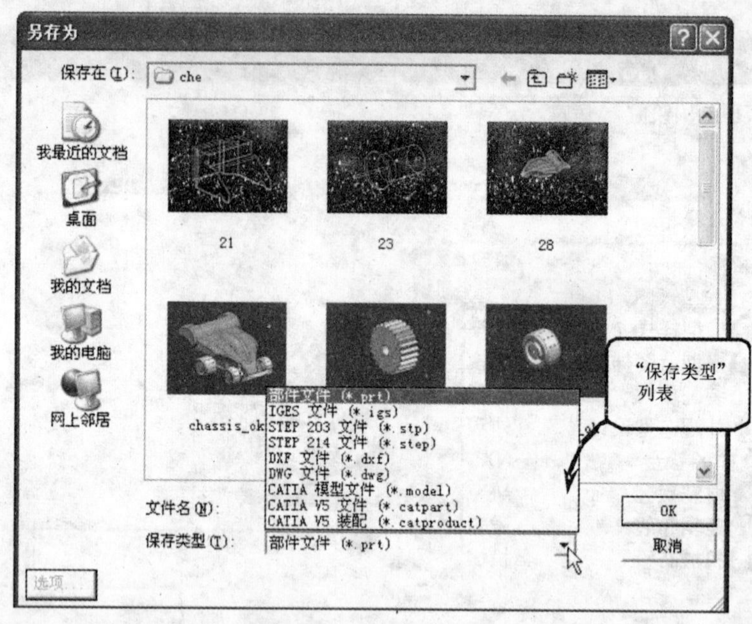

图 1.10 "另存为"对话框

4. 关闭文件

如果需要关闭文件,可选择"文件"→"关闭"选项,在打开的子菜单中选择合适的选项执行关闭操作。例如,当选择"选定的部件"选项时,UG NX 6.0 将打开"关闭部件"对话框,在该对话框中指定关闭方式即可执行对应的关闭操作。

此外,单击图形工作窗口右上角的按钮,将会关闭当前工作窗口。UG NX 6.0 在退出时不会自动保存文件,也不提示是否要保存改变文件。因此,在退出前应确认已经将文件保存。

二、使用键盘和鼠标

鼠标和键盘是用户在使用 UG NX 过程中最常用到的工具,也是 UG NX 的通用工具,因此掌握鼠标和键盘的操作方法是十分必要的。

1. 鼠标操作

鼠标操作是 UG NX 基本操作中最为常见、也是最为重要的操作,用户大部分的操作都是通过鼠标完成的。表 1.2 所示是用户在对话框和绘图区中使用鼠标操作的一些说明。

• 单击=鼠标左键

• 鼠标中键=鼠标中键或者鼠标滚轮

• 右击=鼠标右键

2. 键盘操作

键盘操作也是 UG NX 基本操作中最为常见的操作之一,可以通过键盘和鼠标完成 UG NX 6.0 的大部分操作,也可以根据自己的习惯,选择使用键盘操作或者鼠标操作。尽管鼠标是最基本的操作方式,但是也可以通过键盘来完成很多交互操作。

表 1.2 鼠标操作

目 的	操 作
选择菜单或者选择对话框中的选项	单击
当用户在对话框中完成所有参数的设置后，需要确定或者应用操作	鼠标中键
取消	Alt+鼠标中键
显示快捷菜单	在文本中右击
选择一些连续排列的对象	Shift+单击
选择或者取消选择一些非连续排列的对象	Ctrl+单击
放大模型视图	滚动鼠标滚轮
弹出快捷菜单	在对象上右击
激活对象的默认操作	在对象上双击
旋转视图	在绘图区按下并拖动鼠标中键
平移视图	在绘图区按下鼠标中键+鼠标右键拖动或者按下Shift+鼠标中键
放大视图	在绘图区按下鼠标中键+鼠标左键拖动或者按下Ctrl+鼠标中键

任务四 设置 UG 基本环境

绘图环境是设计者与 UG NX 6.0 系统的交流平台，如何能够简易、快速地定义出具有独特风格的工作界面，以及如何能够熟练使用这些操作来解决应急问题，是很多初级用户所面临的问题，也是亟需解决的问题。UG NX 6.0 提供了方便的界面定制方式，可以按照个人需要进行界面的定制。

一、定制工具

在 UG 软件中，为了方便操作，除了下拉菜单和快捷键外，还提供了大量的工具栏按钮，其主要作用是加速菜单项的选择操作。每个工具栏按钮都对应着菜单中的一个命令。在 UG NX 6.0 的任意操作模块中，都可以根据自身喜好拖动、定制或改变工具显示方式，从而达到自定义工具按钮的目的，更快捷、方便地实现设计效果。

1. 自定义工具栏按钮

在 UG NX 6.0 中，除了可显示或隐藏当前模块所需的工具按钮以外，还可拖动各工具栏至任意位置，并且可右击任意工具栏按钮，选择“定制”选项，然后在打开的“定制”对话框中设置显示文本、大小、角色和布局等。

在 UG NX 6.0 工程设计中，经常因为寻找按钮而耽误大量的设计时间，这时可通过定制工具条上的图标按钮来解决这个问题。用户可在打开“定制”对话框后，拖动菜单栏中选项或工具栏中按钮放置到其他任意工具栏中，并且还可以新建一个工具栏，将常用工具全部放置在该工具栏中，使其辅助设计人员更快速、准确地完成设计任务，如图 1.11 所示。

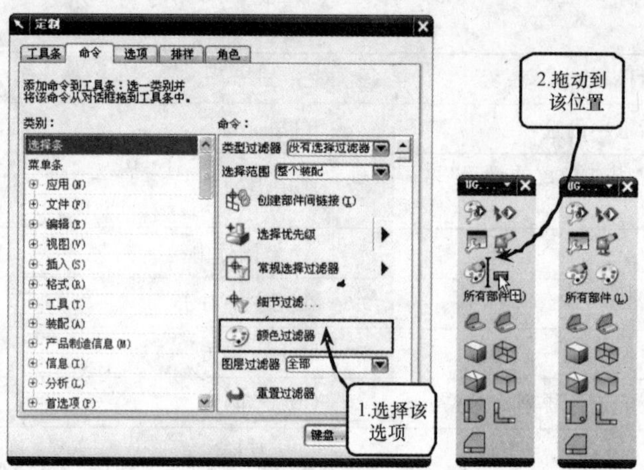

图 1.11　自定义工具栏按钮

2. 定制菜单选项

在工程设计过程中，根据设计的需要可以对 UG NX 6.0 中的菜单选项进行定制设置，也可为菜单栏中的选项添加新的菜单项。

要执行定制菜单操作，可选择“定制”对话框中的“命令”选项卡，选择要添加的命令并将其拖动到菜单栏选项中，如图 1.12 所示，即可将其添加到菜单栏中。

要删除菜单栏选项，可在打开“定制”对话框后，将鼠标移至指定选项并右击，选择“删除”选项即可。

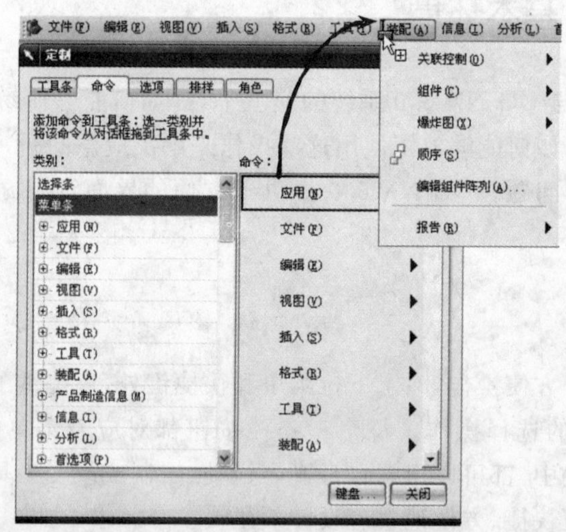

图 1.12　添加菜单栏选项

二、用户界面设置

在产品设计过程中，为了表现图形对象在当前环境中更真实的效果，可改变模型和当前环境的显示方式。其中常用的调整方式有两种：一种是通过定义工作平面显示模型三维实体效果；另一种是通过真实着色同时改变图形对象和当前环境显示方式。

1. 编辑工作界面背景

在 UG NX 6.0 中，默认的绘图区域呈深蓝色，且从上到下，由深至浅。若想改变这种视觉效果，可选择“首选项”→“可视化”选项，打开“可视化首选项”对话框，选择“调色板”选项卡中的“编辑背景”选项，即可打开“编辑背景”对话框，如图 1.13 所示。

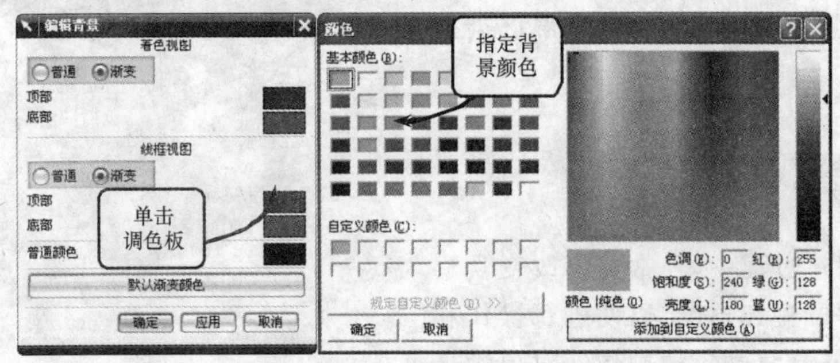

图 1.13 “编辑背景”对话框

2. 真实着色

UG NX 6.0 引入了真实着色功能，为用户提供了高质量动态可视化以及反射和环境贴图。利用该功能能够在多种环境中以多种材料迅速对设计进行可视化处理。

三、定义栅格或工作平面

工作平面在进入各功能模块后方可设置，具体设置包括图形在绘图区中的网格显示、捕捉、工作平面上的突出对象显示等。

要执行工作平面的设置，可选择“首选项”→“栅格或工作平面”选项，打开“栅格和工作平面”对话框。在该对话框中可定义以下 3 种栅格和工作平面类型。

1. 矩形均匀网格

选择“矩形均匀”网格类型时，“栅格间距”面板将显示如图 1.14 所示的 3 个文本框，在这 3 个文本框中分别设置参数值，并启用“栅格设置”面板中的“显示排样”和“显示着重线”复选框，即可获得该类型网格。

2. 矩形非均匀网格

选择“矩形非均匀”网格类型时，“栅格间距”面板将显示如图 1.15 所示的 6 个文本框，该网格类型可任意设置径向和角度间距，其他设置方法与矩形均匀网格相同，这里不再赘述。

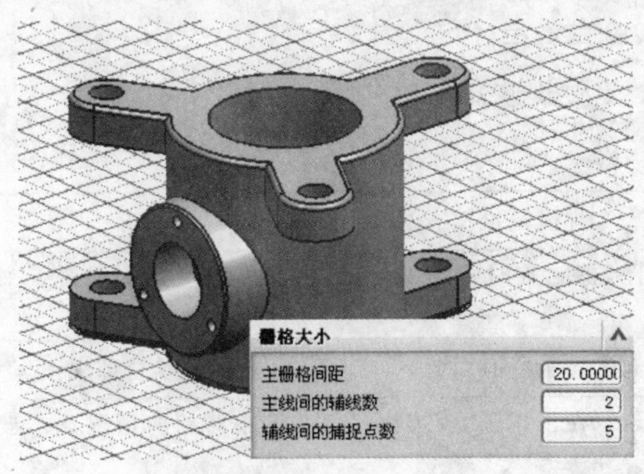

图 1.14 设置矩形均匀网格

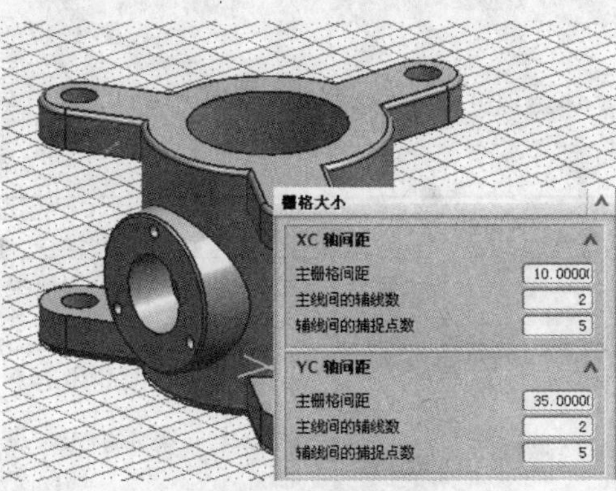

图 1.15 设置矩形非均匀网格

3. 极坐标网格

选择“极坐标”网格类型时，“栅格间距”面板将显示如图 1.16 所示的 6 个文本框，设置网格参数值后，网格将按照 Z 轴方向旋转形成极坐标网格，启用“栅格设置”面板中的“显示排样”和“显示着重线”复选框，即可获得该类型网格。

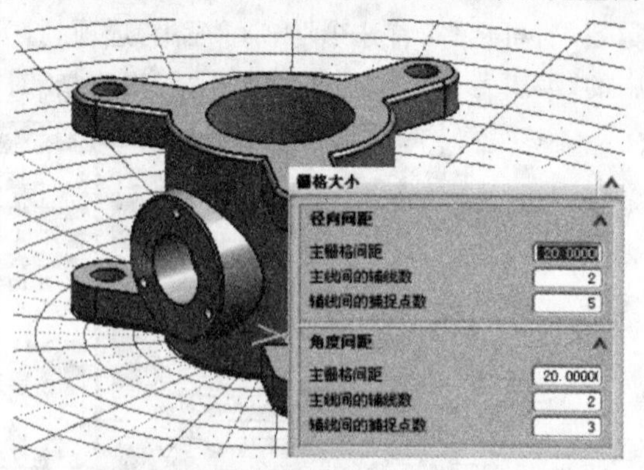

图 1.16　设置极坐标网格

任务五　观察视图

在模型的创建过程中，经常需要改变观察模型对象视图的位置和角度，以便进行操作和分析研究，这就需要通过各种操作使对象满足观察要求，在 UG NX 中，可以通过以下工具实现视图的观察。

一、观察视图的基本工具

使用“视图”工具栏观察视图是最直观和最常用的观察视图方法，该工具栏包含了视图观察操作的所有工具，如图 1.17 所示。

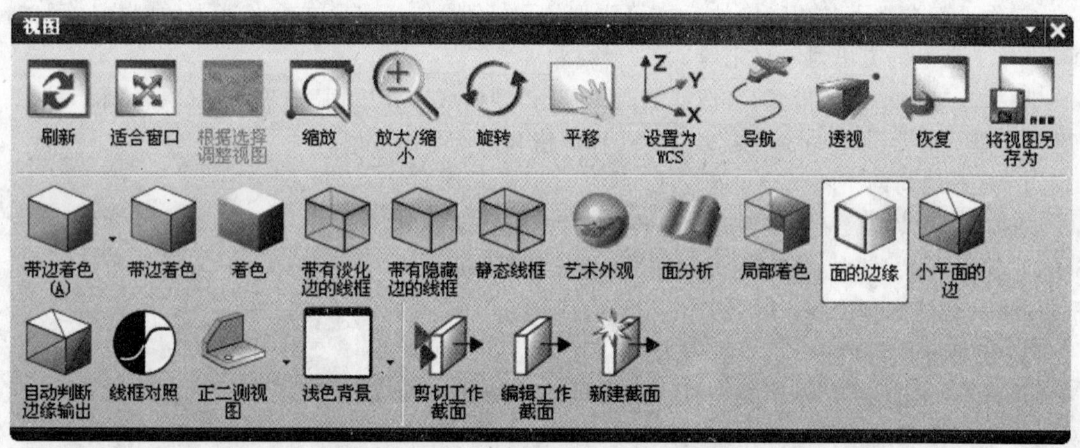

图 1.17　“视图”工具栏

在实际的绘图过程中，最常用的视图工具含义及操作如表 1.3 所示。

表 1.3

按　钮	含义及操作方法
刷新	重画图形窗口中的所有视图，擦除临时显示的对象，例如作图过程中遗留下来的点或线的轨迹。
适合窗口	调整工作视图的中心和比例以显示所有对象，即在工作区全屏显示全部视图。
根据选择调整视图	把选中的实体最大程度地显示在工作区，该按钮只有在选中对象的情况下才被激活。

续表

按 钮	含义及操作方法
缩放	对视图进行局部放大。单击该按钮后,在图形中的放大位置按住鼠标左键并拖动到合适的位置后松开鼠标,则矩形线框内的图形将被放大。
放大/缩小	单击该按钮后,在工作区中单击鼠标左键并进行上下拖动,即可完成视图的放大/缩小操作。
旋转	单击该按钮后,在工作区中按住鼠标左键并移动,即可完成视图的旋转操作。
平移	单击该按钮后,在工作区中按住鼠标左键并移动,视图将随鼠标移动的方向进行平移。
设置为 WCS	单击该按钮后,系统原来的坐标系将转化为工作坐标系,使 XC－YX 平面为当前视角。
透视	将工作视图从非透视状态转换为透视状态,从而使模型具有逼真的远近层次感。
导航	将工作实体更改为透视投影方式,并虚拟地在视图中将用户设置为观察者。单击该按钮,即可使用鼠标在模型的各种空间角度周围和之间移动图形对象,查看方位结构特征。
恢复	单击该按钮,可将工作视图恢复到上次操作之前的方位和比例。
将视图另存为	该工具可以用不同的名称保存工作视图。其使用方法与前面所介绍的"另存为"选项的使用方法相同,这里就不再赘述。

二、观察视图的截面

当观察或创建比较复杂的腔体类或轴孔类零件时,就要对实体模型进行剖切操作,去除实体的多余部分,以便对内部结构的观察或进一步操作。

在 UG NX 中,可以利用"截面"工具在工作视图中通过假想的平面实体达到观察实体内部结构的目的。

单击"视图"工具栏中的"截面"按钮,打开如图 1.18 所示的"查看截面"对话框。

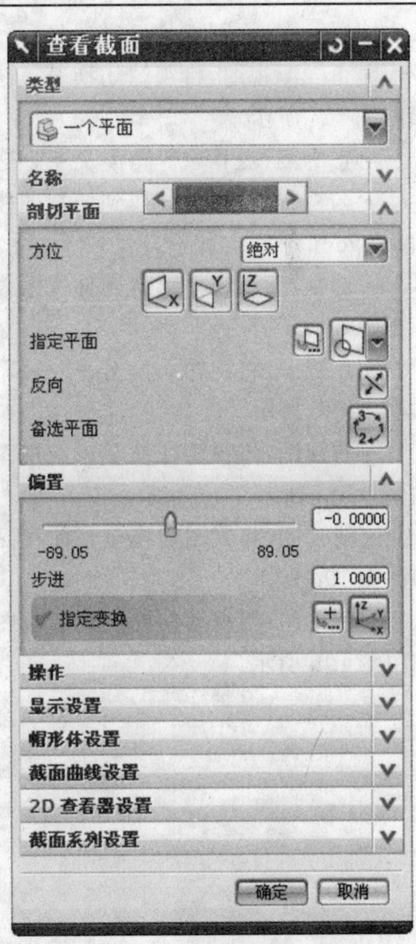

图 1.18 "查看截面"对话框

1. 剖切定义的类型

在"类型"下拉列表中包含 3 种剖切平面类型,分别为:一个平面、两个平行平面和方块。它们的操作步骤基本相同,首先确定剖切面的方位,然后确定其具体剖切位置,最后单击"确定"按钮,即可完成剖切定义操作。

2. 设置剖切平面

在"剖切平面"面板中,可将任意一个剖切类型设置为沿指定平面执行剖切操作。

3. 设置剖切距离

在"偏置"面板中,根据设计需要允许使用偏置距离对实体对象进行剖切。

三、观察视图的显示样式

在产品设计过程中，为查看整体结构以及各部位显示效果，需要经常改变该模型的显示方位，并根据需要调整该模型的显示样式，以便更快捷、方便地获得设计效果。在 UG NX 6.0 中，视图的显示方式包括以下几种类型：

- 带边着色：用心渲染工作实体的面，并显示面的边。
- 着色：用心渲染工作实体的面，不显示面的边。
- 艺术外观：根据指定的基本材料、纹理和光源实际渲染工作视图中的面。
- 带有淡化边的线框：图形中隐藏的线将显示为灰色。
- 带有隐藏边的线框：不显示图形中隐藏的线。
- 静态线框：图形中的隐藏线将显示为虚线。
- 局部着色：可以根据需要选择重要的面着色，以突出显示。
- 小平面的边：用线框的形式，显示工作实体中各平面的边或面。

四、调整视图方位

通过视图方位的调整，可以方便地切换和观察模型对象的各个方向的视图。在绝对坐标系中，包括 8 种视图方位以供选择。

• 正二测视图：将视图切换至正二测视图模式，即从坐标系的右－前－上方向观察实体，如图 1.19a 所示。

• 正等测视图：以等角度关系，从坐标系的右－前－上方向观察实体，如图 1.19b 所示。

• 俯视图：将视图切换到俯视图模式，即沿 ZC 负方向投影到 XC－YC 平面上的视图，如图 1.19c 所示。

• 仰视图：将视图切换到仰视图模式，即沿 ZC 正方向投影到 XC－YC 平面上的视图，如图 1.19d 所示。

• 左视图：将视图切换至正左视图模式，即沿 XC 正方向投影到 YC－ZC 平面上的视图，如图 1.19e 所示。

• 右视图：将视图切换至正右视图模式，即沿 XC 负方向投影到 YC－ZC 平面上的视图，如图 1.19f 所示。

• 前视图：将视图切换至正前视图模式，即沿 YC 正方向投影到 XC－ZC 平面上的视图，如图 1.19g 所示。

• 后视图：将视图切换至正后视图模式，即沿 YC 负方向投影到 XC－ZC 平面上的视图，如图 1.19h 所示。

(a)正二测视图

(b)正等测视图

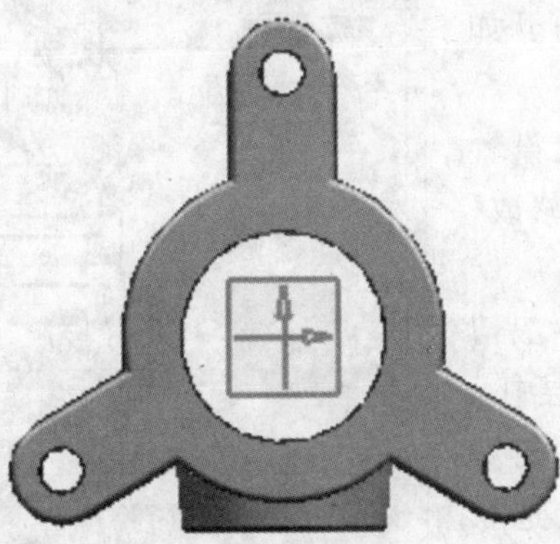

(c)俯视图

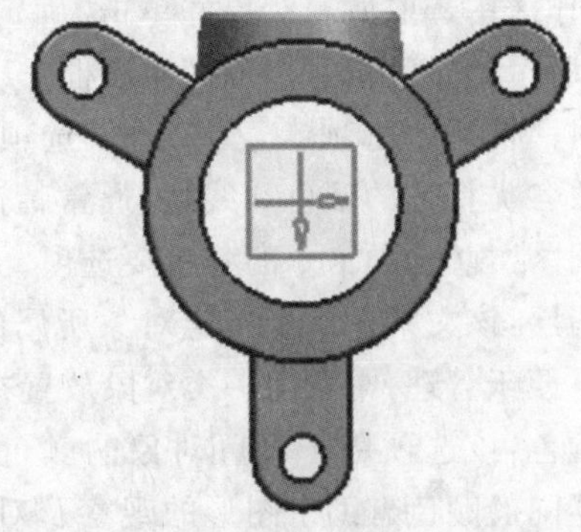

(d)仰视图

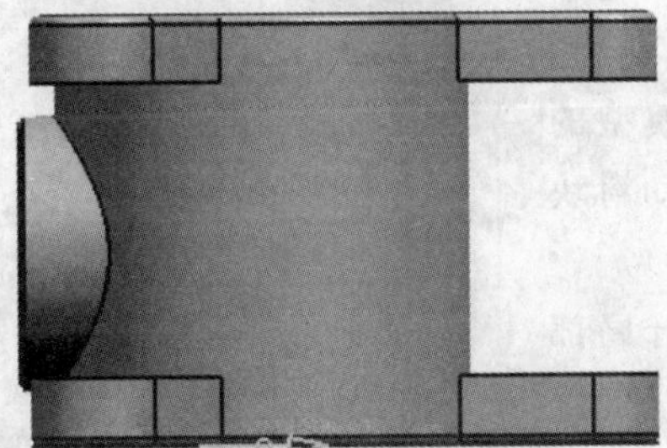

(e)左视图

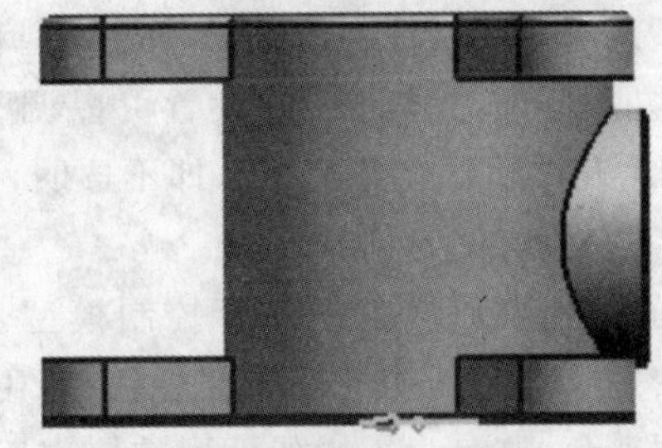

(f)右视图

(g)前视图

(h)后视图

图 1.19

任务六　对象操作

在UG建模过程中,通过选择对象的参数设置、显示设置、显示隐藏设置,能够满足不同使用者的绘图习惯,例如对象的颜色、线宽和背景等,以便更快地适应软件的工作环境,提高工作效率及绘图准确性。

一、编辑对象显示

通过对象显示方式的编辑,可以修改对象的颜色、线型、透明度等属性,特别适用于创建复杂的实体模型时对各部分的观察、选取以及分析修改等操作。

单击"编辑"→"对象编辑"命令,打开"类选择"对话框,从工作区中选取所需对象并单击"确定"按钮,打开如图1.20所示的"编辑对象显示"对话框。

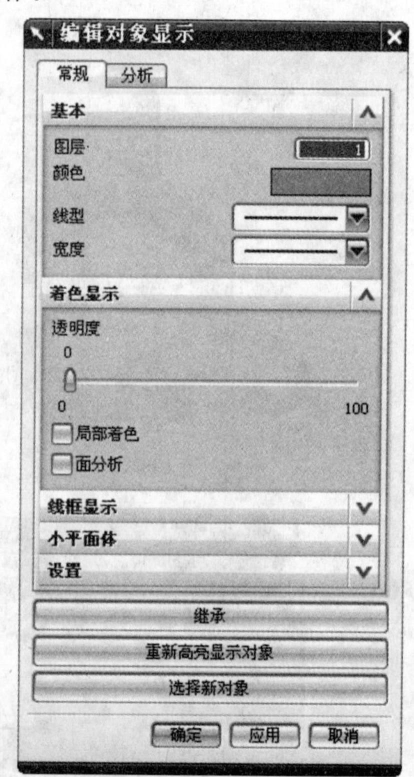

图1.20　"编辑对象显示"对话框

该对话框两个选项卡,在"分析"选项卡中可以设置所选对象各类特征的颜色和线型,通常情况下不必修改。下面介绍"常规"选项卡中的各主要选项。

• 图层:该文本框用于指定对象所属的图层,一般情况下为了便于管理,常将同一类对象放置在同一个层中。

• 颜色:该选项用于设置对象的颜色。对不同的对象设置不同的颜色有助于图形的观察及对各部分的选取及操作。

• 线型和宽度:通过这两个选项,可以根据需要设置实体模型边缘、曲线、曲面的边缘等的线型和宽度

• 透明度:通过该选项的设置可以调整实体模型的透明度,默认情况下透明度为0,即不透明,向右拖动滑块透明度将随之增加。

• 局部着色:该复选框用于控制模型是否进行局部着色。禁用状态时不能进行局部着色;启用状态时,可以进行局部着色,这是为了增加模型的层次感,可以为模型实体的各个表面设置不同的颜色。

• 面分析:该复选框用来控制是否进行面分析。禁用状态时,表示不进行面分析;启用状态时,则表示进行面分析。通过面分析,可以帮助用户获取面的曲率信息。

• 线框显示:该选项用于曲面的风格化显示。当所选择的对象为曲面时,该选项将被激活,此时可以通过"显示极点"和"显示结点"复选框控制曲面极点和结点的显示状态,可以通过U、V文本框控制曲面U和V两个方向上的网格数。

• 继承:该工具可以将所选对象的属性赋予正在编辑的对象。单击该按钮,将打开"继承"对话框,然后在工作区中选取一个对象并单击"确定"按钮,系统即将所选取对象的属性赋予正在编辑的对象,同时回到"编辑对象显示"对话框。

二、显示/隐藏对象

在用户操作过程中，如果在绘图工作区中显示的对象太多，有时会显得很零乱。因此为了便于操作，可将某些暂时不使用的对象(如创建模型的辅助曲线、草图、基准平面和基准轴等对象)隐藏掉，使其不可见。在需要的时候，可以再将隐藏对象还原出来。

选择“编辑”→“显示和隐藏”选项的子菜单，如图 1.21 所示。

1. 显示和隐藏

该选项用于控制工作区中所有图形元素的显示或隐藏状态。选取该选项后，将打开如图 1.22 所示的“显示和隐藏”对话框。

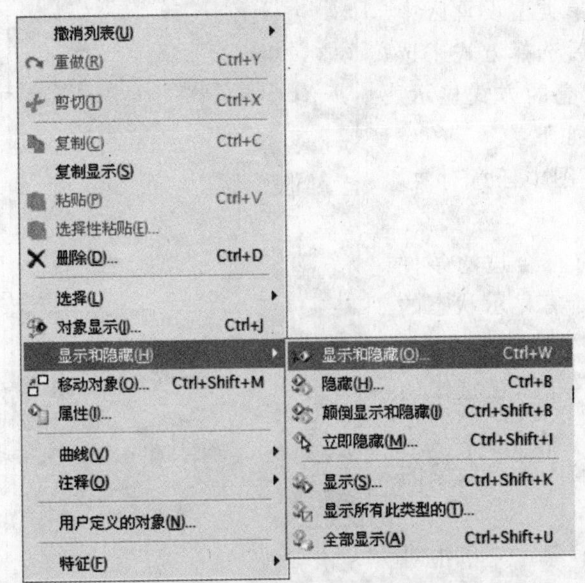

图 1.21 “显示和隐藏”子菜单

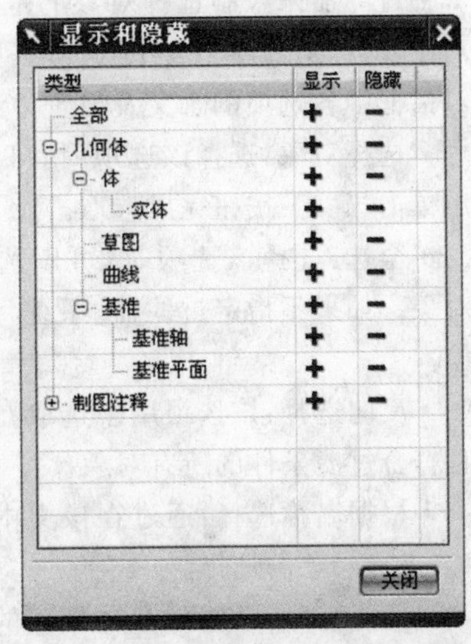

图 1.22 “显示和隐藏”对话框

在该对话框的“类型”列中列出了当前图形中所包含的各类型名称，通过单击类型名称右侧“显示”列中的按钮或“隐藏”列中的按钮，即可控制该名称类型所对应图形的显示和隐藏状态。

2. 隐藏

该选项可以使选定的对象在绘图区中隐藏。方法是：首先选取需要隐藏的对象，然后选择该选项，此时被选取的对象被隐藏。

3. 颠倒显示和隐藏

该选项可以互换显示和隐藏对象，即将当前显示的对象隐藏，将隐藏的对象显示。

4. 显示和显示所有此类型

“显示”选项与“隐藏”选项的作用是互逆的，即可以使选定的对象在绘图区中显示。而“显示所有此类型”选项可以按类型显示绘图区中满足过滤要求的对象。

三、对象选择设置

在绘制和修改图形的过程中，通过对象选择的设置，可以方便准确地按需要选择对象。针对不同模块对应多种选择方式，通常采用类选择器的过滤方法，或使用直接选择即可。

1. 使用鼠标直接选择

当系统提示选择对象时,鼠标在绘图区中的形状将变成球体状。当选择单个对象时,该对象将改变颜色(系统默认选取对象为红色)。当选择多个对象时,将鼠标在上选择一点,拖动鼠标将对象包括在内,释放鼠标即可选择这些对象。

2. 使用类选择器选择

类选择器实际上是一个对象过滤器,使用该选择器可通过某些限定条件选择不同类型的对象,从而提高工作效率。特别是在创建大型装配实体时该工具的广泛应用。

要执行"类选择"的设置,可选择"信息"→"对象"选项,打开如图 1.23 所示的"类选择"对话框。

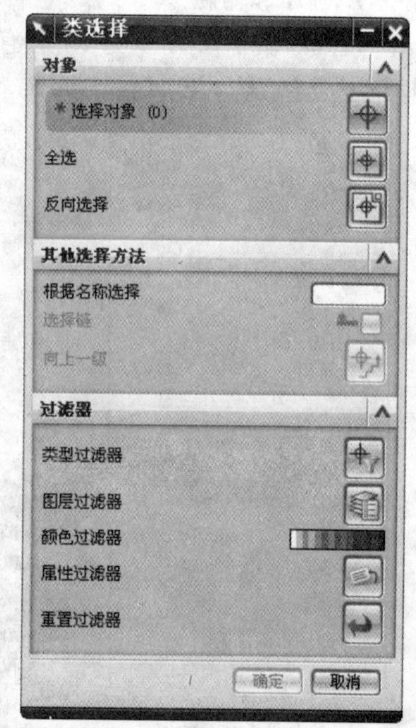

图 1.23 "类选择"对话框

在该对话框中,可以根据需要选择对象类型设置区中的 5 种过滤器来限制选择对象的范围,然后选择方式来选择对象,所选对象会在绘图工作区中以高亮的方式显示。该对话框中各选项的含义及设置方法介绍如下:

- 选择对象:选择该选项时,可以选择图中任意对象,然后单击"确定"按钮完成选取。
- 全选:选择该选项时,可以选取所有符合过滤条件的对象。如果不指定过滤器,系统将选取所有显示状态的对象。
- 反向选择:该选项用于选取在绘图区中未被选中的并且符合过滤条件的所有对象。
- 根据名称选择:通过在该文本框中输入预选对象的名称,进行对象的选择。
- 选择链:用于选择首尾相接的多个对象。先单击对象链中的第一个对象,然后再单击最后一个对象,此时系统将高亮显示该对象链中的所有对象,如果选择正确,单击"确定"按钮,即可完成该选择操作。
- 向上一级:该选项用于选取上一级的对象。当选取了位于某个组的对象时,此项才会激活,然后单击该按钮,系统将会选取该组中包含的所有对象。
- 类型过滤器:该选项可以通过指定对象的类型来限制对象的选择范围。单击该按钮后,在打开的"根据类型选择"对话框中设置对象选择中需要的各种对象类型。
- 图层过滤器:该选项可以指定所选对象所在的一个或多个图层,指定后只能选择这些图层中的对象。单击该按钮后,在打开的"根据图层选择"对话框中进行图层设置。
- 颜色过滤器:通过指定对象的颜色来限制选择对象的范围。单击该选项右侧的颜色块后,在打开的"颜色"对话框中设置对象的颜色。
- 属性过滤器:通过指定对象的共同属性来限制对象的范围,单击该按钮后,在打开的"按属性选择"对话框中指定属性选择对象。
- 重置过滤器:取消之前的类选择。

3. 优先级选择对象

除了以上两种选择对象的方法之外,还可以通过指定优先级选择对象。可选择"编辑"→"选择"选项,在打开的子菜单中选择指定选项,即可执行选择设置,如图 1.24 所示。

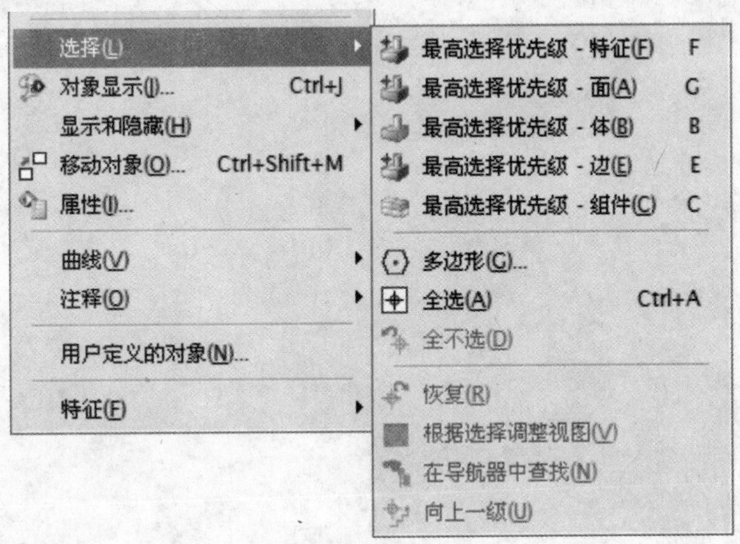

图 1.24 "选择"子菜单

- 最高选择优先级—特征:利用鼠标选取对象时将以特征为优先选取依据进行选取,即具有同一特征的对象被一次选取。
- 最高选择优先级—面:利用鼠标选取对象时将以面为优先选取依据进行选取。
- 最高选择优先级—体:主要用于装配体中,选择该选项后,利用鼠标选取对象时将以体为优先选取依据进行选取。
- 最高选择优先级—边:利用鼠标选取对象时将以边为优先选取依据进行选取。
- 最高选择优先级—组件:利用鼠标选取对象时将以组件为优先选取依据进行选取。

项目二　UG NX 建模通用知识

任务一　坐标系的设置
任务二　UG 基本操作工具
任务三　视图布局
任务四　对象变换
任务五　图层管理
任务六　基准特征
任务七　表达式

任务一 坐标系的设置

在三维建模过程中,坐标系及其切换是 UG NX 绘图中不可缺少的元素。在该界面创建三维模型,其实是在平面上创建三维图形,而视图方向的切换则往往是通过调整坐标系的位置和方向获得的。因此,三维坐标系是确定三维对象位置的基本手段,是研究三维空间的基础。

一、坐标系的基本概念

通常在建模过程中,工程人员使用的坐标系均为世界坐标系(即笛卡尔坐标系),该坐标系采用右手定则确定坐标系的各个方向。在 UG NX 6.0 操作环境中存在多个坐标系,下面将详细介绍在 UG 坐标系中的几个基本概念。

1. 右手定则

使用右手定则可决定坐标系各轴之间的关系及方向。一般规定将右手靠近屏幕,使大拇指沿着 X 轴正方向延伸,使食指沿着 Y 轴方向延展,此时向下弯曲其余手指,这 3 个手指的弯曲方向即为 Z 轴方向。

使用右手定则可以确定正旋转角的方向,其方法是使大拇指沿坐标轴正方向延展,然后将其余 4 个手指弯曲,则弯曲方向为坐标轴的正旋转角方向。

2. UG 软件中的坐标系

在 UG NX 系统中包括 3 种坐标系,分别是绝对坐标系(ACS)、工作坐标系(WCS)、机械坐标系(MCS),这 3 种坐标系都符合右手定则。其中绝对坐标系是系统默认的坐标系,其原点位置是固定不变的,在模型文件建立后便存在;工作坐标系是系统提供的坐标系,可以根据需要任意对其进行移动和旋转变换;机械坐标系一般用于模具设计、加工和配线等向导操作。

在建模过程中,最常用的是工作坐标系,它可以根据实际需要进行构造、偏置、变换方向或者对坐标系本身保存、显示和隐藏。因此,熟练掌握坐标系的操作方法是所有建模的基础。下面将详细介绍工作坐标系的使用方法。

- 在默认情况下,WCS 所指的角度都是指在工作平面上 XC 轴间的夹角,方向是指相对于 ZC 轴的投影方向。
- 在进行曲线操作时,默认情况下都是指在工作平面上或者平行于工作平面的平面上操作。
- 在工作坐标系中工作时,用户可以随时返回绝对坐标系。可单击“视图”工具栏中的“设置为 WCS”按钮,当前图形对象将返回绝对坐标系。
- 工作坐标系不能够删除、变换,但可以执行隐藏/显示、变换等操作。

二、创建工作坐标系

坐标系与点和矢量一样,都允许构造。利用“坐标系构造”工具,可以在创建图纸的过程中根据不同的需要创建或平移坐标系,并利用新建的坐标系在原有的实体模型上创建新的实体。

要构造坐标系,可选择“视图”→“方位”选项,打开 CSYS 对话框,如图 2.1 所示。或者在“实用工具”工具栏中单击相应按钮,同样可构造坐标系。

在该对话框中,可以通过选择“类型”列表中的任一选项来选择构造新坐标系的方法,各种

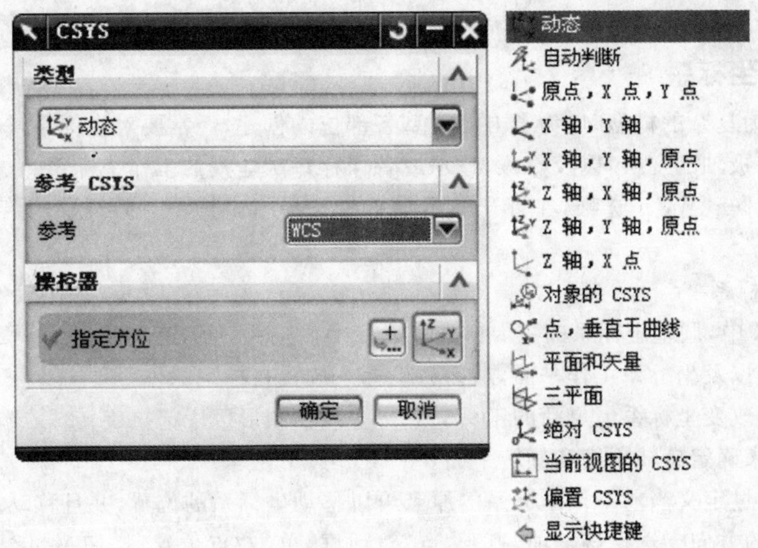

图 2.1 "CSYS"对话框

构造坐标系的方法如下所示：

• 动态：通过步进的方式来移动或旋转当前的工作坐标系。用户可以在绘图工作区中拖动坐标系到指定位置，也可以设置步进参数使坐标系逐步移动指定的距离参数。

• 自动判断：根据选择对象构造属性，系统智能地筛选可能的构造方式，当达到坐标系构造的唯一性要求时，系统将自动产生一个新的坐标系。

• 原点，X 点，Y 点：利用点创建功能先后指定 3 个点来定义一个坐标系，这 3 点分别是原点、X 轴方向上的点和 Y 轴方向上的点。设置的第一个点即为原点，第一个点指向第二个点的方向为 X 轴的正向，从第二个点至第三个点按右手定则来确定 Z 轴正向。

• X 轴，Y 轴，原点：先利用点创建功能指定一点作为坐标系原点，再利用矢量创建功能先后选取或定义两个矢量，即可定义一个坐标系。

• Z 轴、X 点：通过指定 X 轴正方向和 X 轴的一个点来定义坐标系位置。Y 轴正向按右手定则确定。

• 对象的 CSYS：该方法通过在视图中选取一个对象，将该对象自身的坐标系定义为当前的工作坐标系。该方法在进行复杂形体建模时很实用，它可以保证快速准确定义坐标系。

• 点、垂直于曲线：直接在绘图区中选取现有曲线并选择或新建点，进行坐标系定义。所选取的曲线方向为 Z 轴方向，点所在的轴为 X 轴，根据右手定则得到 Z 轴方向。

• 平面和矢量：选择一个平面和构造一个通过该平面的矢量来定义一个坐标系。

• 三平面：通过先后选取 3 个平面来定义一个坐标系。3 个平面的交点为坐标系的原点，第一个面的法线方向为 X 轴，第一个面与第二个面的交线方向为 Z 轴。

• 绝对 CSYS：利用该方法可以在绝对坐标(0、0、0)处定义一个新的工作坐标系。

• 当前视图的 CSYS：利用当前视图的方位定义一个新的工作坐标系。其中 XOY 平面为当前视图的所在平面，X 轴为水平方向向右，Y 轴为竖直方向向上，Z 轴为视图的法线向外的方向。

• 偏置 CSYS：通过输入沿 X、Y、Z 坐标轴方向相对于选取坐标系的偏置距离来定义一个新的坐标系。

三、编辑工作坐标系

在创建较为复杂的模型时，为了方便模型各部位的创建，经常要对坐标系进行原点位置的平移、旋转和各极轴的变换，以及隐藏、显示或者保存每次建模的工作坐标系。

选择“格式”→“WCS”选项，在打开的子菜单中选择指定选项，即可执行以下各种坐标系操作：

1. 变换坐标系

在UG NX中，调整坐标系的主要方法就是变换坐标系，而变换坐标系就是移动或旋转坐标系原点、枢轴以及坐标系工作平面，从而将坐标系放置在指定的位置。

• 动态：是改变坐标系最灵活的工具。它可直接在图形区中拖拉旋转球，或在“角度”文本框中输入数值来确定旋转角度和旋转平面。

• 原点：通过定义当前工作坐标系的原点可以移动坐标系的位置，并且移动后的坐标系不改变各坐标轴的方向。选择该选项，打开“点”对话框，单击“点位置”按钮，然后指定新点或输入坐标定位新点，或通过在“坐标”面板中的各坐标文本框中输入具体数值的方法进行新坐标原点的定位。

• 旋转：通过定义当前的WCS绕其某一旋转轴旋转一定的角度调整WCS。选择该选项，打开“旋转WCS”对话框，指定旋转方式并输入角度参数即可，如图2.2所示。

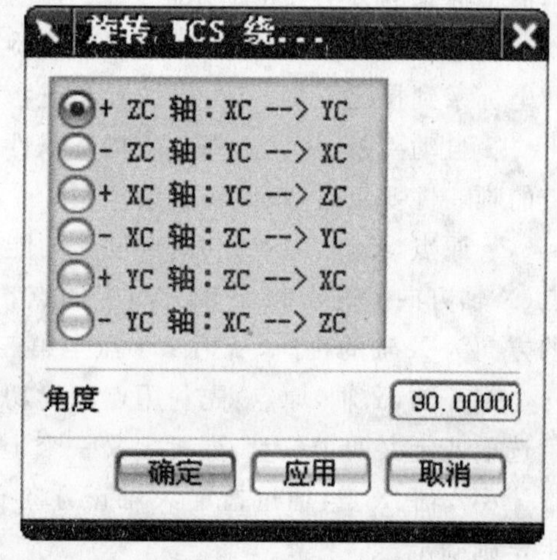

图2.2　旋转坐标系

• 定向：可以通过指定3点的方式将视图中的WCS定位到新的坐标系，具体操作方法与“原点、X点、Y点”工具相同。

• 改变方向：通过改变坐标系中X轴或Y轴的位置，重新定位WCS的方位。选择任一选项，打开“点”对话框，选取一个对象特征点，系统将以原坐标点和该点在XC－YC平面内的投影点的连线作为新坐标系的XC方向或YC方向，而原坐标系的ZC轴的方向保持不变。

2. 显示或隐藏坐标系

该命令以显示或隐藏当前的WCS坐标。选择该选项，如果系统中的坐标系处于显示状态，则转换为隐藏状态；如果已处于隐藏状态，则显示当前的工作坐标系。

3. 存储或删除坐标系

在很多复杂的平衡或旋转变换后创建的坐标系都要及时地保存，这样，保存后的坐标系不但区分于原来的坐标系，而且可以很方便地随时调用。要存储WCS，可选择该选项，系统将保存当前的工作坐标系，保存后的坐标系将由原来的XC轴、YC轴、ZC轴变成对应的X轴、Y轴、Z轴。

任务二　UG基本操作工具

基本工具的使用是利用UG NX进行图形创建时最为重要的操作，这些工具在任何模块中都将大量地使用，主要包括点构造器、矢量构造器、类选择器、坐标系构造器以及平面工具。

一、点构造器

在三维建模过程中，必不可少的过程是确定模型的尺寸与位置，而确定三维空间位置也是确定模型尺寸与位置的基本功能，点构造器就是用来确定三维空间位置的一个最通用的工具。点构造器实际上是一个对话框，常常会根据建模的需要自动出现。点构造器也可以独立使用，直接创建一些独立的点对象。

在绝大多数情况下，使用“捕捉点”工具栏可以满足捕捉要求，如果需要的点不是上面的对象捕捉点而是空间的点，可使用“点”对话框定义点。选择“信息”→“点”选项，可打开“点”对话框，如图 2.3 所示。

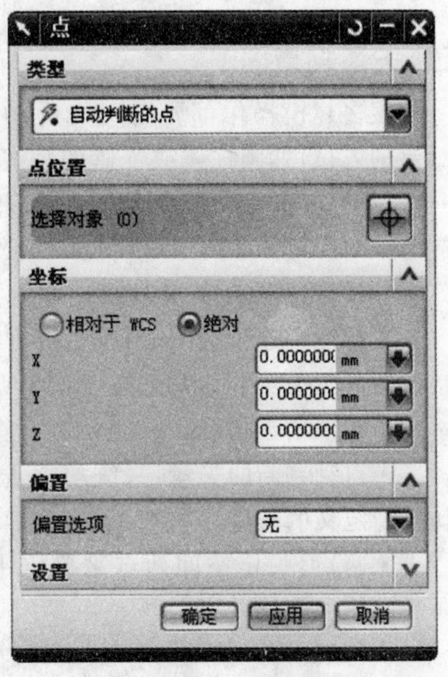

图 2.3 “点”对话框

该对话框有两种进行点位置指定的方式，同时还可以设置适用的坐标系以及点的偏置。下面将详细介绍这两种点的指定方式。

1. 捕捉点定义点

在“点”对话框的上部是捕捉点工具图标，即利用点的智能捕捉功能自动捕捉对象上的现有点（如端点、交点、象限点等），或者根据需要创建新的点，如光标位置、现有点等，其捕捉和创建点的类型主要通过“类型”下拉列表选择，各选项创建点的方法如下所示：

- 自动判断的点：根据光标所在的位置，系统自动捕捉对象上现有的关键点（如端点、交点和控制点等）。它蕴含了所有点的选择方式。推测点是最常用的点构造方法，特别适用于单选对象时定点。
- 光标位置：该捕捉方式通过定位光标的当前位置来构造一个点，该点即为 XY 面上的点。
- 现有点：在某个已存在的点上创建新的点，或通过某个已存在点来规定新点的位置。
- 端点：在存在直线、圆弧、二次曲线及其他曲线的端点上创建一个点。
- 控制点：在几何对象的控制点上创建一个点。控制点与几何对象类型有关，它可以是存在点、直线的中点和端点、开口圆弧的端点和中点、圆的中心点、二次曲线的端点或其他曲线的端点。
- 交点：在两段曲线的交点上或一曲线和一曲面或一平面的交点上创建一个点。若两者交点多于一个，系统在最靠近第二对象处选取一个点；若两段非平行曲线并未实际相交，则选取两者延长线上的相交点。
- 圆弧中心/椭圆中心/球心：该捕捉方式是在选取圆弧、椭圆或球的中心处创建一个点或指定新点的位置。
- 圆弧/椭圆上的角度：在与坐标轴 XC 正向成一个角度的圆弧或椭圆弧上构造一个点或指定新点的位置。
- 象限点：在一个圆弧、椭圆弧的四分点处创建一个点。
- 点在曲线/边上：通过在特征曲线或边缘线上设置 U 参数来创建点。

• 面上的点：通过在特征面上设置 U 参数和 V 向参数来创建点。

2. 输入参数值定义点

在使用点构造器类型定义点时，选择类型不同，对应的点定义方式也不相同，例如，使用“光标位置”方式可在“坐标”面板中输入坐标值确定点位置；使用“圆弧/椭圆上的角度”方式可在图 2.4 所示的面板中输入角度参数值确定点位置。

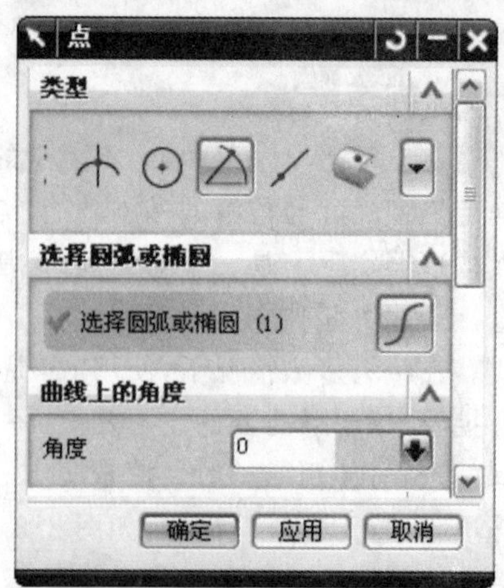

图 2.4 输入参数值定义点

二、矢量构造器

很多建模操作都要用到矢量，矢量用于确定特征或对象的方位，如圆柱体或锥体的轴线方向、拉伸特征的方向和脱模方向等。要确定这些矢量，都离不开矢量构造器。

矢量构造器与点构造器一样，并非是一个单独的命令。在特征创建过程中，当需要指定特征的构造方向时，单击对应对话框中的“矢量构造器”按钮，将打开“矢量”对话框，如图 2.5 所示。在 UG NX 中有 14 种指定矢量方向的方式，此外还添加了几项增强功能。

• 自动判断的矢量：系统根据选择的对象自动推断定义的矢量。

• 两点：设定空间两点来确定一矢量，其方向为由第一点指向第二点。

• 与 XC 成一角度：在 XC－YC 平面上定义与 XC 轴夹一定角度的矢量。

• 边缘/曲线矢量：通过选择边缘/曲线来定义一个矢量。当选择直线时，定义的矢量由选择点指向与其距离最近的端点；当选择圆或圆弧时，定义的矢量为圆或圆弧。

• 所在平面的法向：当选择平面样条曲线或二次曲线时，定义的矢量为离选择点较远的点指向离选择点较近的点。

• 在曲线矢量：定义选择曲线的某一位置的切向矢量(该位置以设定弧长或曲线孤长的百分比方式确定)。

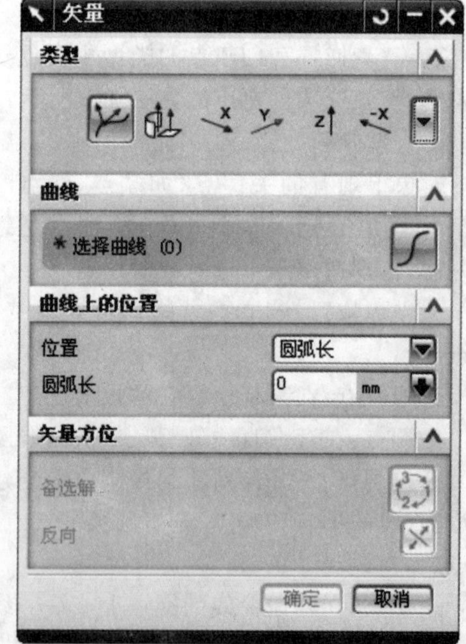

图 2.5 “矢量”对话框

• 面的法向：定义一个与平面法线或圆柱面轴线平行的矢量。

• 正向矢量：分别指定 XC、YC、ZC 轴正方向矢量方向。

• 负向矢量：分别指定 XC、YC、ZC 轴反方向矢量方向。

• 按系数：该选项可以通过“笛卡儿”和“球坐标系”两种类型设置矢量的分量以确定矢量方向。

• 面/平面法向：当使用该矢量类型时，可在创建垂直于非平面的矢量时提供一个通过点。如果该点不在面上，则其将用最短距离投影到该面。

• 曲线上矢量：当使用该矢量类型时，在创建与某一曲线相切的矢量时提供了一个点。如果该点不在曲线上，则其将用最短可能距离投影到该曲线。

• 按表达式：当使用该矢量类型时，将通过表达式创建矢量。

• 视图方向：当使用该矢量类型时，将通过新的实体方向来创建从视图平面派生的矢量。

该对话框中的"矢量方位"面板用于改变矢量的方向。单击"备选解"按钮后，系统在当前约束下可能的矢量方向中循环显示矢量方向，以便用户从中选择一个合适的矢量方向。例如，选择"曲线上矢量"类型，选取边界曲线并输入参数值，然后单击"备选解"按钮，可切换 3 种矢量方向，如图 2.6 所示。

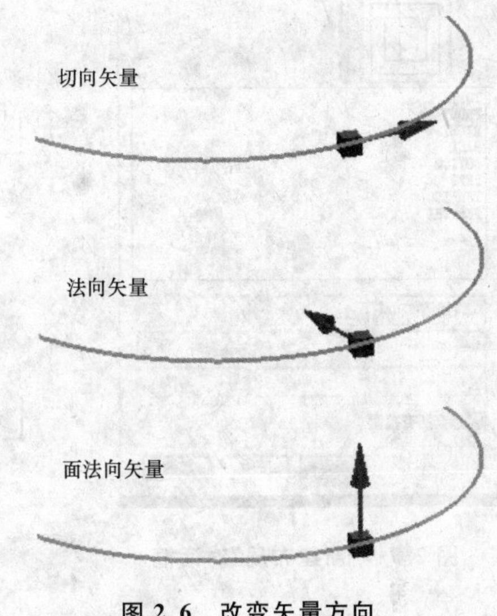

图 2.6　改变矢量方向

任务三　视图布局

视图布局的主要作用是在图形区内显示多个视角的视图，使用户更加方便地观察和操作模型。用户可以定义系统默认的视图，也可以生成自定义的视图布局。

在同一布局中，只有一个视图是工作视图，其他视图都是非工作视图。在进行视图操作时，默认都是针对工作视图的，用户可以随时改变工作视图。

一、新建布局并保存

1. 创建布局

在视图布局操作之前，首先要新建一个视图布局，才能在新建的布局中执行更新、保存和删除等操作。

要新建视图布局，可选择"视图"→"布局"→"新建"选项，打开"新建布局"对话框，如图 2.7 所示。

在该对话框的"名称"文本框中输入布局名称，然后在"布置"下拉列表中选择布局形式。此时，位于对话框下侧的视图布置的按钮将被激活。选择布局类型并单击"应用"按钮，即可完成布局的新建操作。如图 2.8 所示的视图布局。

2. 保存布局

当建立了一个新的布局之后，可以将其保存起来，以便以后直接调用。保存布局有两种方式，一种是按照布局的原名保存，另一种是以其他名称保存，即另存为其他布局名称。

对于第一种操作来说，直接选择"布局"→"保存"选项，即可保存创建的布局；对于后一种保存来说，可直接选择"布局"→"另存为"选项，打开"保存布局为"对话框，如图 2.9 所示。在该对话框中的"名称"文本框中输入布局名称，即可保存该布局。

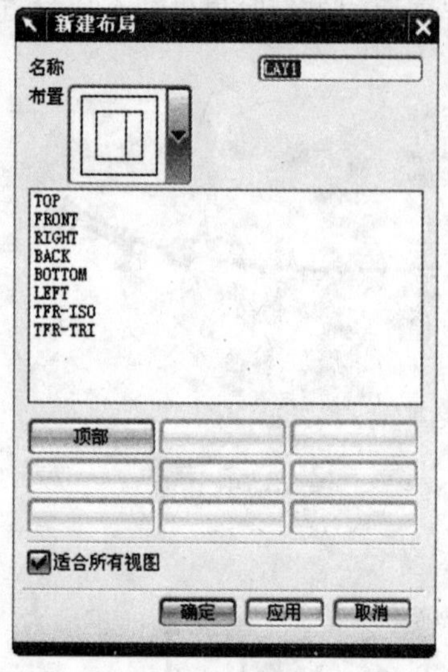

图 2.7 “新建布局”对话框

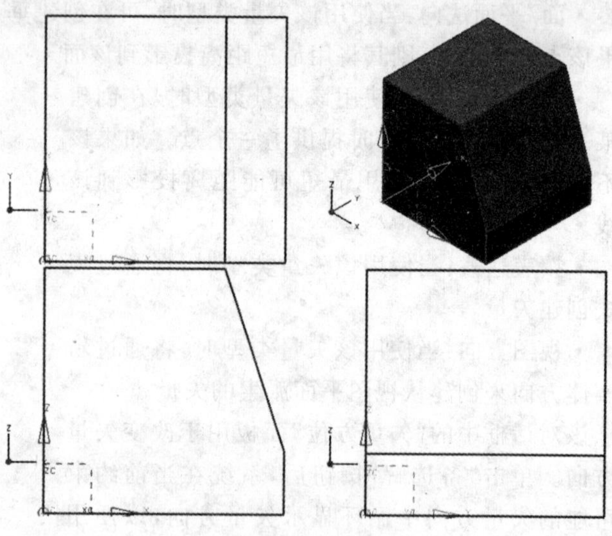

图 2.8 创建视图布局

二、打开布局

使用“打开”工具可以根据需要在视图打开新建布局并保存各种视图布局。

选择“打开”选项后，将打开“打开布局”对话框，在其列表框中显示了已存在的所有布局名称，选取所需布局名称后单击“应用”按钮，工作区中的视图将按该布局设置进行显示，如图 2.10 所示。

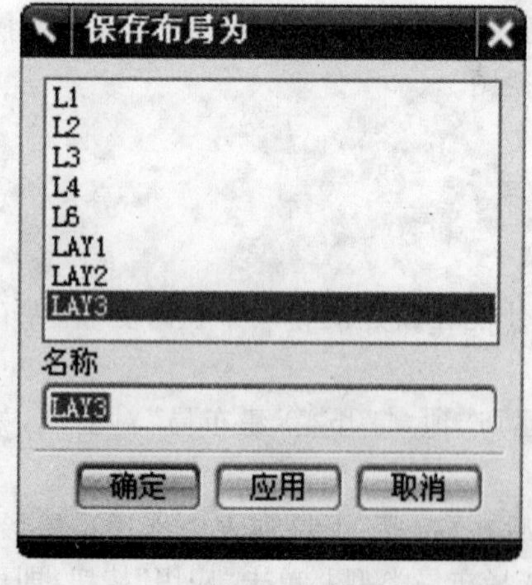

图 2.9 保存布局

图 2.10 打开布局

三、编辑布局

无论是新建的布局还是打开之前创建的布局，都可以根据设计需要对其进行必要的编辑和调整，使其符合设计者的设计意图，常见的编辑布局方式有以下几种：

1. 更新显示

当用户对每个视图进行旋转等操作后，视图内容的显示是有变化的，由于计算机内部算法等原因，将会造成显示效果的不精确，甚至还会以原始的模式显示。

利用“更新显示”工具，系统将自动对视图进行更新操作。当对实体进行修改后，可以使用该工具使每一幅视图完全实时显示。利用“重新生成”工具，系统将会重新生成视图布局中的每个视图。

2. 删除一个布局

在 UG NX 6.0 中，可根据设计的需要删除多余的布局。其设置方法是：选择“删除”选项，打开“删除布局”对话框，从当前文件布局列表框中选择要删除的视图布局后，系统即可删除该视图布局。

3. 替换视图

利用“替换视图”工具可以根据需要替换布局中的任意视图。要执行该操作，可选择“视图”→“布局”→“替换视图”选项，打开如图 2.11 所示的“要替换的视图”对话框。

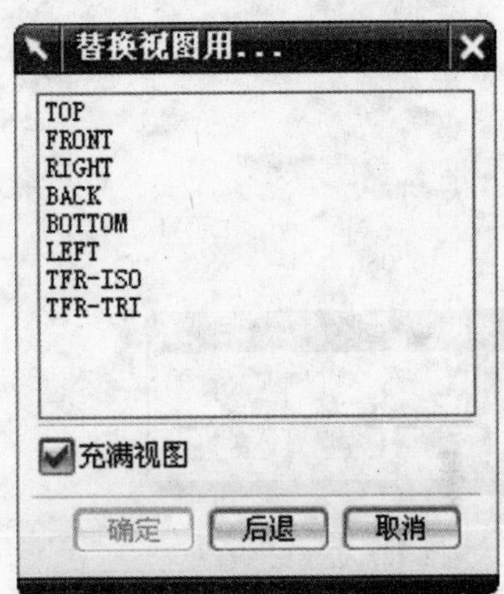

图 2.11　替换视图

任务四　对象变换

利用变换功能可进行对象的多种编辑操作，如对独立存在的几何对象进行平移、旋转、复制和缩放等几何转换，其中包括变换曲线、草绘、实体和片体等各种二维或三维几何对象。变换时可以针对原来的元素做变换或原元素不变变换后复制一份。此外，还可以重复变换多次，或对选取的元素进行多重复制。

一、变换

对象变换操作是对现有对象进行缩放、镜像、阵列和点拟合，使其获得准确的变换效果，这样设置可极大地提高模型构建的效率。不能对视图、布局、工程图和当前的坐标系镜像变换操作，并且不能单独对一个特征执行变换操作。

1. 刻度尺

所谓的刻度尺即比例缩放，是指通过设置比例来改变对象的尺寸以及相对位置。可根据设计需要设置 X、Y、Z 这 3 个轴上的比例因子，也可以设置对象均匀比例变换。

单击“标准”工具栏中的“对象变换”按钮，在打开的“变换”对话框中指定待变换的对象。接着在打开的对话框中选择“刻度尺”选项，将打开“点”对话框，此时指定一点为比例变换中心。确定一个点后，将打开“点”对话框，此时指定一点为比例变换中心。确定一个点后，将打开如图 2.12 所示的对话框。

在该对话框中可指定统一收缩参数值和非均匀比例收缩参数。如果直接在“刻度尺”文本框中输入比例值，系统将按照该比值执行缩放操作，同时打开新的“变换”对话框，如图 2.13 所示。在该对话框中执行比例缩放的后续编辑操作，例如选择“多个副本－可用”选项，将打开另一个“变换”对话框。在该对话框中输入副本数量，即可获得比例缩放效果。

图 2.12 设置比例缩放

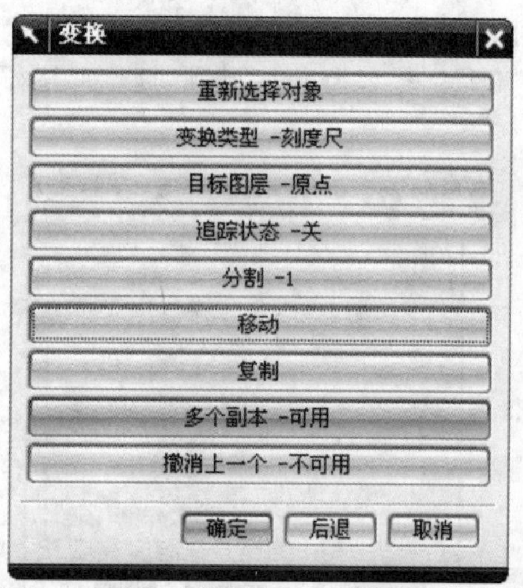

图 2.13 创建比例缩放副本

2. 镜像

为提高产品设计的速度，可根据一条直线或一个平面执行镜像复制操作。这两种镜像功能都属于对象变换操作。

• 通过一直线镜像

该对象变换功能将所选对象相对于镜像中心线进行镜像操作。选取待镜像的对象后，将打开新的“变换”对话框。此时按照该对话框提示，使用 3 种方式中任意一种方式执行镜像操作，如图 2.14 所示。

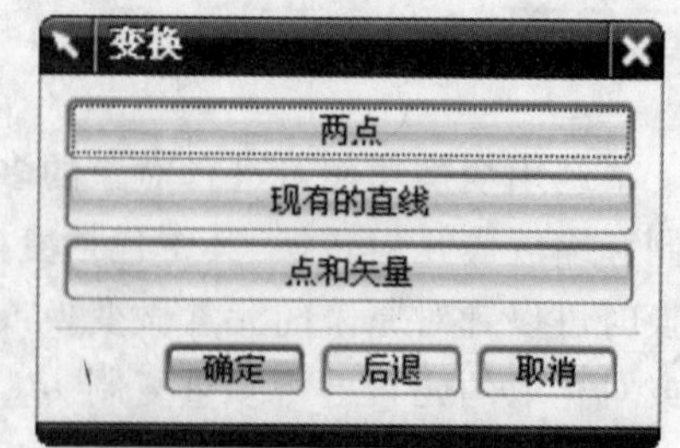

图 2.14 通过一直线镜像

• 通过一平面镜像

通过一平面镜像顾名思义就是指定一个平面为镜像参照面，将现有对象镜像移至平面另一侧。

3. 阵列

在建模过程中执行阵列操作有两种，分别为矩形和圆形阵列功能，这两种功能是对多个相同对象镜像整齐排列的最有效方法，简要介绍如下：

• 矩形阵列

设置矩形阵列用于创建一个二维组件阵列，即指定参照设置行数和列数创建阵列组件特征，也可以创建正交或非正交的组件阵列。选择该选项后，依次在打开“点”对话框中指定阵列参考点和阵列原点，然后在打开的“变换”对话框中设置阵列参数，并在打开的对话框中选择“复制”选项，即可获得复制阵列效果，如图 2.15 所示。

• 圆形阵列

设置圆形阵列同样用于创建一个二维组件阵列，也可以创建正交或非正交的主组件阵列，与矩形阵列的不同之处在于：圆形阵列是将对象沿轴线执行圆形均匀阵列操作。

选择“圆形阵列”选项后，依次在打开“点”对话框后指定阵列参考点和阵列原点，然后在打开的“变换”对话框中设置阵列参数，并在打开的对话框中选择“复制”选项，即可获得复制阵列效果，如图 2.16 所示。

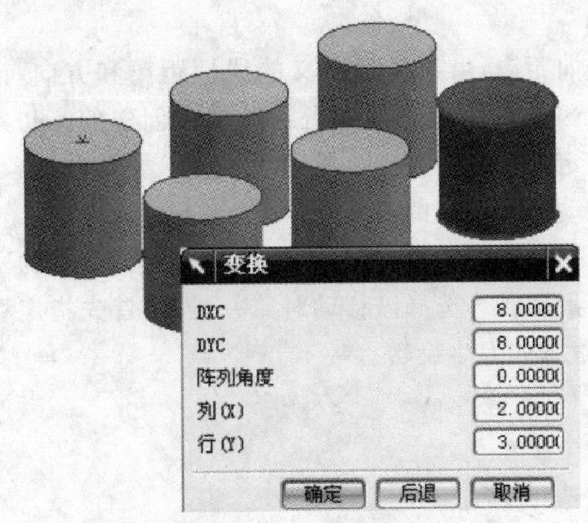

图 2.15 矩形阵列

图 2.16 圆形阵列

4. 点拟合

点拟合是指选择两组参考点，通过这两组点之间的对应关系来实现对象的比例变换、定位和修剪等操作(两组点的数量要求完全相同)。点拟合的对象变换方法具有复杂的变换阵列，在实际工程中极少用到。

二、移动对象

在建模过程中，对于已经创建好的或正在创建的对象可进行一些变换操作，即调整对象在当前环境中的固定位置，该操作相当于 AutoCAD 软件的移动操作。

单击“标准”工具栏中的“移动对象”按钮，或选择“编辑”→“移动对象”选项，将打开“移动对象”对话框，如图 2.17 所示。

• 将轴与矢量对齐：在角度重新定位中，对象绕枢轴点旋转，直到第一个矢量与第二个矢量对齐。

• 角度：该移动对象方式是指绕指定矢量轴旋转一定角度获得变换效果。依次指定矢量方向和轴点，然后输入角度值，系统将以该轴点和矢量形成的矢量轴为旋转轴旋转对象。

• CSYS 到 CSYS：两个坐标之间的重定位，以使对象移动，直到第一个 CSYS 与第二个 CSYS 对齐。依次指定两个 CSYS 位置，系统将对齐两个 CSYS。

• 距离：该移动对象方式是简单的移动方式，即指定矢量方向拖动方向箭头，模型将沿指

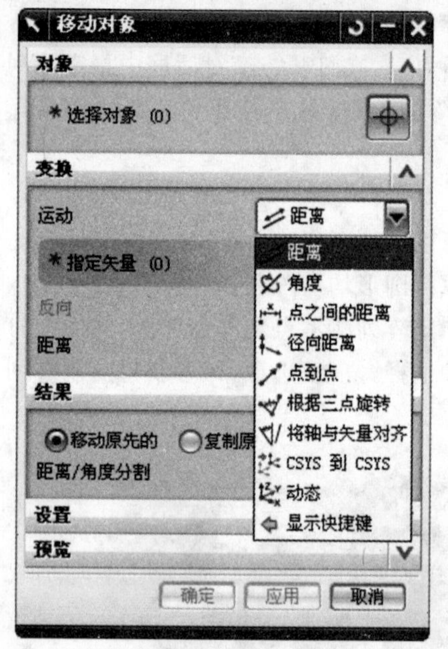

图 2.17 “移动对象”对话框

定矢量的线性距离移动。

• 点之间的距离：由指定矢量定义的线性距离，该矢量始于原点而止于测量点。如果测量点不在矢量上，则会被垂直投影到矢量上。初始距离是起点与测量点之间的总长度。要移动对象，则必须手动输入不同的值。

• 点到点：两点之间的平移，即分别指定参考点和目标点，则由参考点指向目标点的方向和两点之间的距离决定对象的平移方向和距离。选择该平移方式，依次选取参考点和目标点，则对象由参考点平移到目标点的位置。

• 径向距离：由某矢量定义的线性距离和方向，该矢量是在测量点法向投影到指定矢量时创建的。初始距离是指定矢量与测量点之间的总长度。要移动对象，则必须手动输入不同的值。

• 根据三点旋转：绕枢轴点和从起始点到终点的一个指定矢量旋转。选择该移动对象方式后，首先指定移动矢量方向，然后指定 3 个参照点，系统将按矢量方向发生旋转。

任务五　图层管理

使用图层管理功能可将不同的特征或图素放置到不同的图层中，并通过设置图层中的图素显示或隐藏来之不易的各种复杂的图形零件。可以把图层理解为由一个个透明层叠加而成，在不同的图层上可以构建不同的对象，并且层上的对象可以是二维或三维对象，还可指定图层同时可见或不可见。

一、设置图层

1. 设置工作层

在一个部件的所有图层中，只有一个图层是当前工作层，要对指定层进行设置和编辑，首先要将其设置为工作图层，因而图层设置即是对工作图层的设置。

点击菜单下“格式”→“图层设置”命令，打开“图层设置”对话框，如图 2.18 所示。

该框中包含多个选项，各选项的含义及设置方法如表 2.1 所示。

图 2.18 “图层设置”对话框

表 2.1　“图层设置”对话框中各选项的含义及设置方法

选　项	含义及设置方法
工作图层	用于输入需要设置为当前工作层的层号。在该文本框中输入所需要的工作层层号后，系统将会把该图层设置为当前工作层。
范围或类别	主要用来输入范围或图层种类的名称，以便进行筛选操作。当输入各类的名称并按回车键后，系统会自动将所有属于该种类的图层选中，并自动显示其状态。
类别过滤器	该选项右侧的文本框中默认的“*”符号表示接受所有的图层的种类；下部的列表框用于显示种类的名称及相关描述。
图层显示	用于控制“图层/状态”列表框中图层的显示类别。其下拉列表中包括 3 个选项：“所有图层”是指图层状态列表中显示所有的层；“含有对象的层”是指图层列表仅显示含有对象的图层；“所有可选图层”是指仅显示可选择的图层。
信息	用于查看零件文件所有图层和所属各类的相关信息，选择该选项将打开“信息”窗口。
全部适合后显示	用于在更新显示前吻合所有过滤类型的视图，误用该复选框将会使对象充满显示区域。

2. 图层分组

划分图层的范围、对其进行层组操作，有利于分类管理，提高操作效率，快速地进行图层管理、查找等。

单击“格式”→“图层类别”命令，将打开“图层类别”对话框，如图 2.19 所示。

在“类别”文本框内输入新类别的名称，单击“创建/编辑”按钮，在弹出的“图层”列表框中的“范围/类别”文本框内输入所包括的图层范围，或者在图层列表框内选择。

二、在视图中可见

“在视图中可见”用于在多视图布局显示情况下，单独控制指定视图中各图层的属性，而不受图层属性全局设置的影响。

单击“格式”→“在视图中可见”命令，打开如图 2.20 所示的“视图中的可见图层”对话框。直接单击“确定”按钮，在弹出的对话框中选择指定图层，并单击“不可见”按钮，即可隐藏选定图层。

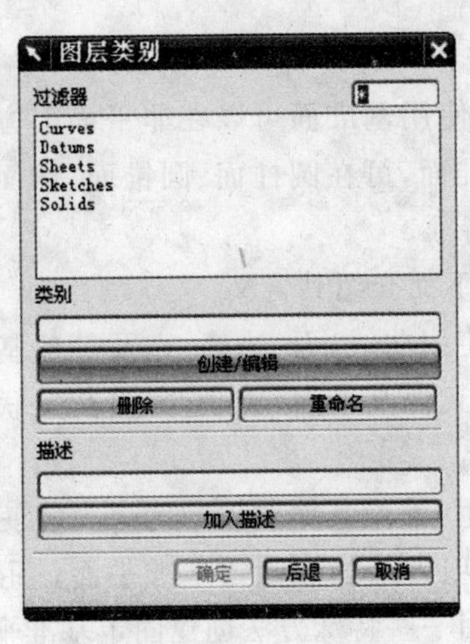

图 2.19　“图层类别”对话框

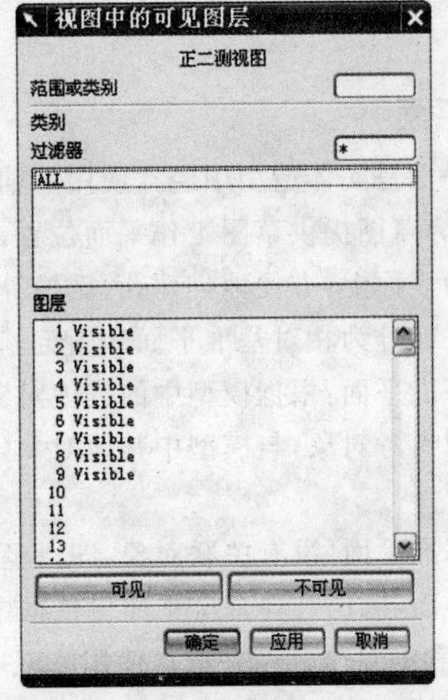

图 2.20　“视图中的可见图层”对话框

三、移动至图层

在创建实体时，如果在创建对象前没有设置图层，或者由于设计者的错误操作把一些不相关的元素放在了一个图层，此时就需要运用移动和复制图层功能了。

1. 移动至图层

用于将选定的对象从其原图层移动到指定的图层中，原图层中不再包含这些对象。

在菜单栏执行“格式”→“移动至图层”命令，打开“类选择”对话框，利用该对话框选取某个对象后，将打开“图层移动”对话框，如图 2.21 所示。在“目标图层或类别”文本框中输入层名后单击“确定”按钮，所选择的对象将移动至指定的层中。

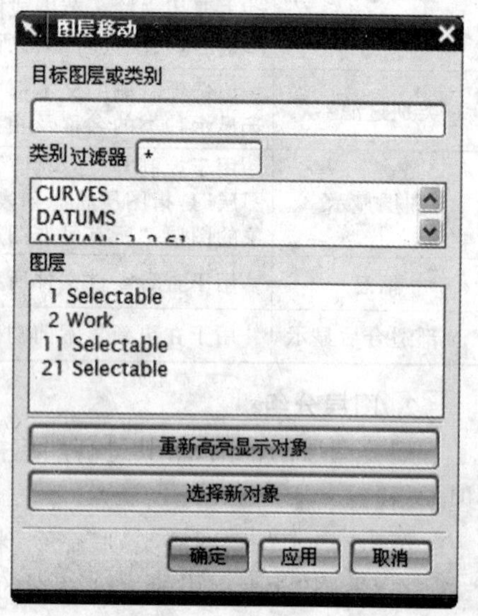

图 2.21 “图层移动”对话框

2. 复制到图层

“复制至图层”用于将选定的对象从其原图层复制一个备份到指定的图层，原图层中和目标图层中都包含这些对象。其操作方法和“移动至图层”相同，两者的不同点在于：利用该命令复制的对象将同时存在于原图层和目标图层中。

任务六 基准特征

在创建三维实体模型时，基准特征主要用来作为创建模型的参考。它是一种不同于实体和曲面的特征，在设计时可以作为其他特征的参考或基准，起辅助设计的作用。特别是在创建曲面特征时，没有基准特征几乎无法创建实体。而在装配过程，使用两个基准平面进行定向可以产生某些比较特殊的装配形状。总之，基准特征是创建三级实体模型的基础。

一、基准平面

基准平面是实体造型中经常使用的辅助平面，通过使用基准面可以在非平面上方便地创建特征，或为草图提供草图工作平面位置。如：借助基准面，可在圆柱面、圆锥面、球面等不易创建特征的表面上，方便地创建孔、键槽等复杂形状的特征。

基准平面分为相对基准平面和固定基准平面两种，下面介绍其含义。

相对基准平面：根据模型中的其他对象而创建，可使用曲线、面、边缘、点及其他基准作为基准平面的参考对象，与模型中其他对象(如曲线、面或其他基平面)关联，并受其关联对象的约束。

固定基准平面：没有关联对象，即以坐标(WCS)产生，不受其他对象的约束。可使用任意相对基准平面，取消选择基准平面对话框中的“关联”选项方法创建固定基准平面。用户还可根据 WCS 和绝对坐标系并通过使用方程中的系数，使用一些特殊方法创建固定基准平面。

在“特征”工具条中单击“基准平面”按钮打开如图 2.22 所示的“基准平面”对话框，该对话框的“类型”下拉列表中给出了 13 种基准平面的确立方式，通过选择某种方式，然后单击要设置基准平面的位置，并进行相应的设置即可生成基准平面。

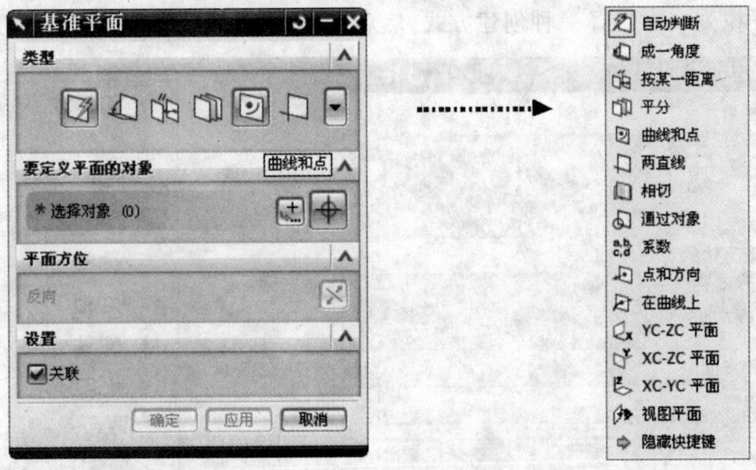

图 2.22 “基准平面”对话框

下边对“基准平面”对话框的“类型”标签栏的下拉列表中提供的 13 种平台创建方式，进行详细说明。

- “成一角度”：通过选择一参考平面和一直线，系统自动生成通过该直线并与平面成一定角度的基准平面。
- “按某一距离”：通过选择一参考平面并偏置一定距离生成基准平面。
- “平分”：通过选择两平面，系统自动生成两平面的平分面作为基准平面。
- “曲线和点”：通过选择点或曲线来确定基准平面。
- “两直线”：通过选择两条直线，系统自动生成通过第 1 条直线且平行第 2 条直线的基准平面。
- “相切”：创建与曲线相切的基准平面，有 5 种创建方式。
- “通过对象”：通过选择一平面曲线，系统自动生成通过该曲线的基准平面，如果是直线，那么生成垂直于该直线的基准平面。
- “系数”：创建出垂直于指定系数方向的基准平面。
- “点和方向”：通过指定一点和一个矢量方向，系统自动生成通过点并垂直于矢量方向的基准平面。
- “在曲线上”：通过选择一条曲线，系统自动生成通过曲线上指定点并垂直于该点的切线方向的基准平面。
- “YC－ZC 平面”、“XC－ZC 平面”和“XC－YC 平面”：用于创建与 Y－Z、X－Z、X－Y 某一平面偏置的基准平面。
- “视图平面”：创建与当前视图平行的基准平面。

二、基准轴

基准轴是一条用作其他特征参考的中心线，分为固定基准轴和相对基准轴。固定基准轴没有任何参考，是绝对的，不受其他对象约束；相对基准轴与模型中其他对象（例如：曲线、平面或其他基准等）关联，并受其关联对象约束，是相对的。实体建模过程中一般选择相对基准轴，原因在创建基准平面时已经介绍过，这里不再介绍。

单击“特征操作”工具条中的“基准轴”按钮打开“基准轴”对话框,如图 2.23 所示。在“类型”标签栏的下拉列表中选择一种创建方式,然后进行相应的设置即可生成基准轴。

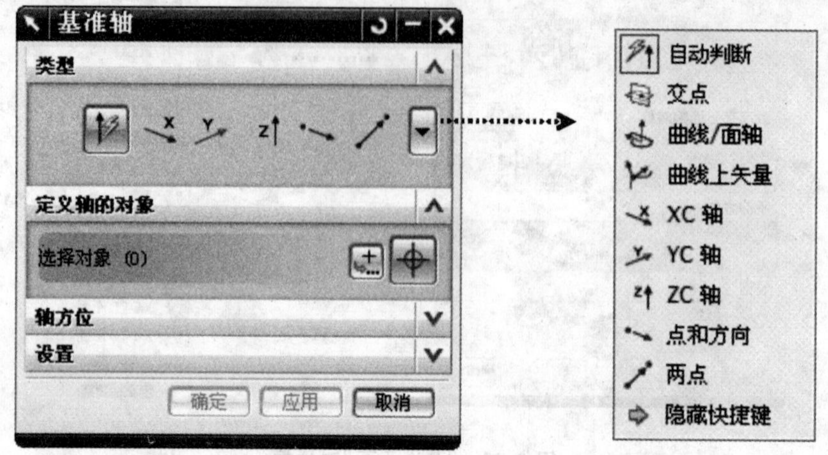

图 2.23 “基准轴”对话框

下面介绍创建基准轴的方式:

•“交点”:通过选择两个不同平面,系统自动以两平面的交点作为基准轴。

•“曲线/面轴”:创建出通过直线的基准轴,或通过所选面的中心线作为基准轴。如果所选面为圆锥面,那么基准轴就在该圆锥的中心轴上。

•“曲线上矢量”:选择一条曲线,系统自动生成通过曲线上指定点并平行于该点的切线方向的基准轴。

•“XC 轴”、“YC 轴”和“ZC 轴”:分别指定 X、Y、Z 轴作为基准轴。

•“点和方向”:选择一个点,然后指定一个矢量,系统自动生成通过点且平行于矢量方向的基准轴。

•“两点”:指定出发点和终止点,即可生成基准轴。

三、基准坐标

基准坐标是用户创建时做基准参考系的,在文件新建时基准坐标就已经被建立,同时我们还可以在此基础上创建多个基准坐标,比如说我们可以在一个模型的表面上创建基准坐标,然后利用此坐标绘制曲线。

单击“特征操作”工具条中的“基准 CSYS”按钮,在弹出的如图 2.24 所示的“基准 CSYS”对话框中选择一种创建类型,这里选择“动态”项,然后在要添加基准坐标的位置上单击即可创建基准坐标。

在“基准 CSYS”对话框的“类型”标签栏中共有 9 种基准坐标创建方式,含义如下:

•“动态”:通过在任意位置单击确定坐标位置,然后利用光标对坐标系进行移动和旋转来改变坐标的位置和方向。

•“原点,X 点,Y 点”:通过指定 3 点来创建坐标系,同时这 3 点不能在同一直线上。

•“三平面”:通过 3 个平面创建坐标系,以 3 平面的交点为原点,Y—Z 平面与第 1 个选择的平面重合,新坐标系 Z 轴与第 1 个面和第 2 个面的交线重合。

•“X 轴,Y 轴,原点”:通过指定 X 轴、Y 轴的矢量方向,以及坐标原点生成基准坐标系。

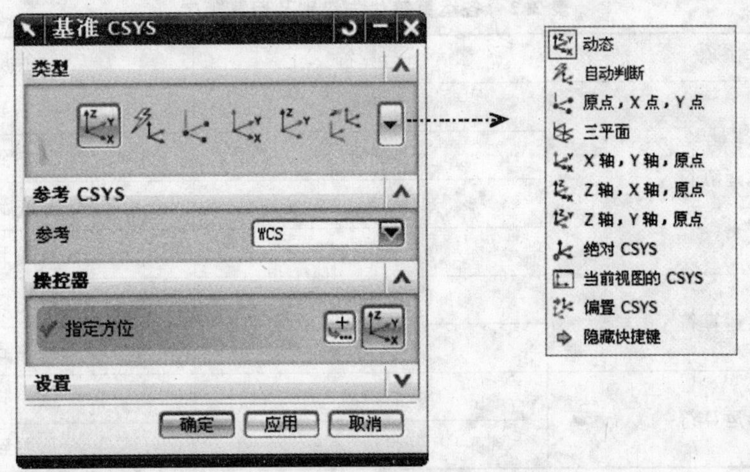

图 2.24 “基准 CSYS”对话框

“Z 轴，X 轴，原点”和“Z 轴，Y 轴，原点”类似。

- “绝对 CSYS”：指定的新坐标系与绝对坐标系重合。
- “当前视图的 CSYS”：指定新坐标系为当前视图的 CSYS。
- “偏置 CSYS”：与当前坐标系成一定偏移量和角度值创建基准坐标系。

任务七 表达式

表达式是 UG 参数化设计的重要工具，它可以控制部件中的特征与特征之间、对象与对象之间、对象与特征之间以及装配中部件与部件之间的尺寸和位置关系。表达式在多个模块中都有应用，可以由系统自动生成，也可以手动创建（即用户自己定义）。

一、表达式语言

在 UG 中，表达式有它自己的语言，通常模仿 C 编程语言中的表达式用法。表达式语言中常遇到的一些元素：变量名、运算符、运算符的优先顺序和相关性、UG 内部函数及条件表达式。

1. 变量名

表达式的变量名是由字母与数字组成的字符串，但必须以字母开始，可以包含下划线“_”。表达式变量名的字母不区分大小写，如果表达式的单位设为恒定的，则表达式变量名大小写有区别。

2. 运算符

UG 运算符分为算术运算符、关系运算符和逻辑运算符 3 种，与其他计算机语言的概念相同。各运算符的优先级别及运算顺序如表 2.2 所示。在表 2.2 中，上一行的运算符优先级别高于下一行的运算符。

3. 内置函数

在创建表达式时，常常会用到一些函数，在 UG NX 中提供的内部函数如表 2.3 所示。

表 2.2 各运算符优先级别及运算顺序

名 称	运算符	运算顺序
算术运算符	^	从右到左
	-(符号)、!	从右到左
	*、/、%	从左到右
	+、-	从左到右
关系运算符	＞、＜、＞=、＜=	从左到右
	==、!=	从左到右
逻辑运算符	&&	从左到右
	||	从右到左

表 2.3 UG NX 内置函数

函 数	函数意义	函 数	函数意义
sin(x/y)	正弦函数	atan2(x/y)	反余切函数
cos(x/y)	余弦函数	log(x)	自然对数
tan(x/y)	正切函数	log10(x)	常用对数
sinh(x/y)	双曲正弦函数	exp(x)	指数
cosh(x/y)	双曲余弦函数	fact(x)	阶乘
tanh(x/y)	双曲正切函数	sqrt(x)	平方根
abs(x)=	绝对值函数	hypot(x,y)	直角三角形斜边
asin(x/y)	反正弦函数	ceiling(x)	大于或等于 x 的最小整数
acos(x/y)	反余弦函数	floor(x)	小于或等于 x 的最大整数
atan(x/y)	反正切函数	Pi()	圆周率 π

4. 条件表达式

条件表达式就是利用 if else 语法结构建立起来的表达式,其句法为:

VAR=if(exp1)(exp2)else(exp3)

语法中各项的含义:

VAR——变量名。

exp1——判断条件表达式。

exp2——当判断条件表达式为真时执行的表达式。

exp3——当判断条件表达式为假时执行的表达式。

例如,有一个条件表达式为:

width=if(length＜20) (16)else (24)

该条件表达式的含义是:如果 length 的值小于 20,则 width 的值为 16;如果 length 的值不小于 20,则 width 的值为 24。

二、建立和编辑表达式

在 UG NX 6.0 中，通过“表达式”中的各个工具，可进行创建、编辑、超级链接和编辑链接等多项操作，从而使对象与对象之间、特征与特征之间存在关联性，修改一个对象或特征，将引起其他对象或特征按照表达式进行相应的修改。

1. 自动创建表达式

在 UG 建模过程中，当用户进行如下操作时，系统就会自动地建立表达式。

• 特征建模：创建一个特征时，系统会为生成的各个尺寸参数和定位参数建立各自独立的表达式。

• 绘制草图：创建一个草图时，系统将定义草图基准的 XC 和 YC 坐标，建立两个表达式。

• 标注草图：标注某个尺寸，系统会对该尺寸建立相应的表达式。

• 装配建模：设置一个装配条件，系统将自动建立相应的表达式。

2. 手动创建表达式

除了系统自动生成一些表达式外，用户也可以自己手动建立表达式。

通过单击菜单“工具”→“表达式”，系统会弹出如图 2.25 所示的“表达式”对话框。

图 2.25 “表达式”对话框

在下部的表达式编辑器中的“名称”后面文本框输入创建的表达式名，在“公式”后面的文本框输入参数值，然后为该参数选择相应的单位，单击“确定”按钮即可。

3. 电子表格编辑

当需要修改的表达式数量较大时，可在 Microsoft Excel 应用程序中编辑表达式。单击“表达式”对话框中的“用 Excel 编辑”按钮就会调用 Excel 对表达式进行编辑，如图 2.26 所示。

4. 从文件中导入表达式

在 UG 建模过程中，对于之前模型已建立的表达式，可将其导入当前表达式中，并对该表达式进行再编辑，为该模型所用。

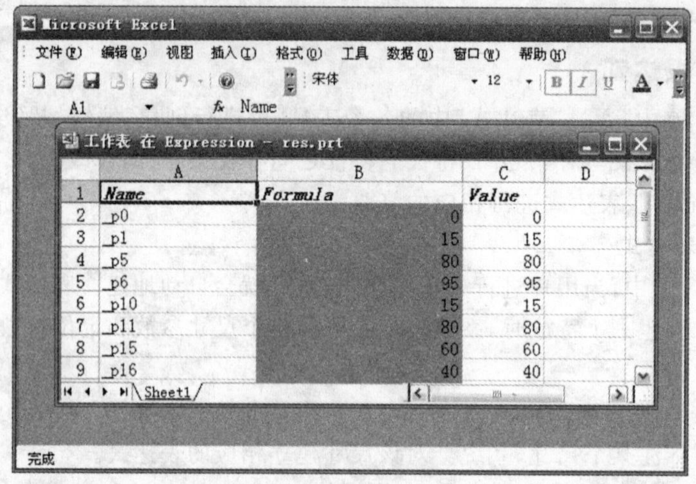

图 2.26 电子表格编辑

在弹出的“表达式”对话框中单击“从文件导入表达式”按钮，将会弹出如图 2.27 所示的“导入表达式文件”对话框，选中所需的表达式数据文件(扩展名为 .exp 的文件)，单击“确定”即可将文件中的数据导入到表达式列表框内，以供后面设计使用。

对于当前部件文件与引入表达式文件中的同名表达式，其处理方式可以通过设置“导入表达式文件”对话框中的“导入选项”来解决，导入有 3 个选项以供选择。

(1)替换已有的：选择该单选项，则以表达式文件中的表达式替代与当前部件文件中同名的表达式。

(2)保持现有的：选择该单选项，则保持当前部件文件中同名表达式不变。

(3)删除导入的：选择该单选项，则在当前部件文件中删除与读入表达式文件中同名的表达式。

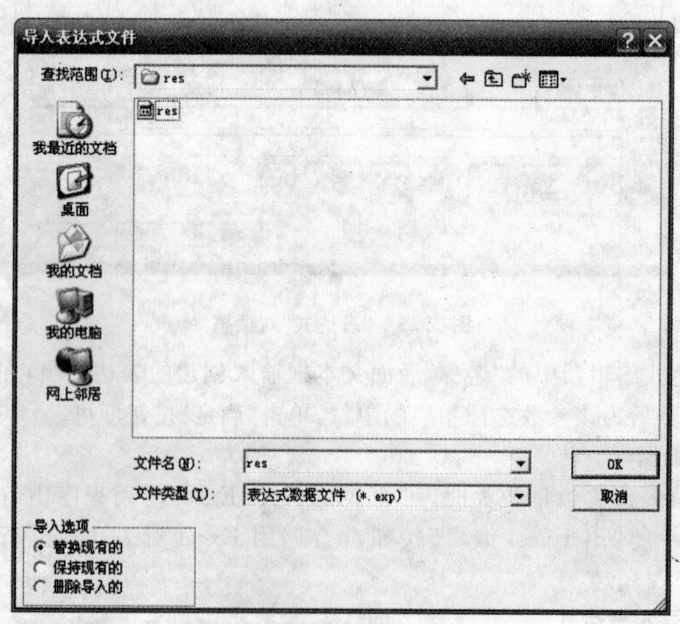

图 2.27 “导入表达式文件”对话框

5. 生成超级链接

超级链接的功能可实现不同零部件的尺寸关联，通过这种关联可进行部件间的尺寸约束，从而实现关联设计。

6. 编辑链接

对于超级链接所创建的表达式，可根据设计需要编辑链接表达式。

项目三　曲线功能

任务一 曲线功能简介

UG软件主要是用于三维实体建模,但曲线功能在其CAD模块中应用的非常广泛。有些实体需要通过曲线的拉伸、旋转等去操作构造特征,也可以用曲线创建曲面进行复杂实体造型。在特征建模过程中,曲线也常用作建模的辅助线(如定位线、中心线等)。另外,创建的曲线还可添加到草图中进行参数化设计。利用曲线生成功能,可创建基本曲线和高级曲线。利用曲线操作功能,可以进行曲线的偏置、桥接、相交、截面和简化等操作。利用曲线编辑功能,可以修剪曲线、编辑曲线参数和拉伸曲线等。下面分别介绍这些曲线功能。

任务二 基本曲线

一、创建直线

直线功能是用于绘制两点间或以其他限定方式绘制空间连续线段,虽然它的功能相对简单,但在实际使用中其创建方法却十分多,选取一些适合当前设计的方法将会大大简化用户的操作过程。

单击“曲线”工具栏中的“直线”命令后,弹出如图3.1所示的“直线”对话框。

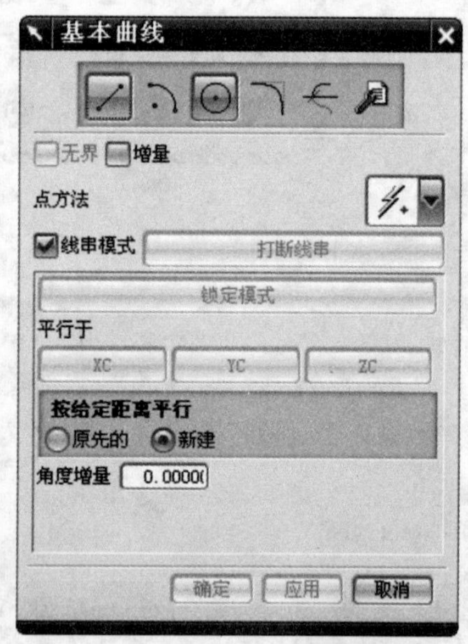

图3.1 “直线”对话框

(1)无界:勾选该复选框,绘制一条无界直线,去掉“线串模式”勾选,该选项被激活。

(2)增量:用于以增量形式绘制直线,给定起点后,可以直接在图形工作区指定结束点,也可以在“跟踪栏”对话框中输入结束点相对于起点的增量。

(3)点方法:通过下拉列表框设置点的选择方式。

(4)线串模式:勾选该复选框,绘制连续曲线,直到单击“打断线串”按钮为止。

(5)锁定模式:在画一条与图形工作区中的已有直线相关的直线时,由于涉及对其他几何对象的操作,锁定模式记住开始选择对象的关系,随后用户可以选择其他直线。

(6)平行于:用来绘制平行于“XC”轴、“YC”轴和“ZC”轴的平行线。

(7)按给定距离平行:用来绘制多条平行线。其包括“原先的”和“新建”两个选项。

- 原先的:表示生成的平行线始终是相对于用户选定的曲线,通常只能生成一条平行线。
- 新建:表示生成的平行线始终是相对于在它前一步生成的平行线。通常用来生成多条等距离的平行线。

二、创建圆弧

圆弧功能是用于绘制空间的一段弧线,它是圆的一部分,因此它也具有圆的一些通用参数属性，如圆心和半径等参数。

单击“曲线”工具栏中的“圆弧”命令后，对话框则变为如图 3.2 所示的“圆弧”对话框。

(1)整圆：勾选该复选框，用于绘制一个整圆。

(2)备选解：在画弧过程中确定大圆弧或小圆弧。

(3)创建方法：系统提供了两种方法：起点，终点，圆弧上的点和中心，起点，终点。

三、创建圆

绘制圆形也即绘制空间的封闭圆弧，其操作过程和绘制圆弧大致相同。

单击“曲线”工具栏中的“圆”命令后，对话框则变为如图 3.3 所示的“圆”对话框。

(1)整圆：绘制圆的方法，先指定圆心，然后指定半径或直径来绘制圆。

(2)多个位置：当在图形工作区绘制了一个圆后，勾选该复选框，在图形工作区输入圆心后生成与已绘制圆同样大小的圆。

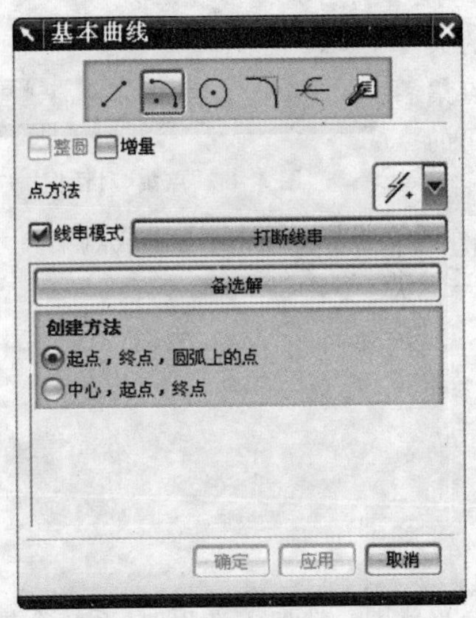

图 3.2 “圆弧”对话框

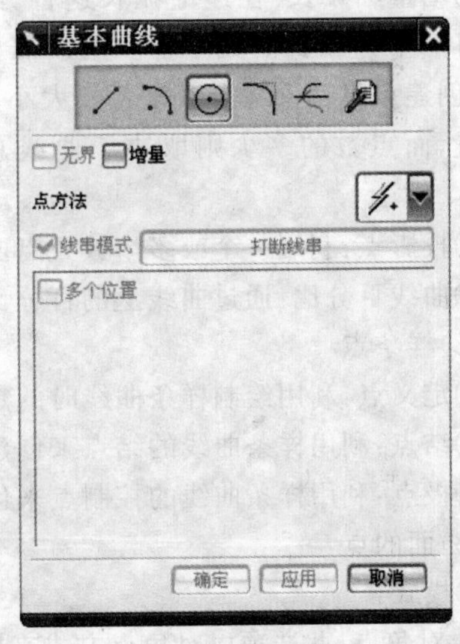

图 3.3 “圆”对话框

任务三 绘制高级曲线

一、创建点或点集

1. 创建点

点击菜单下“插入”→“基准/点”→“点集”命令，就会弹出“点构造器”对话框，我们可以在对话框的文本框中输入坐标值，从而确定顶点的位置，也可以在图形窗口中用选点方式直接指定一点来确定点的位置。具体点构造器的使用我们在前面已经讲过了，这里就不再讲解了。

2. 创建点集

点击菜单下“插入”→“基准/点”→“点集”命令，系统就会出现如图 3.4 的“点集”对话框，上面提供了三种类型：曲线点、样条点、面的点。

(1)曲线点：这种方法主要用于在曲线上创建点集。

①等圆弧长：等弧长方法就是在点集的起始点和结束点之间按点间等弧长来创建指定数

目的点集。

②等参数:等参数方式创建点集时,步骤基本与等弧长方式相同,只是系统会以曲线的曲率大小来分布点集的位置,曲率越大,产生点的距离越大,反之则越小。

③几何级数:在几何级数这种方式下,对话框中会多一个比例文本框。在设置完其他参数的值后,还需要指定一个比例值,它用来确定点集中彼此相邻的后两点之间的距离与前两点距离的倍数。

④弧公差:在弧弦误差这种方式下,对话框中只有一个弦公差文本框。用户需要给出弧弦误差的大小,在创建点集时系统会以该弧弦误差的值来分布点集的位置。弧弦误差值越小,产生的点数越多,反之则越少。

⑤增量圆弧长:在递增弧长这种方式下,对话框中也只有一个圆弧长的文本框。用户需要给出弧长的大小,在创建点集时系统会以该弧长大小的值来分布点集的位置,而点数的多少则取决于曲线总长及两点间的弧长。

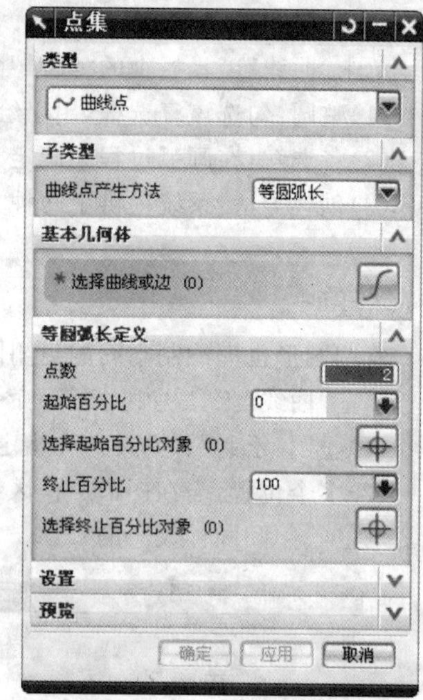

图 3.4 “点集”对话框

⑥投影点:利用一个或多个放置点向选定的曲线作垂直投影,在曲线上生成点集。

⑦曲线百分比:通过曲线上的百分比位置来确定一个点。

(2)样条点

①定义点:利用绘制样条曲线时的定义点来创建点集。

②结点:利用样条曲线的结点来创建点集。

③极点:利用样条曲线的控制点来创建点集。

(3)面的点

①模式:

a. 对角点:此选项以对角点方式来限制点集的分布范围。选取该选项时,系统会提示用户在绘图区中选取一点为对角点的第一点,完成后再选取另一对角点,这样就以这两点为对角点设置了点集的边界。

b. 百分比:此选项以表面参数百分比的形式来限制点集的分布范围。

②面百分比:这种方式通过设定点在选定表面的 U、V 方向的百分比位置来创建该表面上的点集。

③B 曲面极点:这种方式主要以表面(B－曲面)控制点的方式来创建点集。

二、创建矩形和多边形

1. 创建矩形

有一个角是直角的平行四边形就是矩形,反过来说,矩形就是特殊的平行四边形。在 UG NX 中,矩形是使用频率比较高的一种曲线类型,它可以作为特征操作的基准平面,也可以直接作为特征生成的草绘截面。

单击“曲线”工具条上的“矩形”按钮,将会弹出“点构造器”对话框。此时在绘图区中选取一点作为矩形的第一个对角点,然后手动鼠标到指定的第二个对角点即可,效果如图 3.5

所示。

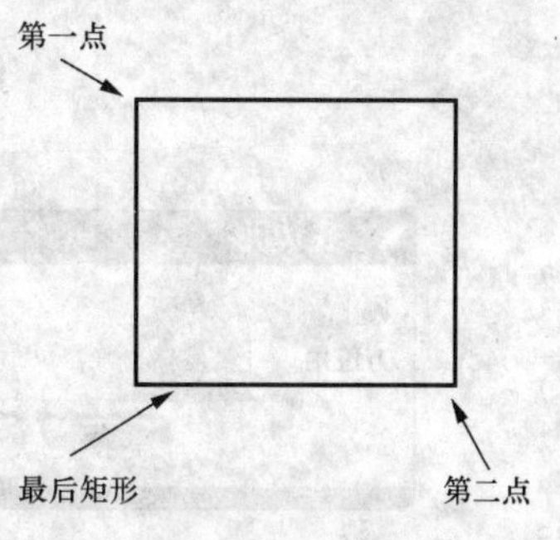

图 3.5 创建矩形

2. 多边形

多边形是由在同一平面且不在同一直线上的多条线段首尾顺次连接且不相交所组成的图形。在机械设计过程中，多边形一般分为规则多边形和不规则多边形。其中规则多边形就是正多边形。正多边形是所有内角都相等且所有棱边都相等的特殊多边形。正多边形的应用比较广泛，在机械领域通常用来制作螺母、冲压锤头、滑动导轨等各种外形规则的机械零件。

单击“曲线”工具条上的“多边形”按钮，系统会弹出如图 3.6 所示的“指定多边形边数”对话框。这里需要用户来设置创建多边形的边数。

点击确定后系统会弹出图 3.7 的“创建方法”对话框。在这里一共给用户提供了 3 种多边形创建方法的方式。

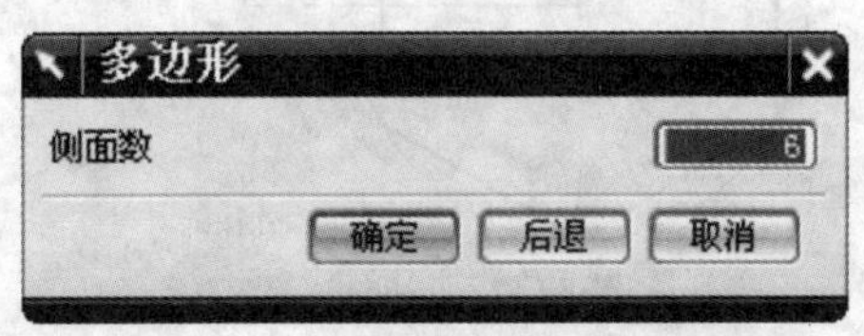

图 3.6 “指定多边形边数”对话框

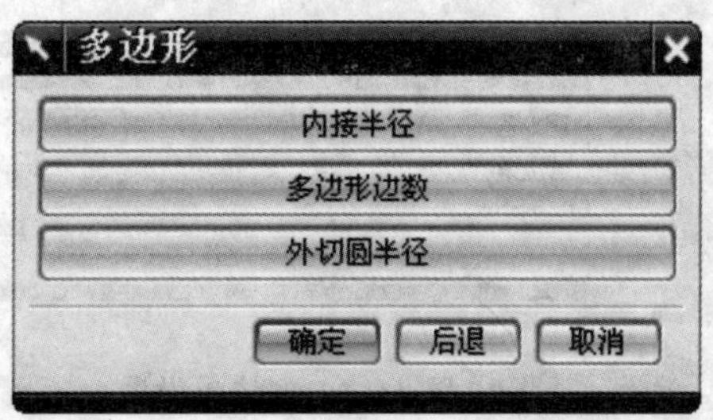

图 3.7 创建方法

(1)内接半径:此方法是用正多边形的内切圆来创建多边形。单击该选项时，系统弹出图 3.8 的多边形设置对话框，设置好内切圆半径及方位角度数后，点击弹出的点构造器对话框设置正多边形的中心即可。图 3.9 所作结果示例。

图 3.8 多边形设置

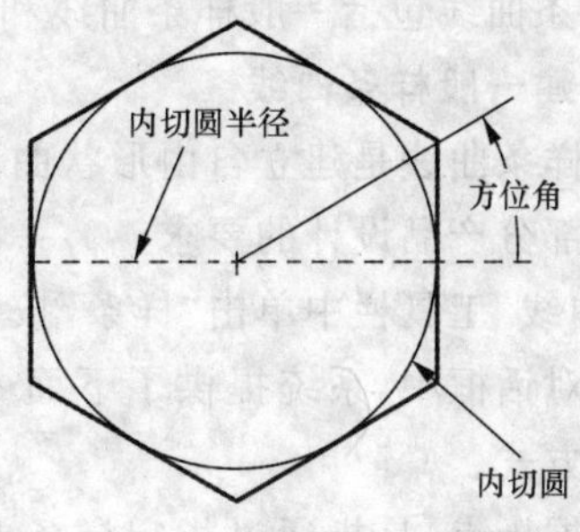

图 3.9 内切圆半径作图示例

(2)利用多边形边数:此方法是用多边形的边长和方位角来定义多边形。单击该选项后，系统会弹出如图 3.10 所示的“设置”对话框，设置好正多边形的边长及方位角度数后，点击弹出的点构造器对话框设置正多边形的中心即可。图 3.11 为所作结果示例。

(3)利用外切圆半径:此方法使用外接圆创建多边形。单击该选项后，系统弹出如图 3.12

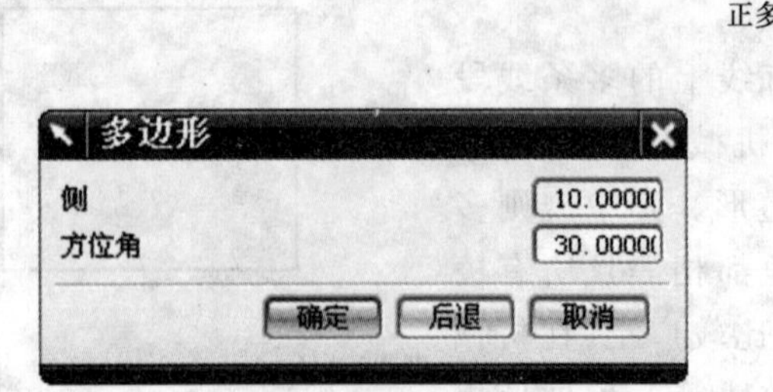

图 3.10 多边形设置

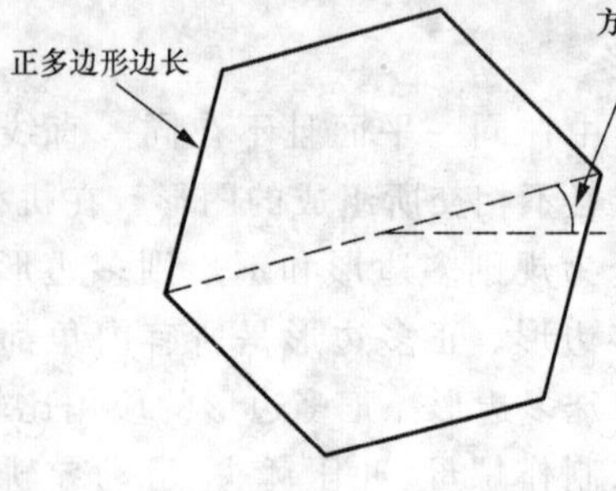

图 3.11 边长作图示例

所示的“设置”对话框，设置好外接圆半径及方位角度数后，点击弹出的“点构造器”对话框设置正多边形的中心即可。图 3.13 所示的是这种方式的示例。

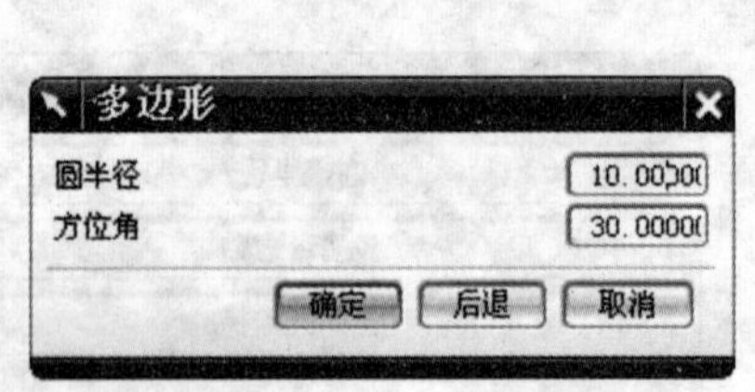

图 3.12 多边形设置

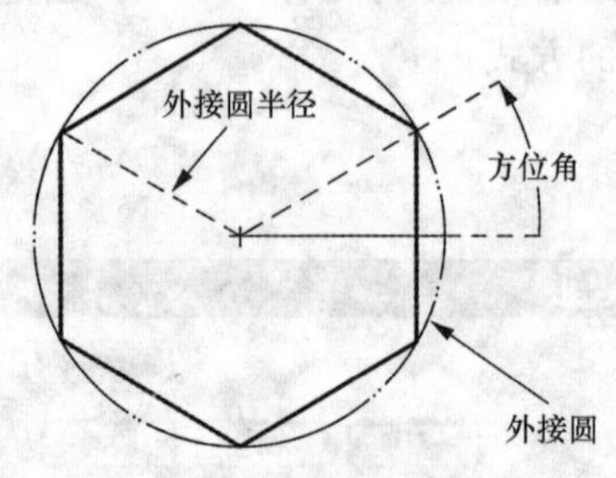

图 3.13 外接圆作图示例

三、创建样条曲线

样条曲线是指通过多项式曲线和所设定的点来拟合曲线，其形状由这些点来控制。样条曲线采用的是挖的创建方法，很好地满足了设计的需要，是一种用途广泛的曲线。它不仅能够创建自由曲线和曲面，而且还能精确表达圆锥曲面在内的各种几何体的统一表达式。在 UG NX 中，样条曲线包括一般样条曲线和艺术样条曲线两种类型。

1. 创建一般样条曲线

一般样条曲线是建立自由形状曲面(或片体)的基础。它拟合逼真、形状控制方便，能够满足很大一部分产品设计的要求。

在“曲线”工具栏中单击“样条”按钮，系统会弹出如图 3.14 所示的“样条”对话框。

在该对话框中，系统提供了下面 4 种样条曲线的生成方式。

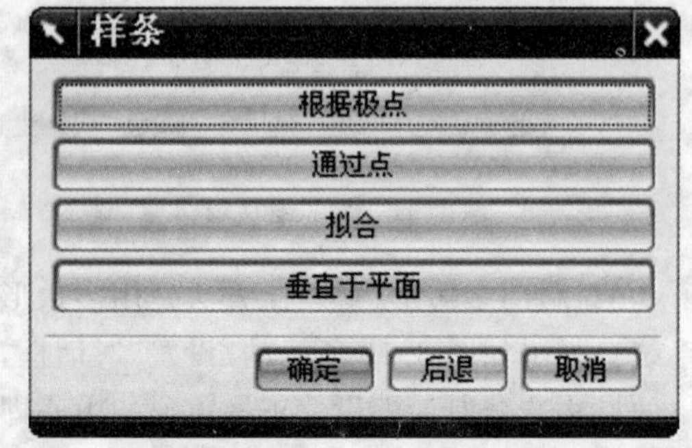

图 3.14 “样条”对话框

- 根据极点：是指通过指定样条曲线的数据点(即极点)，使样条向各个极点移动，但并不通过该点，端点处除外。
- 通过点：是指利用设置样条曲线的数据点生成曲线，样条曲线通过这些定义的数据点。
- 拟合：是指使用指定公差将样条与其数据点相“拟合”。样条不必通过这些点。

• 垂直于平面：是指以正交于平面的曲线生成样条。即生成的样条通过并垂直于平面集中的各个平面。

2. 创建艺术样条曲线

艺术样条曲线是指创建关联或者非关联的样条曲线，在创建艺术样条曲线的过程中，可以指定样条的定义点的斜率，也可以拖动样条的定义点或者极点。

在"曲线"工具栏中单击"艺术样条"按钮，就会打开如图 3.15 的"艺术样条"对话框。在该对话框中包含了艺术样条曲线的通过点和通过极点两种创建方式。

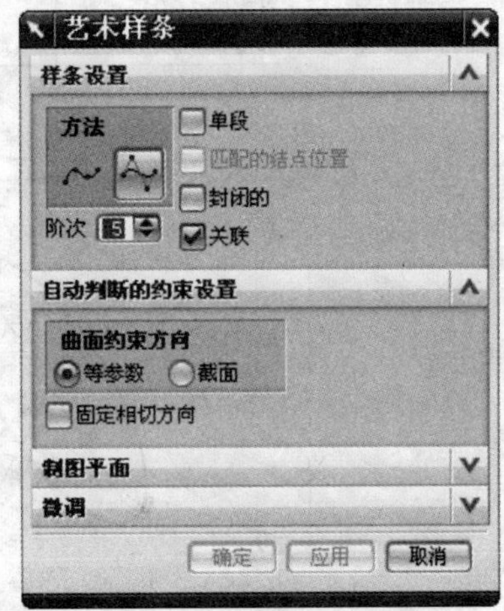

图 3.15 "艺术样条"对话框

四、创建二次曲线

二次曲线是由截面截取圆锥所形成的截线，二次曲线的形状由截面与圆锥的角度而定，同时在平行于 XC、YC 平面的面上由设定的点来定位。一般常用的二次曲线包括圆形、椭圆、抛物线和双曲线(如图 3.16)以及一般二次曲线。

下面介绍各二次曲线的创建方法：

1. 椭圆

在"曲线"工具栏中单击"椭圆"按钮，系统会弹出"点构造器"对话框，让用户确定椭圆的中心。接着在打开的"椭圆"对话框中设置各种参数，如图 3.17 所示系统即能完成创建椭圆的工作。

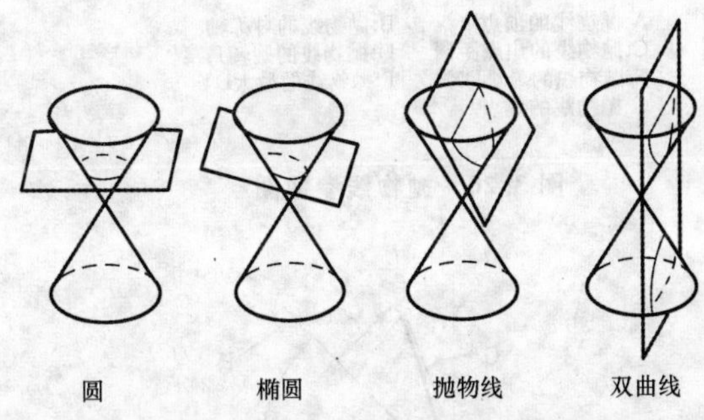

图 3.16 几种常见的二次曲线

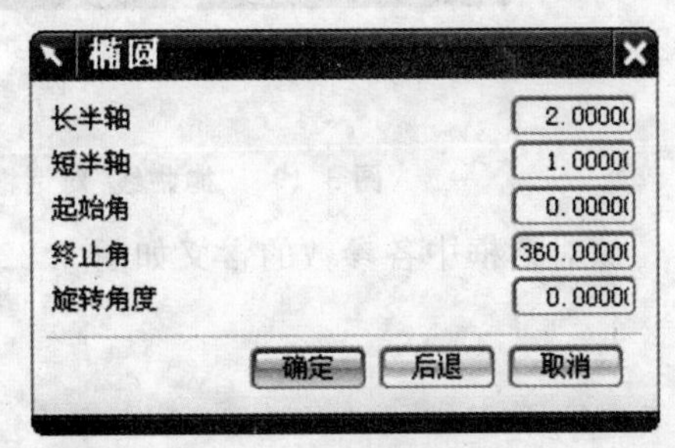

图 3.17 椭圆设置

对话框中的椭圆参数的意义分别如图 3.18 所示。

2. 创建抛物线

在"曲线"工具栏中单击"抛物线"按钮，系统先弹出"点构造器"对话框，让用户确定抛物线的位置，接着就会弹出如图 3.19 所示的"抛物线"对话框，用户确定有关抛物线的参数后，系统即可生成抛物线。

该对话框中各参数的含义如图 3.20 所示。

3. 创建双曲线

在"曲线"工具栏中单击"双曲线"按钮，同抛物线的创建相同，系统先弹出"点构造器"对话框，让用户确定双曲线的中心位置，接着就会弹出如图 3.21 所示的"双曲线"对话框，用户确定有关双曲线的参数后点击确定，系统即可生成双曲线。

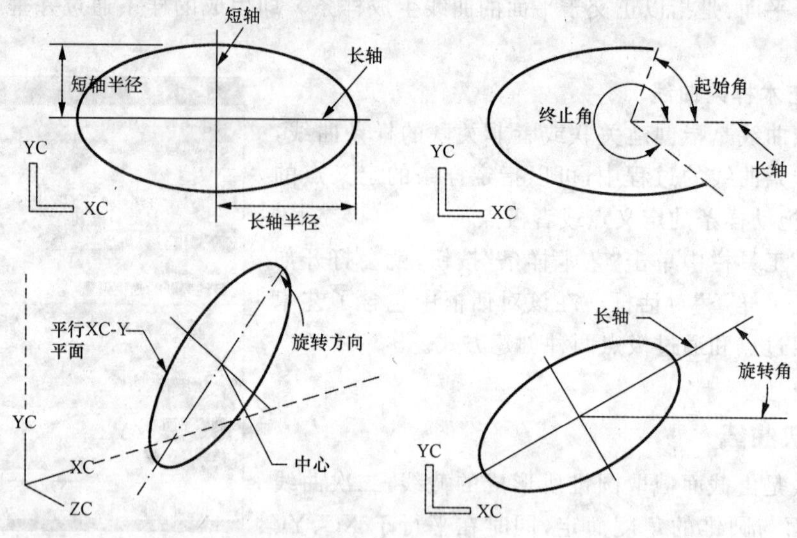

图 3.18 椭圆参数的意义

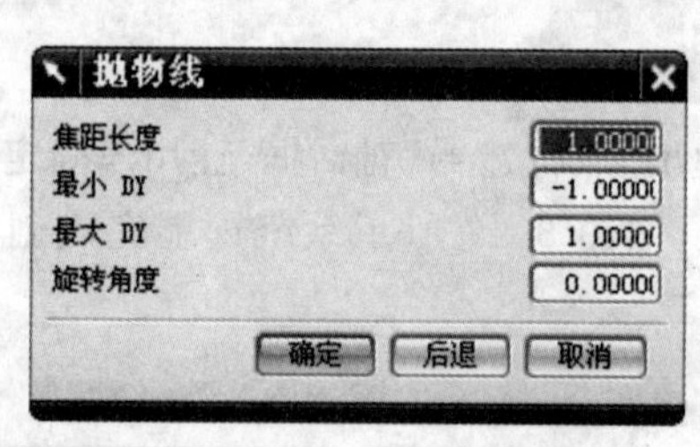

图 3.19 "抛物线"对话框

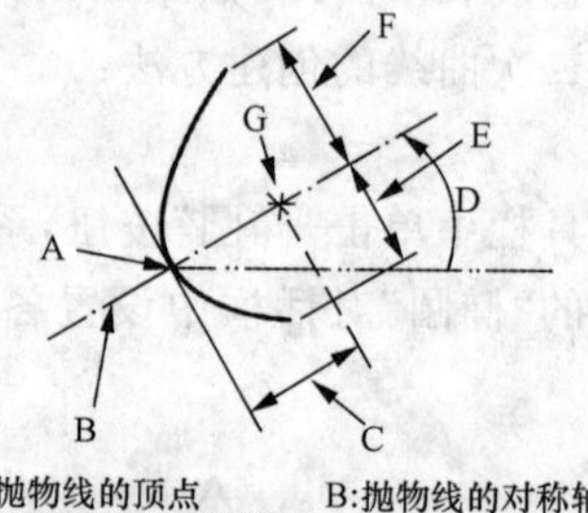

A:抛物线的顶点 B:抛物线的对称轴
C:抛物线的焦点距离 D:抛物线的旋转角度
E:抛物线的最小DY F:抛物线的最大DY
G:抛物线的焦点

图 3.20 抛物线参数图

该对话框中各参数的含义如图 3.22 所示。

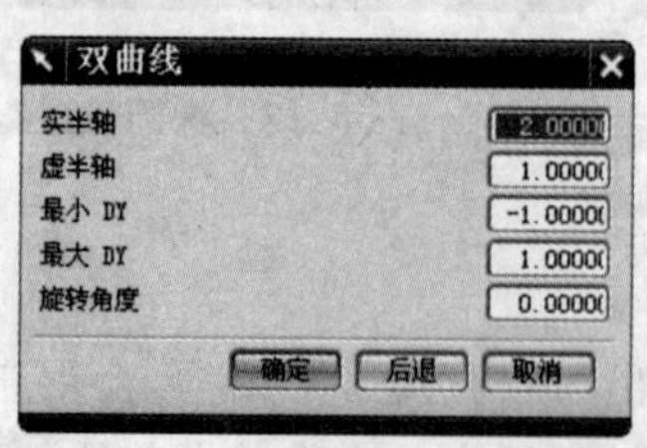

图 3.21 "双曲线"对话框

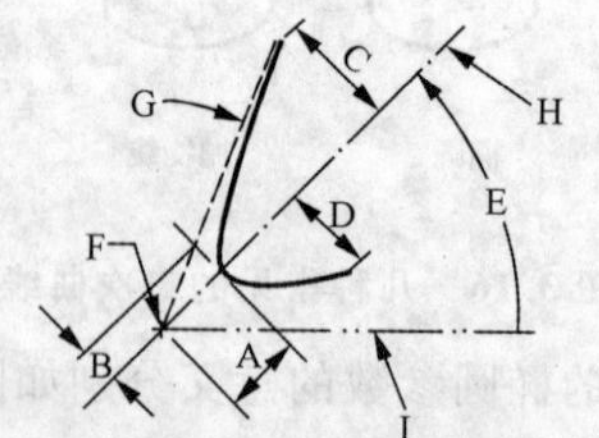

A:双曲线的半横轴长 B:双曲线的半共扼值
C:双曲线的最大DY D:双曲线的最小DY
E:双曲线的旋转角度 F:双曲线的中心点
G:双曲线的渐近线 H:双曲线的对称轴
I:XC轴

图 3.22 双曲线参数图

4. 创建一般二次曲线

可通过使用多种放样二次曲线创建方法中的某一种或使用一般二次曲线方程来创建二次曲线剖面。根据输入数据的数学计算结果,生成的二次曲线可能是圆、椭圆、抛物线或双曲线。"一般二次曲线"选项比椭圆、抛物线和双曲线选项更灵活,因为该选项能够使用几种不同的方法来定义曲线。

在“曲线”工具栏中单击“一般二次曲线”按钮，系统会弹出如图 3.23 所示的“二次曲线创建方式”的对话框。在这个对话框中提供了 7 种生成二次曲线的方式。接下来我们说明二次曲线的 7 种生成方式：

图 3.23 “二次曲线创建方式”对话框

(1)5 点：本方式是通过点构造器设定 5 个点，然后系统生成一个曲线通过 5 个点。选择该按钮后，接着就会出现点构造器，用点构造器在图形窗口中设定 5 个点，点击确定就可以生成二次曲线。

(2)4 点，1 个斜率：本方式是利用 4 个点和 1 个斜率来产生二次曲线。单击该按钮后，系统弹出“点构造器”对话框，利用“点构造器”对话框设定第一个点，马上就会弹出“设定斜率”对话框，设定第一点的斜率后，又回到了“点构造器”对话框依次设定其他 3 个点，便可生成一条通过这 4 个设定点，且第一点斜率为设定斜率的二次曲线。

(3)3 点，2 个斜率：本方式是利用 3 个点和两个斜率来产生二次曲线。单击该按钮后，系统弹出“点构造器”对话框，利用对话框设定第一个点，然后弹出“设定斜率”对话框设定第一点的斜率，然后回到“点构造器”对话框依次设定其他两个点，设定 3 点后同样弹出“设定斜率”对话框设定第 3 点的斜率，完成设定以后便可生成一条通过这 3 个设定点，且第一点、第三点斜率分别为各自的设定斜率的一条二次曲线。

(4)3 点，顶点：本方式是利用 3 个点和 1 个顶点来产生二次曲线。单击该按钮后，系统弹出“点构造器”对话框，利用对话框依次设定曲线上的 3 个点，然后再设定一个顶点，便可生成一条通过这 3 个设定点，且其顶点为设定锚点的一条二次曲线。

(5)2 点，锚点，Rho：本方式是利用 2 个点和锚点并配合 Rho 值来产生二次曲线。单击该按钮后，系统弹出“点构造器”对话框，利用对话框依次设定 2 个点，再设定锚点确定切线方向，然后出现“设定 Rho 值”的对话框，输入一个 Rho 值以确定二次曲线的形式，这样便可生成一条通过 2 个设定点，其锚点为设定锚点且 Rho 为设定值的一条二次曲线了。

(6)系数：本方式是利用设置二次方程的系数来产生二次曲线。单击该按钮后，弹出“设定系数”对话框，在文本框中分别输入二次曲线的一般方程式 $Ax^2+Bxy+Cy^2+Dx+Ey+F=0$ 中的 6 个系数 A、B、C、D、E 及 F，这样系统即会依照工作坐标原点的位置生成一条二次曲线。

(7)2 点，2 斜率，Rho：本方式是利用 2 个点和 2 个斜率并配合 Rho 值来产生二次曲线。单击该按钮后系统弹出“点构造器”对话框，利用对话框设定起始点，并在弹出的“设定斜率”对话框中设定起始点的斜率，然后设定终点和终点的斜率，最后在“设定 Rho 值”对话框中输入一个 Rho 值，便可生成一条起点与终点为两个设定点且斜率为设定斜率，Rho 值为设定值的一条二次曲线。

五、创建规律曲线

规则曲线就是 X、Y、Z 坐标值按设定规则变化的样条曲线。利用规则曲线可控制建模过程中某些参数的变化规律，如螺旋线中螺旋半径变化的控制、曲线形状的控制、面倒圆截面的控制及在构造自由曲面过程中的角度或面积的控制等。

在"曲线"工具栏中单击"规律曲线"按钮，系统会弹出如图 3.24 的"规律曲线"对话框。用来定义 X、Y、Z 的 3 个方向的变化规律。

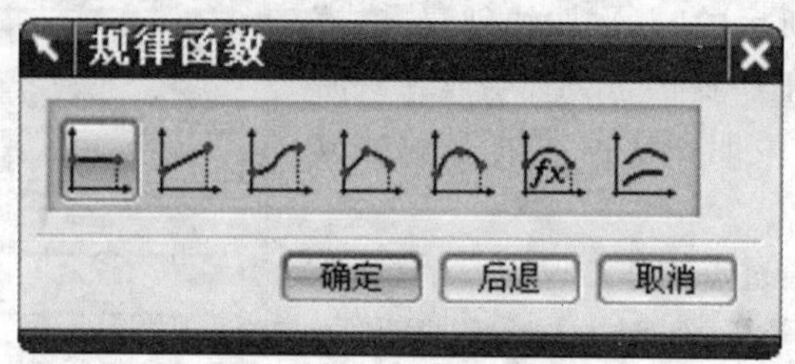

图 3.24 "规律曲线"对话框

对话框中提供了 7 种规律曲线的创建方式，现在分别介绍如下：

1. 恒定

本选项控制坐标或参数在创建曲线过程中保持常量。单击本按钮后，弹出如图 3.25 所示的"规律控制的"对话框，输入参数值即可确定所定义方向的规律。

2. 线性

本选项控制坐标或参数在整个创建曲线过程中在某数值范围中呈线性变化。单击本按钮后，弹出如图 3.26 所示"线性规律控制"对话框，输入变化规律的数值控制范围，即起始值和终止值即可。

图 3.25 恒定规律控制

图 3.26 线性规律控制

3. 三次

本选项控制坐标或参数在整个创建曲线过程中在某数值范围中呈三次变化。单击该按钮后，弹出的对话框同图 3.27 相同。输入变化规律的数值范围，即起始值和终止值即可。

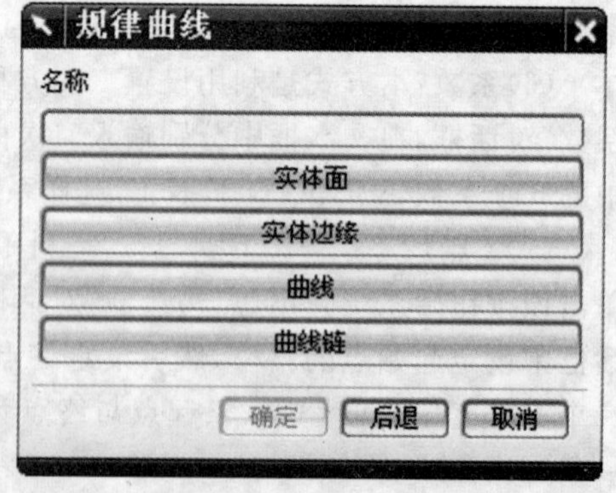

图 3.27 "规律曲线"对话框

4. 沿脊线的值线性

本选项控制坐标或参数在沿一脊线设定两点或多个点所对应的规律值间呈线性变化。单击该选项后，系统会提示选择一脊线，再利用点构造器设置脊线上的点，最后在弹出来的对话框中的参数栏输入值即可。

5. 沿脊线的值——三次

本选项控制坐标或参数在沿一脊线设定两点或多个点所对应的规律值间呈三次变化。单击该选项后，系统会提示选择一脊线，再利用点构造器设置脊线上的点，最后在弹出来的对话框中的参数栏输入值即可。

6. 根据方程

本选项利用表达式来控制坐标或参数的变化。在使用该功能前,先要利用下拉菜单中"工具"→"表达式"命令,设定表达式中变量及欲按变化规律控制的坐标或参数的函数表达式。然后单击该选项后,在弹出的对话框的文本框中输入变量名,再在随后弹出对话框的文本框中输入在X上欲按规律控制的坐标或参数的函数名,最后同样依次完成Y和Z上的设置即可。

7. 根据规律曲线

本选项利用存在的规则曲线来控制坐标或参数的变化。选择该选项后,先选择一条存在的规则曲线,再选择一条基线来辅助选定曲线的方向,也可以维持原曲线的方向不变。

六、创建螺旋线

螺旋线是指由一些特殊的运动所产生的轨迹。螺旋线是一种特殊的规律曲线,它是具有指定圈数、螺矩、弧度、旋转方向和方位的曲线。它的应用比较广泛,主要用于螺旋槽特征的扫描轨迹线,如机械上的螺杆、螺钉和弹簧等零件都是典型的螺旋线形状。

在"曲线"工具栏中单击"螺旋线"按钮,系统会弹出如图 3.28 所示的"螺旋线"对话框。图 3.29 为所创建的螺旋线示例。

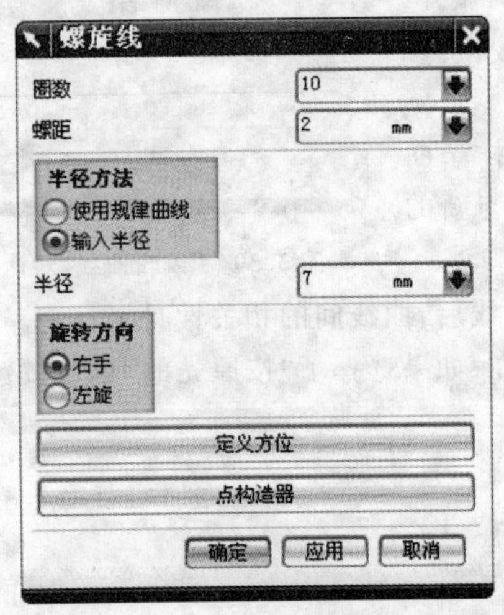

图 3.28 "螺旋线"对话框

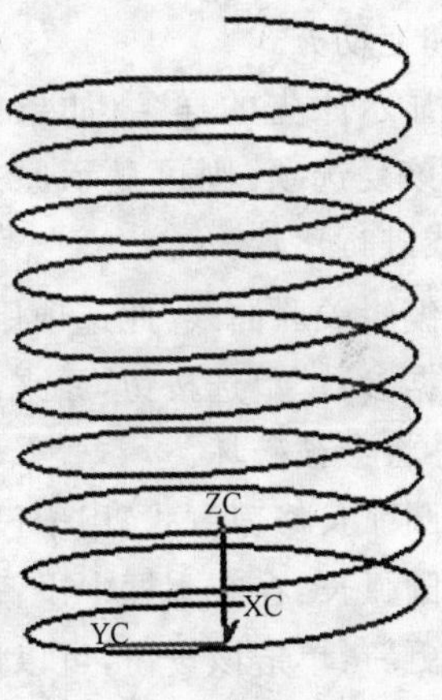

图 3.29 "螺旋线"示例

(1)圈数:表示螺旋曲线旋转圈数。

(2)螺距:螺旋曲线每圈之间的间距。

(3)半径方式:

①使用规律线:螺旋曲线每圈半径按照指定的规律变化;

②输入半径:螺旋曲线每圈半径按照输入的值恒定不变。

(4)旋转方向:照右手或左旋原则确定曲线旋转方向。

(5)定义方向:定义螺旋曲线生成的方向。

(6)点构造器:定义螺旋曲线起点位置。

任务四 编辑曲线

在曲线创建完成后，一些曲线之间的组合并不满足设计需求，这就需要用户根据设计要求，通过各种编辑曲线方式来修改调整曲线。本节就对一些常用编辑曲线的方式进行介绍。

一、编辑曲线

选择“编辑”→“曲线”菜单栏中的“全部”命令时，系统会弹出如图 3.30 的对话框，利用对话框以及相关的操作，我们可以对已经创建的曲线参数进行重新编辑。

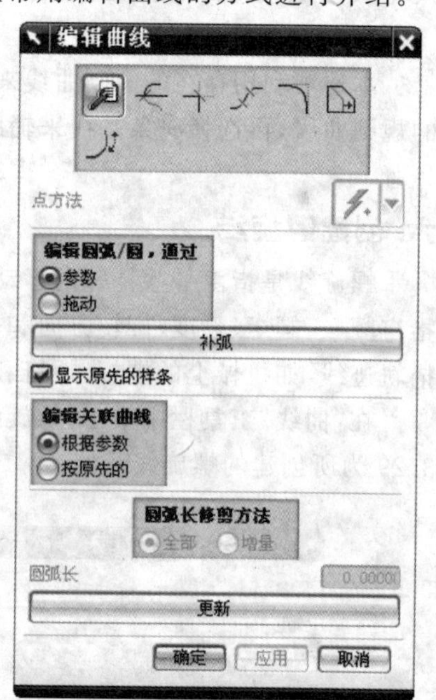

图 3.30 “编辑曲线”对话框

对话框中各功能选项说明如下：

(1)点方法：单击下拉箭头可以出现点构造器下拉菜单。用于在绘图区中捕捉点。

(2)编辑圆弧/圆：通过该选项设置编辑曲线的方式。它包含两个单选按钮：参数和拖动。

(3)补弧：单击此按钮，可显示某一圆弧的互补圆弧。

用于设置编辑曲线的方式。它包含两个单选按钮：参数方式和拖动方式。

(4)显示原先的样条：如果当前编辑的对象为样条曲线，选取该复选项，则可显示原来的样条曲线以便与新的样条曲线进行比较。

(5)编辑关联曲线：此选项用于设置编辑关联曲线后，曲线间的相关性是否存在。如果选择了“根据参数”单选按钮，原来的相关性仍然会存在；如果选择了“按原先的”单选按钮，原来的相关性将会被破坏。

(6)圆弧长修剪方式：用于设置弧长的修剪方式。

(7)圆弧长：在文本框中设置要改变的曲线的弧长值。

(8)更新：单击该按钮，可以恢复前一次的编辑操作。

二、编辑曲线参数

选择“编辑”→“曲线”菜单栏中的“参数”命令后，系统会弹出“编辑曲线参数”对话框，如图 3.31 所示。

在对话框中设置完以上的相关选项后，随后出现的系统提示随着选择编辑的对象类型的不同而变化。下面介绍编辑曲线参数的操作步骤。

1. 编辑直线

如果选择的对象是直线，则可以编辑直线的端点位置和直线参数(长度和角度)。

2. 编辑圆或圆弧

如果选择的对象是圆或者圆弧，则可以修改圆或者圆弧的参数。

3. 编辑样条曲线

如果选择的对象为样条曲线，则系统会弹出如图 3.32 的“编辑样条曲线”对话框，在对话框中提供了 9 种修改样条曲线的方式。

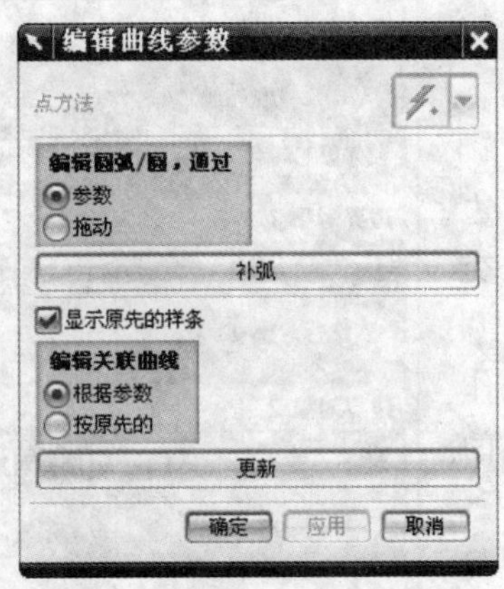

图 3.31 “编辑曲线参数”对话框

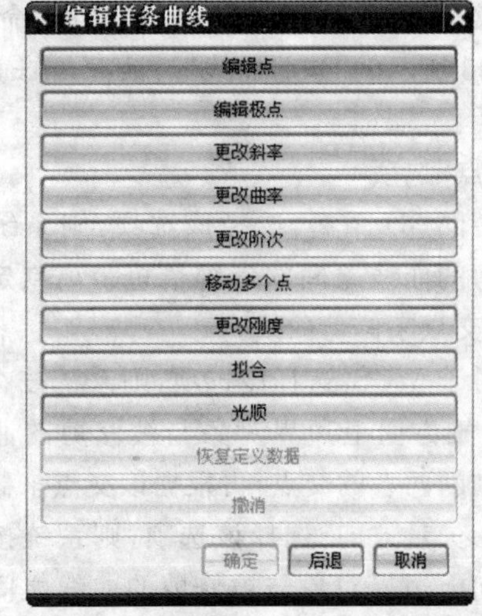

图 3.32 “编辑样条曲线”对话框

(1)编辑点：本选项用于移动、增加或移去样条曲线的定义点，以改变样条曲线的形状。

(2)编辑极点：本选项用于编辑样条曲线的控制点。

(3)更改斜率：本选项用于改变定义点的斜率。

(4)更改曲率：本选项用于改变定义点的曲率。

(5)更改阶次：本选项用于改变样条曲线的阶数，当然定义点数也会有所改变。对于单节段样条曲线，可增加或降低其曲线阶数；而对于多节段样条曲线，则只可增加其曲线阶数。增加曲线阶数，样条曲线的形状不会改变；而降低曲线阶数，则样条曲线的形状与原曲线会有所差别，但其形状近似。

(6)移动多个点：本选项用于移动样条曲线的一个节段，以改变样条曲线的形状。本功能允许修改样条曲线的一个节段而不影响曲线的其他部分。选择该选项后，在样条曲线上依次设定欲修改节段的开始点和结束点；在开始点和结束点限定的节段间设定第一个位移点，再设定第一个位移点的位移方式，然后逐步响应系统提示设定第一个位移点的位移值；接着再设定第二个位移点，并设定第二个位移点的位移方式，然后逐步响应系统提示设定第二个位移点的位移值，则系统根据上述设定移动选定节段，而并不影响其他节段的形状，且移动节段的两端点位置保持不变。

(7)更改刚度：本选项用于在保持原样条曲线控制点数不变的前提下，通过改变曲线阶数来修改样条曲线的形状。选择该选项会丢失原来的定义数据及关联性，因此系统要求确认之后在弹出的对话框中输入曲线新的阶数即可。增加阶数时，样条曲线会增加刚性；减少阶数时，样条曲线会降低刚性。这些操作和改变曲线阶数的操作类似。

(8)拟合：本选项可修改样条曲线定义所需的参数，以改变曲线的形状，不过这种方式不能改变曲线的曲率。

(9)光顺：本功能为光滑样条曲线，编辑后的样条曲线的曲线阶数为 5。

三、修剪曲线

修剪曲线是指可以通过曲线、边缘、平面、表面、点或屏幕位置等工具调整曲线的参数，可延长或修剪直线、圆弧、二次曲线或样条曲线等。

单击菜单下“编辑”→“曲线”→“修剪”命令时，会出现如图 3.33 所示的“修剪曲线”对话框。修剪曲线的相关选项说明：

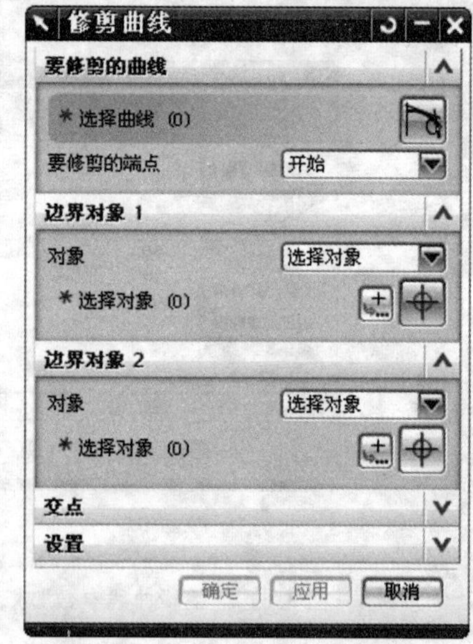

图 3.33 “修剪曲线”对话框

1.“交点”选项

• 最短的 3D 距离：选择该选项，则系统按修剪边界与被修剪的曲线之间的三维最短距离判定两者的交点，再根据交点来修剪曲线。

• 相对于 WCS：选择该选项，则系统按在当前工作坐标系 ZC 轴方向上边界对象与被修剪的曲线之间的最短距离判断两者的交点，再根据该交点来修剪曲线。

• 沿一矢量方向：选择该选项，则系统按在当前视图法线方向上边界对象与被修剪的曲线之间的最短距离判断两者的交点，再根据该交点来修剪曲线。

• 沿屏幕垂直方向：选择该选项，则设定矢量方向选择步骤图标激活，利用其下方出现的矢量创建功能设定一矢量方向，系统按在设定矢量方向上边界对象与被修剪的曲线之间的最短距离判断两者的交点，再根据该交点来修剪曲线。

2.“曲线延伸段”选项

如果被修剪的曲线为一般样条曲线而且样条曲线需要延伸至边界时，可通过设定该选项，设定样条曲线的延伸方式，系统提供了 4 种方式。

• 自然：自然方式。该选项用于将样条曲线沿其端点的自然路径延伸至边界。

• 线性：线性方式。该选项用于将样条曲线从其端点线性延伸至边界。

• 圆的：环形方式。该选项用于将样条曲线从其端点环形延伸至边界。

• 无：不延伸。该选项用于不将样条曲线延伸边界。

3.“输入曲线”选项

该选项用于控制曲线被修剪后原曲线是否保留，有 4 种方式：保留、隐藏、删除和替换。

4. 关联输出

选取该选项后，则修剪后的曲线与原曲线具有关联性，即若改变原曲线的参数，则修剪后的曲线与边界之间的关系自动得到更新。

四、修剪拐角

单击菜单下“编辑”→“曲线”→“修剪角”命令时，系统就会出现如图 3.34 的“修剪拐角”对话框，它能修剪两不平行曲线在其交点形成的拐角。

图 3.34 “修剪拐角”对话框

修剪拐角时，移动鼠标，使选择球同时选中欲修剪的两曲线，且选择球中心位于欲修剪的角部位，单击鼠标左键，则两曲线的选中拐角部分会被修剪。

五、分割曲线

单击菜单下"编辑"→"曲线"→"分割曲线"命令系统就会出现如图 3.35 所示的"分割曲线"对话框。它能将曲线分割成多个节段可分别操作的对象。

图 3.35 "分割曲线"对话框

在对话框中提供了 5 种曲线分割的方式,下面介绍一下它们的用法:

1. 等分段

本方式是以等长或等参数的方法将曲线分割成相同的节段。

2. 按边界对象

本方式是利用边界对象来分割曲线。

3. 圆弧长段数

本方式是通过分别定义各节段的弧长来分割曲线。

4. 在结点处

本方式在曲线的定义点处将曲线分割成多个节段,当然只能分割样条曲线。

5. 在拐角上

该方式是在拐角处(即一阶不连续点)分割样条曲线(拐角点是样条曲线节段的结束点方向和下一节段开始点方向不同而产生的点)。

六、编辑圆角

单击菜单下"编辑"→"曲线"→"圆角"时,系统就会弹出如图 3.36 所示的"编辑圆角"对话框。

(1)自动修剪:选择该方式时,系统会自动根据圆角修剪两条相连接的曲线。

(2)手工修剪:选择该方式时,系统提示用户根据屏幕提示设置圆角参数和要修剪的两条曲线。

(3)不修剪:选择该方式时,不会修剪两条相连接的曲线。

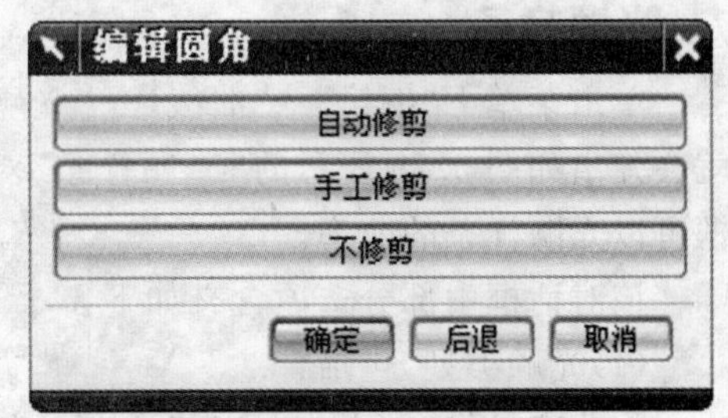

图 3.36 "编辑圆角"对话框

七、拉长曲线

单击菜单下"编辑"→"曲线"→"拉长曲线"命令时,系统就会弹出如图 3.37 所示的"拉长曲线"对话框。

应用本对话框能用来移动或拉伸几何对象,如果选取的是对象的端点,则拉伸该对象,如果选取的是对象端点以外的位置,则移动该对象。在本对话框中,首先绘图工作区中直接选择欲编辑的对象,再设定移动或拉伸的方向和距离。其中移动或拉伸的方向和距离可在曲线拉伸对话框中,通过以下 2 种方式来设定:

(1)分别在 XC 增量、YC 增量、ZC 增量文本框中输入对象沿 XC、YC、ZC 坐标轴方向移动或拉伸的位移即可。

(2)单击"点到点"选项,再设定一个参考点,然后设定一个目标点,则系统以该参考点至目标点的方向和距离来移动或拉伸对象。

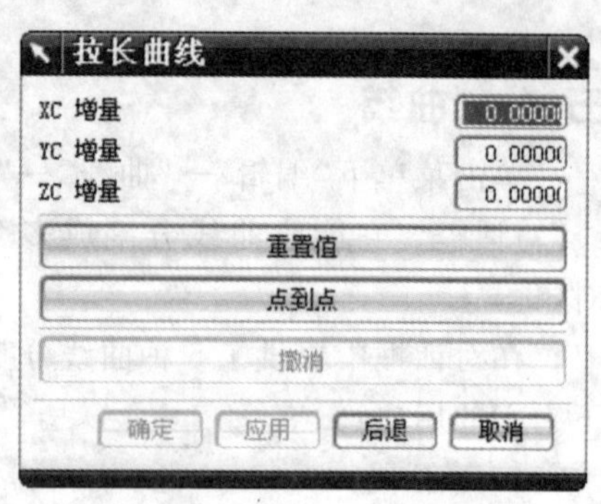

图 3.37 "拉长曲线"对话框

八、曲线长度

通过指定弧长增量或总弧长方式来改变曲线的长度。其同样具有延伸曲线和裁剪曲线的双重功能。

单击菜单下"编辑"→"曲线"→"拉长曲线"命令时,系统就会弹出如图 3.38 所示的"曲线长度"对话框。该主要选项的含义如下所述:

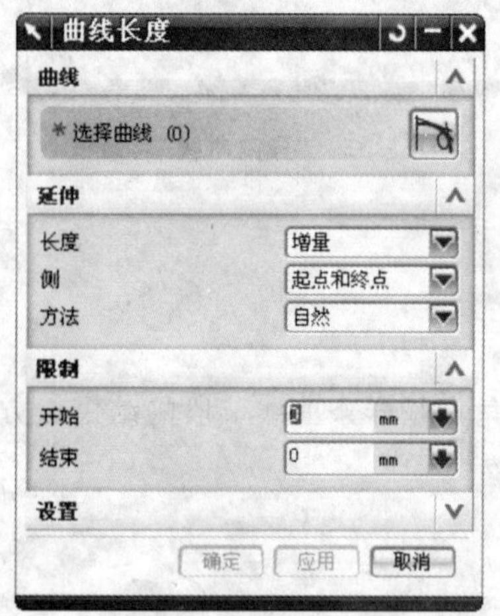

图 3.38 "曲线长度"对话框

• 长度:该列表框用于设置选取曲线的编辑方式,包括"增量"和"全部"两种方式。如选择"全部",则以给定总长来编辑选取曲线的弧长;如选择"增量",则以给定弧长的增加量或减少量来编辑选取曲线的弧长。

• 侧:该列表框用来设置修剪或延伸方式,包括"起点和终点"和"对称"两种方式。"起点和终点"是从选取的曲线的起点或终点开始修剪及延伸;"对称"是从选取曲线的起点和终点同时对称修剪或延伸。

• 方法:该列表框用于设置修剪和延伸类型,包括"自然"、"线性"和"圆形"3 种类型。

• 限制:该面板主要用于设置从起点到终点修剪或延伸的增量值。

九、光顺样条

单击菜单下"编辑"→"曲线"→"光顺样条"命令时,系统就会弹出如图 3.39 所示的"光顺样条"对话框。通过该对话框可以光顺样条的曲率。

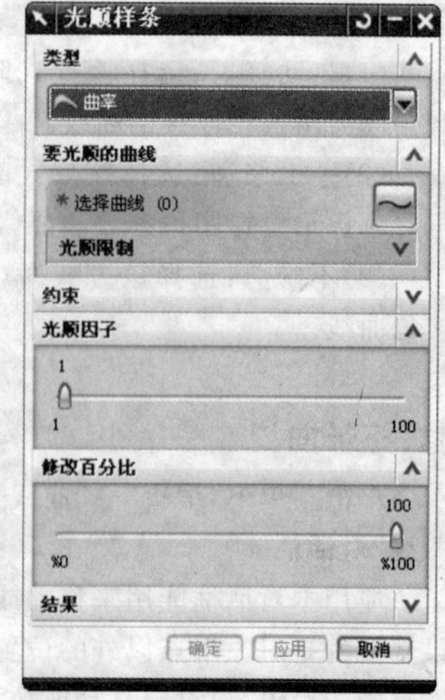

图 3.39 "光顺样条"对话框

该对话框中部分选项含义如下:

(1)光顺类型,包括:

①曲率:通过最小化曲率值的大小来光顺曲线。

②曲率变化:通过最小化整条曲线的曲率变化来光顺曲线。

(2)约束:用于设置光顺曲线时对起点和终点的约束。

任务五 曲线操作

一般情况下在完成曲线的创建之后,并不能满足用户的需求,还要对曲线做进一步的处理。本节将要介绍曲线操作的相关功能，如曲线偏置、桥接曲线、投影曲线、镜像曲线等操作。

一、曲线偏置

单击菜单下“插入”→“来自曲线集的曲线”→“偏置”命令时，系统会弹出如图 3.40 的“偏置曲线”参数设置对话框。选定曲线后，所选择的曲线上出现一个箭头，表示偏置方向。如果向相反的方向偏移，则单击对话框中的“反向”按钮。设置偏置方式，并设定相应的参数，单击“确定”即可。其中提供了如图 3.40 所示的 4 种对象选取方式，我们可以点击其中一种方式进行选取也可以用鼠标直接在图上点取。

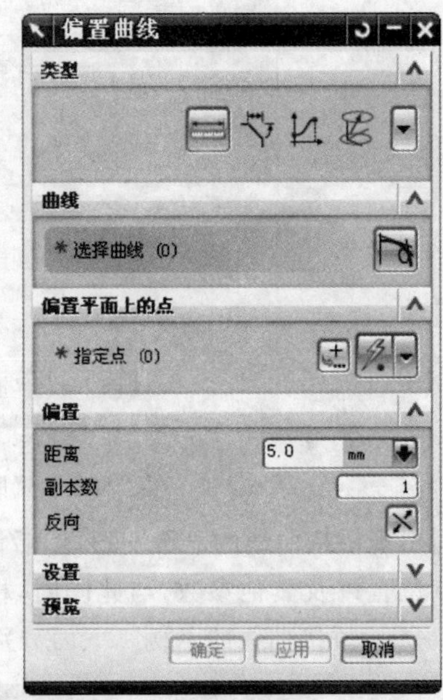

图 3.40 “偏置曲线”对话框

系统提供了 4 种偏移方式分别为：

(1)距离：该方式是按给定的偏移距离来偏移曲线。选择该方式后，在“距离”和“副本数”文本框中分别输入偏移距离和产生偏移曲线的数量。

(2)拔模：本方式是将曲线按指定的拔模角度偏移到与曲线所在平面相距拔模高度的平面上。拔模高度为原曲线所在平面和偏移后所在平面间的距离，拔模角度为偏移方向与原曲线所在平面的法线的夹角。

(3)规律控制：本方式是按规律控制偏移距离来偏移曲线。选择该方式后，会弹出规律控制方式对话框，从中选择相应的偏置距离的规律控制方式后，逐步响应系统提示即可。

(4)3D 轴向：此方式按照三维空间内指定的矢量方向和偏置距离来偏置曲线。用户按照生成矢量的方法制定需要的矢量方向，然后输入需要偏置的距离即可生成相应的偏置曲线。

二、在面上偏置曲线

单击“插入”→“来自曲线集的曲线”→“在面上偏置”命令后，系统会弹出如图 3.41 所示的对话框。它用于在一个表面上由一条存在的曲线按指定距离生成一条沿面的偏移曲线。

进行沿面偏移操作时，首先选择原曲线，再选择要生成曲线的表面，则在所选表面上会出现一个箭头，以提示操作的正方向，同理激活“偏置方式”下拉列表，分别为：弦(沿曲线弦长偏置)、圆弧长(沿曲线弧长偏置)、测量(沿曲面最小距离创建)和相切(沿切线方向创建)的 4 种方式。如图 3.42 所示为在面上偏置的示例。

三、桥接曲线

桥接曲线命令是在曲线上通过用户指定的点，对两条不同位置的曲线进行倒圆角或融合操作。

单击菜单下“插入”→“来自曲线集的曲线”→“桥接”命令时，系统会弹出如图 3.43 所示的“桥接曲线”对话框，它用于融合或桥接两条不同位置的曲线。

进入“桥接曲线”对话框后，系统会提示用户依次选择两条桥接的曲线。接着所选曲线之

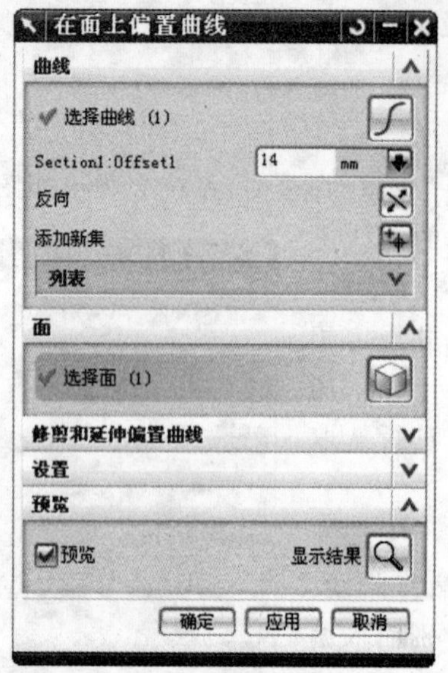

图 3.41 “在面上偏置曲线”对话框

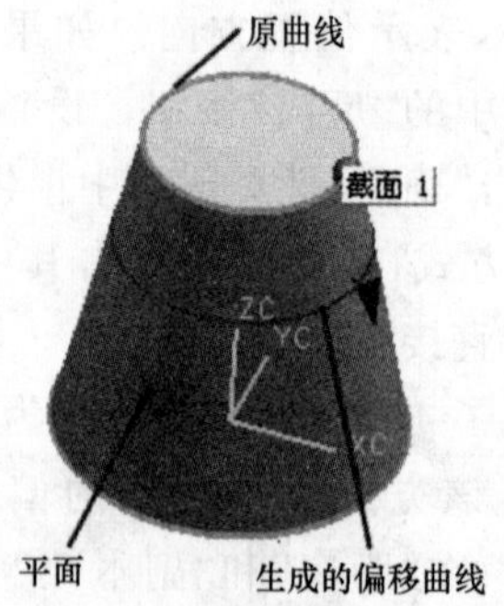

图 3.42 在面上偏置的示例

间出现桥接曲线的显示图形，然后设定桥接曲线的连续方式、形状控制方式、桥接曲线的起始点位置以及其他参数，与此同时，桥接曲线的显示图形也会随着设置的不同而动态更新。图3.44为桥接曲线的示例。下面分别介绍“桥接曲线”对话框中各主选项的功能。

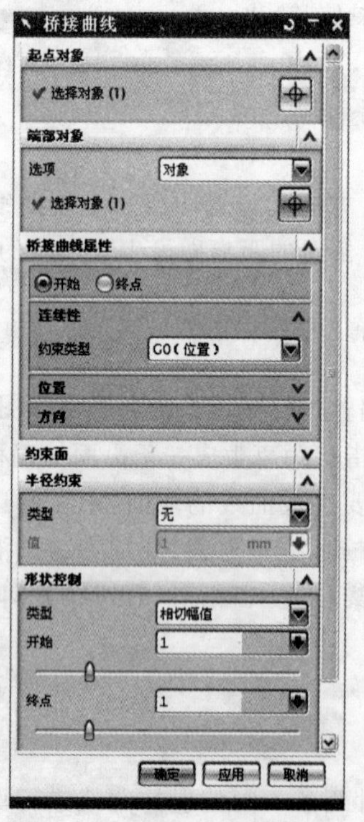

图 3.43 “桥接曲线”对话框

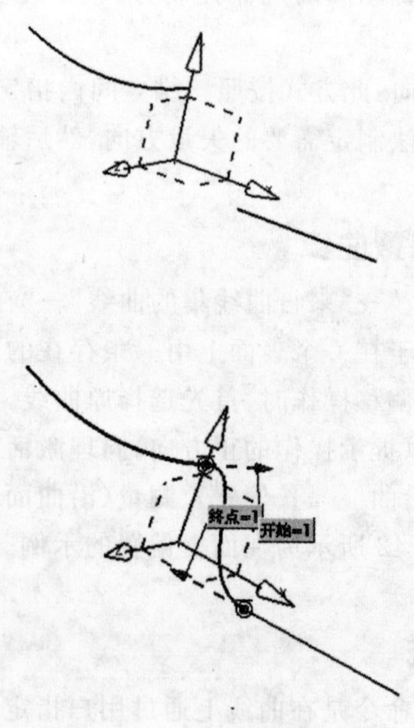

图 3.44 桥接曲线的示例

(1)起点对象：用于确定桥接操作的第一个对象。

(2)端部对象：用于确定桥接操作的第二个对象。

(3)桥接曲线属性：

①连续性：

a. 相切：选择该方式，则生成的桥接曲线与第一条曲线、第二条曲线在连接点处切线连续，且为三阶样条曲线。

b. 曲率：选择该方式，则生成的桥接曲线与第一条曲线、第二条曲线在连接点处曲率连续，且为五阶或七阶样条曲线。

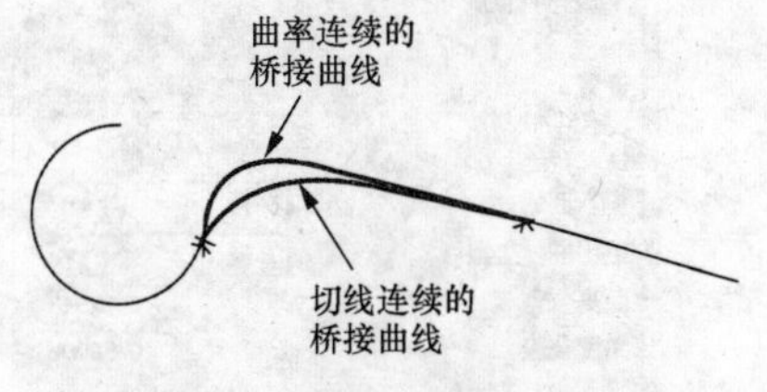

图 3.45　两种连续方式对比图

图 3.45 所示的就是这两种连续方式的对比图。

②位置：本功能用于设定桥接曲线的起、止点的百分比位置。

③方向：通过“点构造器”来确定点在曲线上的位置。

④约束面：用于限制桥接曲线的所在面。

⑤半径约束：用于限制桥接曲线的半径的类型和大小。

⑥形状控制：

a. 相切幅值：通过改变桥接曲线与第一条曲线和第二条曲线连接点的切矢量值，来控制桥接曲线的形状。切矢量值的改变是通过“开始”和“终点”滑尺，或直接在“第一曲线”和“第二曲线”文本框中输入切矢量来实现的。

b. 深度和歪斜：

歪斜：是指桥接曲线峰值点的倾斜度，即设定沿桥接曲线从第一条曲线向第二条曲线度量时峰值点位置的百分比。

深度：是指桥接曲线峰值点的深度，即影响桥接曲线形状曲率的百分比，其值可拖动下面的滑尺或直接在“深度”文本框中输入百分比实现。

c. 二次曲线方式：该方式仅在相切连续方式下才有效。选择该形状控制方式后，允许通过改变桥接曲线的 Rho 值来控制桥接曲线的形状。其值可通过拖换 Rho 滑尺或直接在 Rho 文本框中输入数值来实现。

d. 参考成形曲线：该方式同样仅在相切连续方式下有效。选择该形状控制方式后，可以通过选择已完成的设计曲线来实现桥接曲线的形状。

四、连结曲线

单击菜单下“插入”→“来自曲线集的曲线”→“连结”命令时，系统弹出如图 3.46 所示的“连结曲线”对话框。

此时系统进入曲线连结操作功能，它可以将所选的多条曲线连结成一条曲线。进行连结操作时，首先选取要进行连结的曲线组，设置好相关参数后，系统即可完成曲线的连结操作。

在该对话框中的“设置输出曲线类型”下拉列表中包含了常规、三次、五次和高级 4 种选项，用于定义连结操作后曲线的类型。图 3.47 为连接曲线的示例。

五、简化曲线

简化曲线用于以一条最合适的逼近曲线来简化一组选择的曲线，它可以将这组曲线简化为圆弧或直线的组合，即将高次方曲线降成二次或一次方曲线。

图 3.46 “连结曲线”对话框

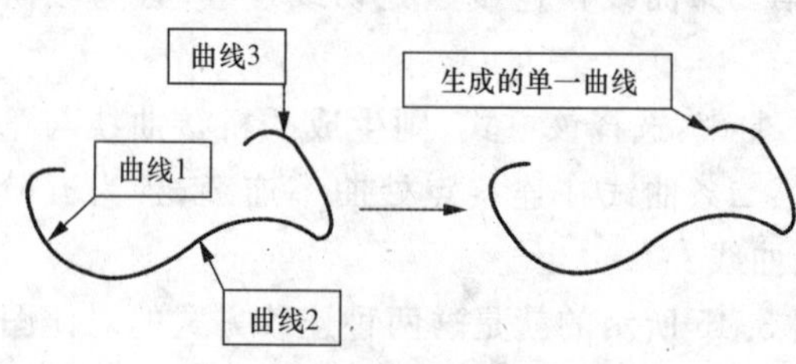

图 3.47 连结曲线示例

单击菜单下“插入”→“来自曲线集的曲线”→“简化”命令时，系统会弹出如图 3.48 所示的“简化曲线”对话框。

在简化曲线对话框用户可以选择原曲线的方式有“保持”、“删除”和“隐藏”3 种方式。单击“保持”按钮，然后系统弹出如图 3.49 的“选取曲线”对话框。要求用户在绘图工作区中依次选取要简化的曲线，用户最多可选取 512 条曲线。若要简化的曲线彼此首尾相接，则可利用其中的“成链”选项通过选择第一条曲线和最后一条曲线来选择其间彼此相连的一组曲线。选择曲线后点击确定，则系统用一条与其逼近的曲线来拟合所选的多条曲线。

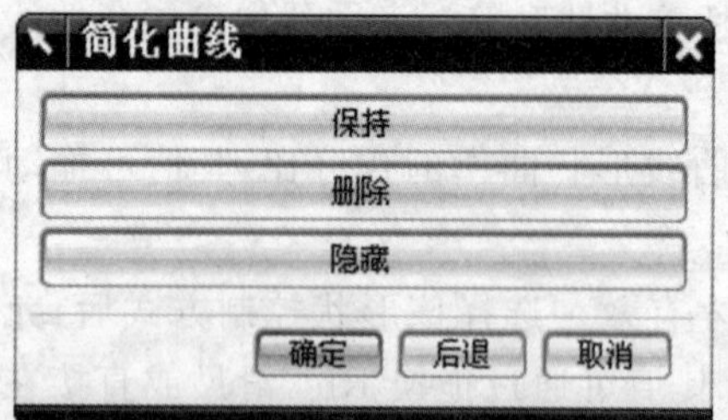

图 3.48 “简化曲线”对话框

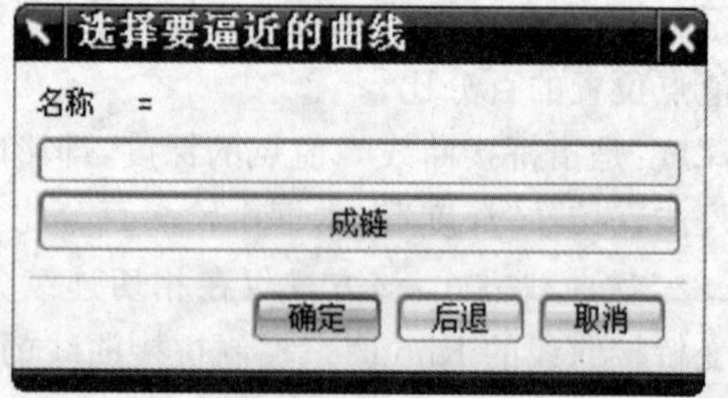

图 3.49 “选取曲线”对话框

六、投影曲线

投影曲线用于将曲线或点沿某一方向投影到现有曲面、平面或参考平面上。如果投影曲线与面上的孔或面上的边缘相交，则投影曲线会被面上的孔和边缘所修剪。投影方向可以设置成某一角度、某一矢量方向、向某一点方向或沿面的法向。

单击菜单下“插入”→“来自曲线集的曲线”→“投影”命令时，系统会弹出如图 3.50 所示的“投影曲线”对话框。

“投影曲线”对话框中的选项含义如下：

(1)要投影的曲线或点：提示用户选择要投影的曲线或点。

(2)要投影的对象：选定欲投影点或曲线后，提示选择投影面。

(3)投影方向：本选项用于设置投影方向的方式，其中提供了 5 种方式分别为：

①沿面的法向：该方式是沿所选投影面的法向向投影面投影曲线。

②朝向点：该方式用于从原定义曲线朝着一个点向选取的投影面投影曲线。

③朝向直线：该方式用于沿垂直于选定直线或参考轴的方向向选取的投影面投影曲线。

④沿矢量：该方式用于沿设定向量方向向选取的投影面投影曲线。选择该方式后，系统会激活“投影选项”下拉列表，包括无、投影两侧和等圆弧长选项。

⑤与矢量所成的角度：该方式用于沿与设定向量方向成一定角度的方向向选取的投影面投影曲线。选择该方式后，系统会弹出“与矢量所成的角度”对话框，让用户设定一个投影角度值。这时对话框中的角度文本框被激活，用户可以输入投影角度值。角度值的正负是以选定曲线的几何形中心为参考点来设定的。曲线投影后，投影曲线向参考点方向收缩，则角度为负值；反之，角度为正值。

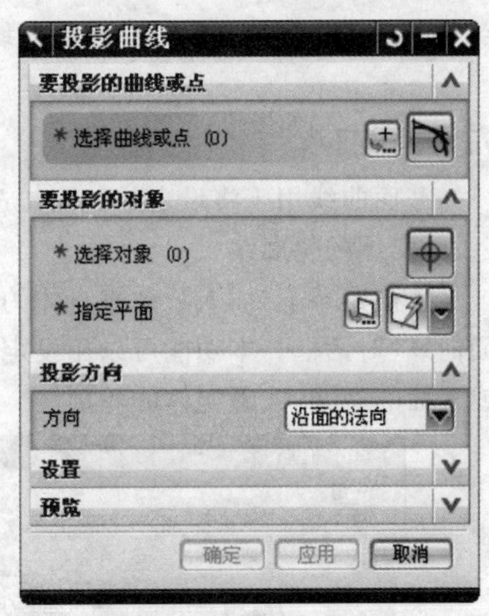

图 3.50 “投影曲线”对话框

七、镜像曲线

镜像曲线可以通过基准平面或者平面复制关联或非关联的曲线和边。可镜像的曲线包括任何封闭或非封闭的曲线，选定的镜像平面可以是基准平面、平面或者实体的表面等模型。

单击菜单下“插入”→“来自曲线集的曲线”→“镜像”命令时，系统会出现如图 3.51 所示的“镜像曲线”对话框。选取要镜像的曲线并选取基准平面即可生成镜像曲线，如图 3.52 所示。

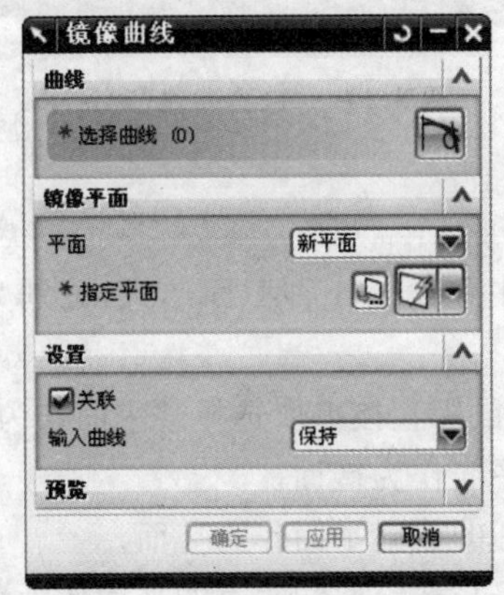

图 3.51 “镜像曲线”对话框

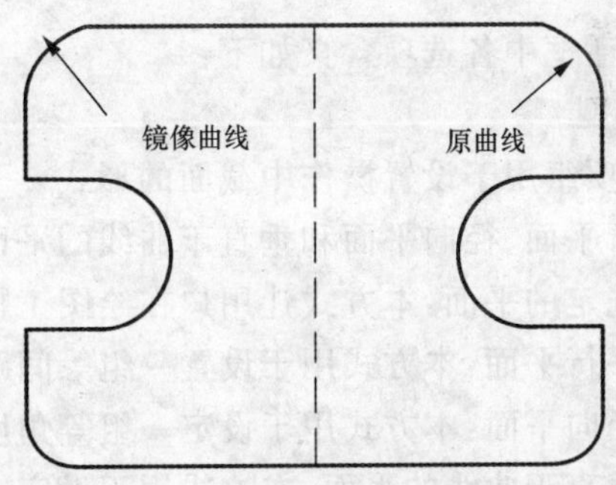

图 3.52 镜像曲线效果

八、相交曲线

相交曲线用于生成两组对象的交线。各组对象可分别为一个表面（若为多个表面，则必须属于同一实体）或参考面、片体或实体。

单击菜单下“插入”→“来自体的曲线”→“相交”命令时，系统会出现如图 3.53 所示的“相交曲线”对话框。

该对话框中各选项的含义如下：

(1)第一组：提示选择第一组对象。

(2)第二组：提示选择第二组对象。

(3)设置:在该选项组中包括曲线拟合和公差两个选项。

九、截面曲线

截面曲线用于将设定的截面与选定的实体(或平面、表面)等相交,产生平面或表面的交线(或者实体的轮廓线)。

单击菜单下"插入"→"来自体的曲线"→"截面"命令时,系统会出现如图 3.54 所示的"截面曲线"对话框。本功能可以用设定的截面与选定的实体或平面或表面等相交,从而产生平面或表面的交线,或者实体的轮廓线。

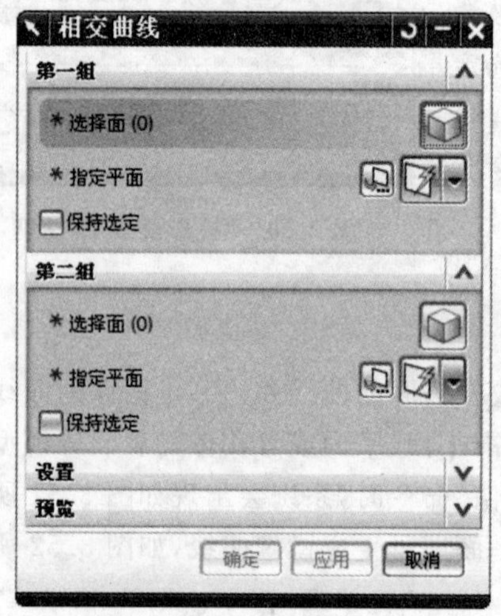

图 3.53 "相交曲线"对话框

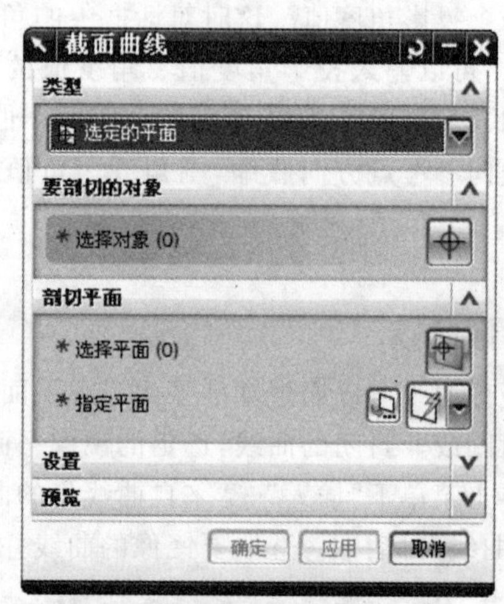

图 3.54 "截面曲线"对话框

该对话框中各选项含义如下:

1. 类型

该选项组用于设置操作中截面的形式。下拉列表中包含了 4 种截面形式,分别为选定的平面、平行平面、径向平面和垂直于曲线的平面。

(1)选定的平面:本方式让用户在绘图工作区中,用鼠标直接点取选择某平面作为截面。

(2)平行平面:本方式用于设置一组等间距的平行平面作为截面。

(3)径向平面:本方式用于设定一组等角度扇形展开的放射平面作为截面。

(4)垂直于曲线的平面:本方式用于设定一个或一组与选定曲线垂直的平面作为截面。

2. 要剖切的对象

用于确定要产生截面线的对象。

3. 剖切平面

用于确定指定方式的截面。

十、抽取曲线

抽取曲线是基于一个或多个选择对象的边缘(如实体的边界)和表面生成曲线(直线、弧、二次曲线和样条曲线等),抽取的曲线与原对象无相关性。

单击菜单下"插入"→"来自体的曲线"→"抽取"命令时,系统会出现如图 3.55 所示的"抽取曲线"对话框。它用于基于一个或多个选择对象的边缘和表面生成曲线(直线、弧、二次曲线和样条曲线等)，抽取的曲线与原对象无相关性。

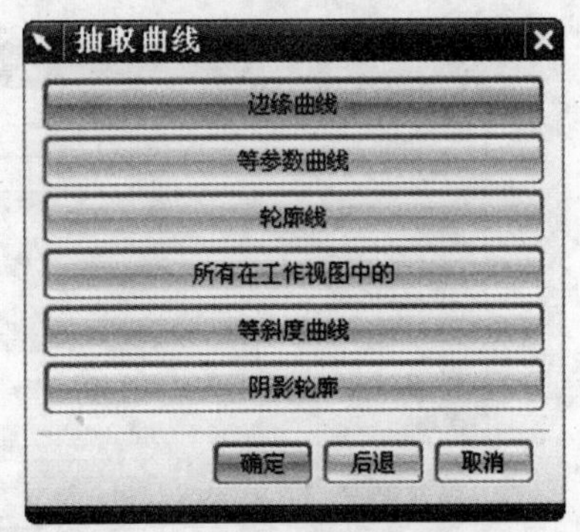

图 3.55 “抽取曲线”对话框

在抽取曲线对话框中提供了 6 种抽取曲线类型。从中选取欲抽取的曲线类型后，再选择欲从中抽取曲线的对象即可完成操作。下面分别介绍这 6 种抽取曲线类型的用法。

1. 边缘曲线

本功能用于指定由表面或实体的边缘抽取曲线。

2. 等参数曲线

本功能用于在表面上指定方向，并沿着指定的方向抽取曲线。

3. 轮廓线

该选项用于从轮廓被设置为不可见的视图中抽取曲线。

4. 所有工作视图中的

该选项用于对视图中的所有边缘抽取曲线，此时产生的曲线将与工作视图的设置有关。

5. 等斜度曲线

该选项用于利用定义的角度产生等斜线，一般用于生成分模线。

6. 阴影轮廓

该选项用于对选定对象的可见轮廓线产生抽取曲线。

十一、缠绕/展开曲线

缠绕/展开曲线可以将曲线从一个平面缠绕到一个圆锥面或圆柱面上，或从圆锥面或圆柱面展开到一个平面上。

单击菜单下“插入”→“来自曲线集的曲线”→“缠绕/展开”命令时，系统会出现如图 3.56 所示的“缠绕/展开”对话框。

该对话框中包括如下缠绕/展开曲线操作的选择方法和常用选项：

• 类型：用于设置曲线为缠绕还是展开的形式。

• 曲线：用于确定欲缠绕或展开的曲线。

• 面：用于确定被缠绕对象的圆锥或圆柱的实体表面。在选取时，系统只允许选取圆锥或圆柱的实体表面。

• 平面：用于确定产生缠绕的与被缠绕表面相切的平面。在选取时，系统要求缠绕平面要与被缠绕表面相切，否则将会提示错误信息。

• 切削线角度：该选项用于确定实体在包覆面上旋转时的起始角度(以包覆面与被包覆面的切线为基准来度量)，它直接影响到包覆或展开曲线的形态。该文本框中的角度值在 0 到 360 度之间。

下面以曲线为例介绍其操作方法。首先选择“展开”选项，然后在绘图区中选取要展开的曲面，接着选取曲线要的面，再确定产生曲线展开的平面，最后单击“确定”即可，最终效果如图 3.57 所示。

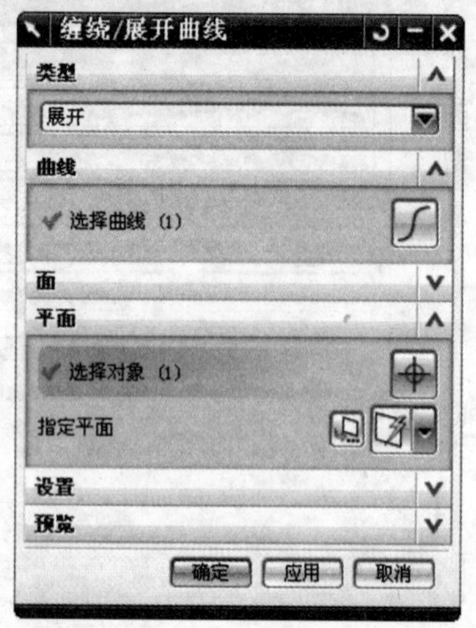

图 3.56 “缠绕/展开”对话框

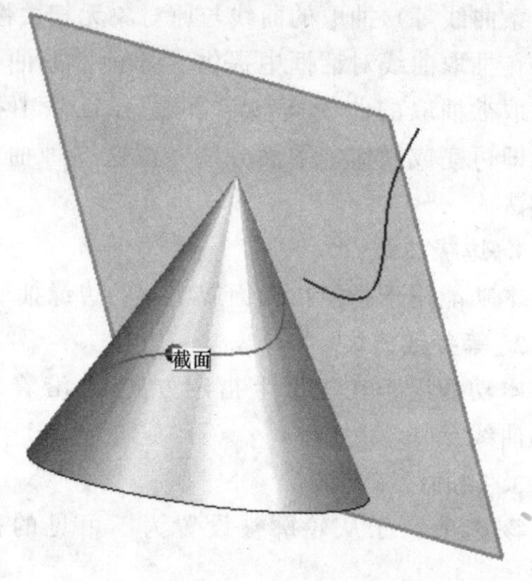

图 3.57 展开曲线效果

项目四　绘制草图

任务一　草图基本概念

任务二　草图创建

任务三　草图约束与定位

任务四　草图操作

任务一　草图基本概念

UG NX 6.0 提供了十分便捷且功能强大的草图绘制工具。完成的草图可与拉伸、旋转、扫掠等相应特征关联，体现参数化设计的典型特点。对于一些实体特征，可以采用修改其相关的草图，从而达到修改实体特征的目的，这样在某种程度上可以起到提高工作效率的作用，并且修改过程直观且容易把握。

在草图绘制环境中，可以先快速绘制出大概的二维轮廓曲线，再通过施加尺寸约束和几何约束使草图曲线的尺寸、形状和方位更加精确，使草图始终符合自己的设计意图。

二维草图对象需要在某一个指定的平面(可以是坐标平面、创建的基准平面、某实体的平表面等)上进行绘制。

在零件模式下进行草图绘制的基本典型步骤简述如下：

(1)单击(草图)按钮，或者从菜单栏中选择"插入"→"草图"命令，打开"创建草图"对话框。

(2)通过"创建草图"对话框，指定草图平面以及草图方位，单击"确定"按钮。

(3)在草图绘制环境下，使用各种绘制工具绘制所需要的草图。在绘制的时候可以先勾画出大概的二维图形。然后标注出所需要的尺寸，并添加合适的几何约束。

(4)修改二维图形，直到满意为止。

(5)在"草图生成器"工具栏中单击完成草图按钮，或者在菜单栏的"草图"菜单中选择"完成草图"命令。

任务二　草图创建

创建草图的主要过程包括创建草图工作平面、创建草图对象和激活草图 3 个部分。

一、创建草图工作平面

草图的工作平面即是草图所在的平面，草图中所有几何元素都将在这个平面内完成。在 UG NX 中，提供了如下两种创建草图工作平面的方法。

1. 在平面上创建草图

在"类型"下拉列表中选择"在平面上"菜单，即可以平面为基础来创建所需要的草图工作平面。如图 4.1(a)所示，在"平面选项"下拉列表中，提供了 3 种指定草图工作平面的方式。

- 现有平面：以任意的基准平面或模型中的平面作为草图平面。
- 创建平面：以现有的平面、曲线、点等作为参照，创建出新的平面作为草图平面。
- 创建基准坐标系：以指定点、矢量等作为参考，创建一个新的坐标系。

选择现有的平面后，系统会在该平面上高亮显示草图坐标轴，如图 4.1(a)所示。如果用户需要改变某个坐标轴的方向，可以双击相应的坐标轴。当然，用户也可以单击"创建草图"对话框上相应的(反向)按钮，必要时结合"草图方位"选项组中的参考选项(包括"水平"选项和"垂直"选项)进行操作，从而获得所需的草图方位。

2. 在轨迹上创建草图

在"类型"下拉列表中选择"在轨迹上"菜单，则可以使曲线或实体边缘等作为轨迹创建草

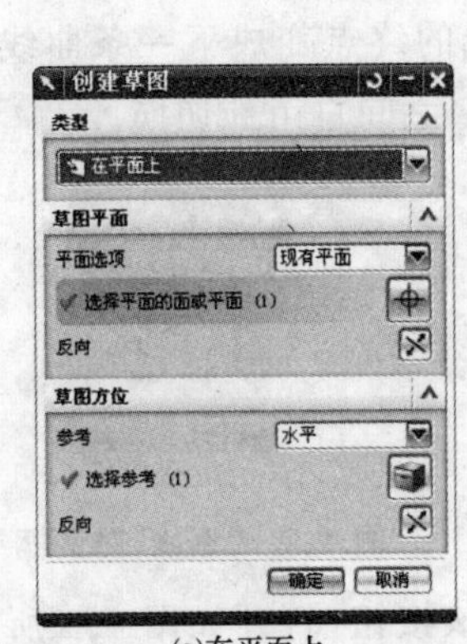

(a)在平面上

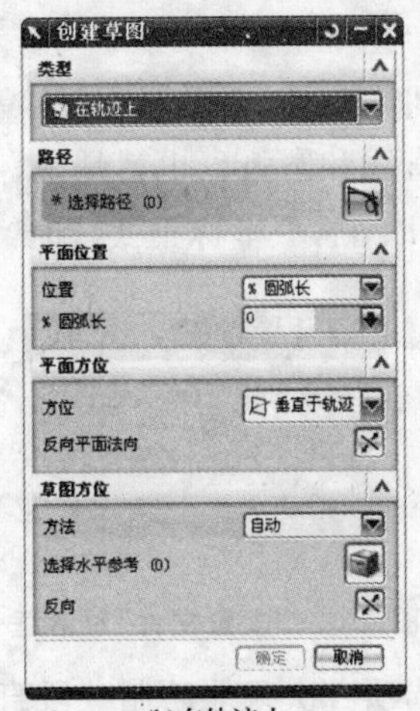

(b)在轨迹上

图 4.1 创建草图对话框

图的工作平面。如图 4.1(b)所示，此种方式下草图平面的位置由“平面位置”标签栏和“平面方位”标签栏共同决定，其中“平面位置”标签栏各选项的作用如下：

- “圆弧长”：选择此下拉列表项后，选择某个圆弧，则在下边的文本框中可设置在圆弧的什么位置创建草图工作平面。
- “%圆弧长”：选择此下拉列表项后，选择某个圆弧，那么可以在下边的文本框中输入草图平面所在的%位置(比如位于圆弧 10%的位置)。
- “通过点”：选择此下拉列表项后，选择某个圆弧，然后在圆弧上指定某个点的位置从而决定草图的位置。

“平面方位”下拉列表的内容主要包括：

- “垂直于路径”：是指所创建的草图平面垂直于选择的轨迹路径曲线。
- “垂直于矢量”：是指所创建的草图平面垂直于定义的矢量方向。
- “平行于矢量”：是指所创建的草图平面平行于定义的矢量方向。
- “通过轴”：是指所创建的草图平面通过指定的轴线。

二、创建草图对象

“草图对象”是指草图中的线和点。完成草图工作平面创建之后，即可在草图工作平面上建立草图对象。UG NX 6.0 提供了直接绘制点和线、添加绘图工作区已经存在的点和线到草图中、从实体或片体中抽取对象到草图中 3 种草图创建方法，用户可以根据需要灵活使用。

利用工具栏上的“草图曲线”工具栏直接绘制点和线，如图 4.2 所示。在创建草图时，用户不必在意尺寸是否准确，只需绘制大致轮廓即可。草图的准确尺寸、形状、位置，通过尺寸约束、几何约束和定位约束来确定。

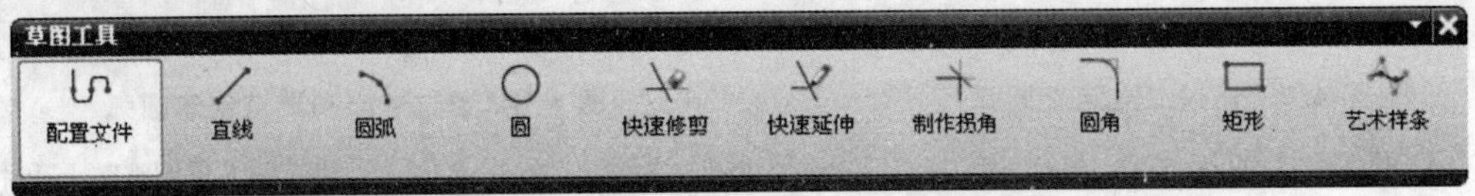

图 4.2 “草图曲线”工具栏

(1)配置文件:单击该图标后,系统会弹出如图 4.3 所示的“配置文件”对话框,其中包括对象类型按钮(和)和输入模式按钮(XY和)。使用“配置文件”功能,可以以线串模式创建一系列连接的直线和圆弧。也就是说,上一条曲线的终点变成下一条曲线的起点。在绘制直线或圆弧时,可以在XY(坐标模式)和(参数模式)之间自由地切换。

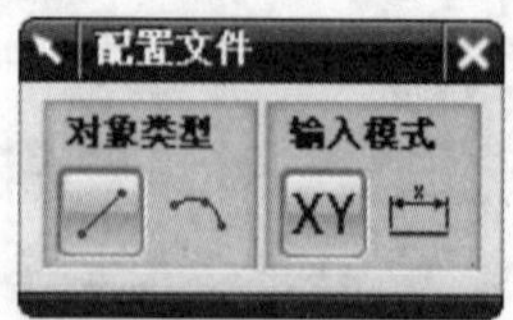

图 4.3 “配置文件”对话框

图 4.4 “直线”对话框

(2)直线:该选项一次只能绘制一段直线。单击该按钮,打开如图 4.4 所示的“直线”对话框,系统同样提供两种输入模式,即XY(坐标模式)和(参数模式)。在“草图工具”工具栏中单击(直线)按钮后,在“直线”对话框中默认接受XY(坐标模式)按钮,在指定平面的绘图区域输入 XC 值为 80,YC 值为 60,如图 4.5 所示。系统自动切换到(参数模式),分别输入长度值和角度值,如图 4.6 所示,从而完成该直线的绘制,可以继续定义两点来绘制其他直线。

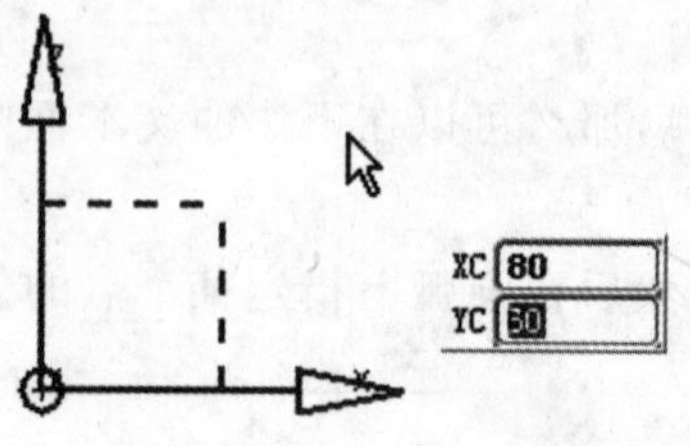

图 4.5 在指定平面内输入点坐标

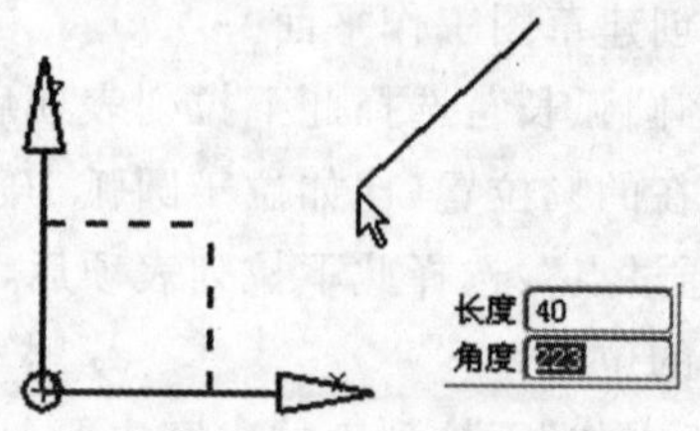

图 4.6 以参数模式输入

(3)圆弧:该选项用于绘制圆弧。单击它会出现相应的工具条,用户可以选择“通过三点的弧”、“圆心和端点决定的弧”两种方式创建圆弧。

• 通过三点绘制圆弧:依次指定圆弧的起点、终点以及圆弧上一点或两个点和圆弧直径,进行圆弧的创建。如图 4.7 所示。

• 中心和端点绘制圆弧:依次指定圆弧的圆心、端点和扫掠角度来确定,也可以通过在文本框中输入圆弧的半径值来确定圆弧的半径,如图 4.8 所示。

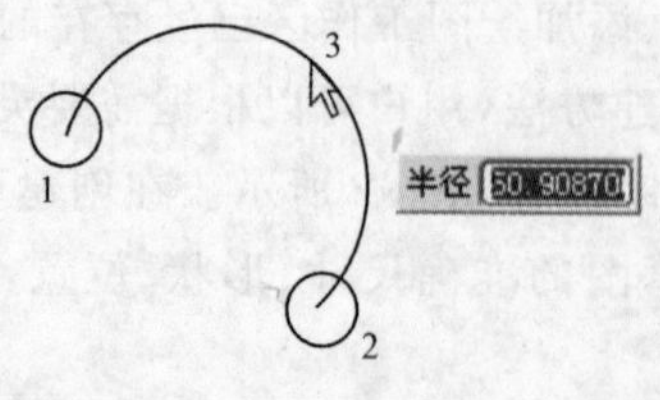

图 4.7 通过三点定义圆弧

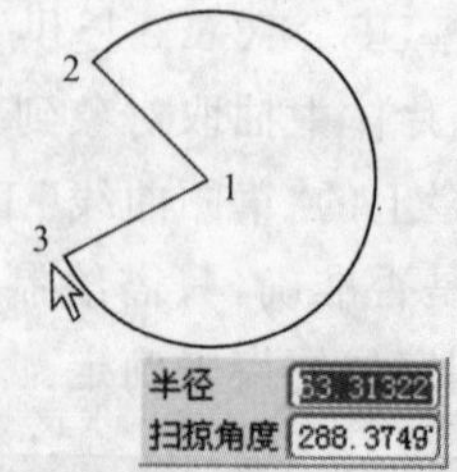

图 4.8 通过中心和端点创建圆弧

(4)圆:该选项用于创建圆,由中心和半径决定的圆。单击该图标,即可打开“圆”对话框进行圆的创建。

• 中心和半径绘制圆:通过指定圆的圆心和半径绘制圆。当利用文本框输入直径的方法绘制圆时，如果绘制完成一个圆之后还需要绘制圆，可以单击拾取圆心实现圆的复制，如图4.9所示。

• 三点绘制圆：通过指定圆上的3个点绘制圆。依次拾取圆上的3个点，或通过拾取圆上的2个点，输入直径的方式创建圆，如图4.10所示。

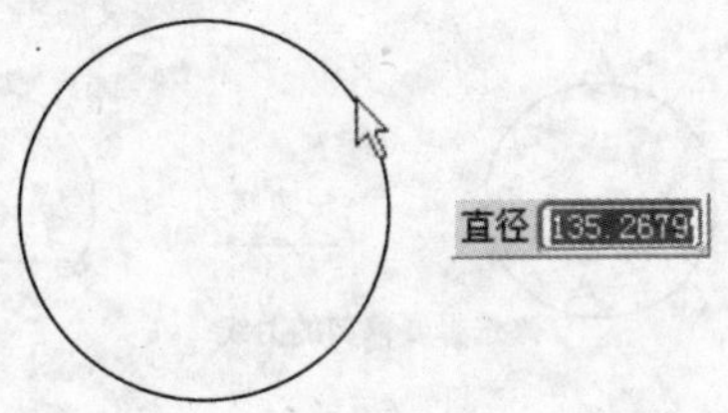

图4.9 中心和半径绘制圆

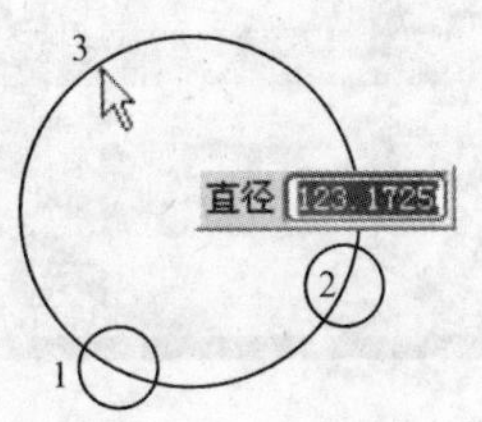

图4.10 通过三点绘制圆

(5)矩形：该选项既可以创建与草图方向垂直的矩形线框，也可以创建与草图方向成一定角度的矩形线框。单击该按钮，即可打开“矩形”对话框进行矩形的创建，共提供了3种创建矩形的方式，如图4.11所示。

图4.11 “矩形”对话框

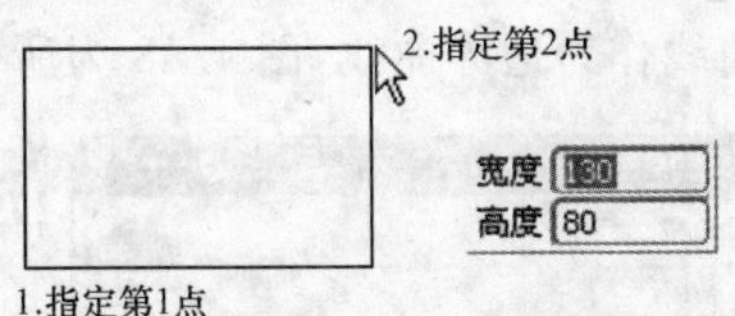

图4.12 用两点创建矩形

• 2点：此方式可以通过指定矩形的2个对角点，或指定第一点后在文本框中输入宽度和高度数值的方法来创建矩形，如图4.12所示。

• 按3点：利用此方式创建矩形时，可以先指定矩形一个端点，倾斜角度，然后确定矩形的高度和宽度，也可以指定矩形的一个端点、高度和宽度后确定该矩形的倾斜角度，如图4.13所示。

• 从中心：该方式依次指定矩形的中心点、倾斜角度、宽度以及高度参数，进行矩形的创建，如图4.14所示。

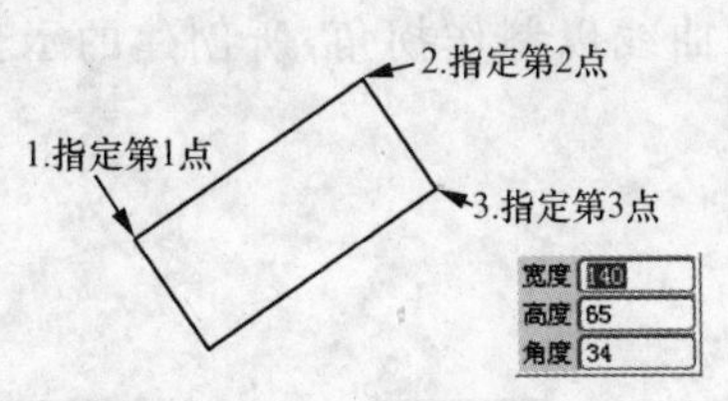

图4.13 通过三点绘制矩形

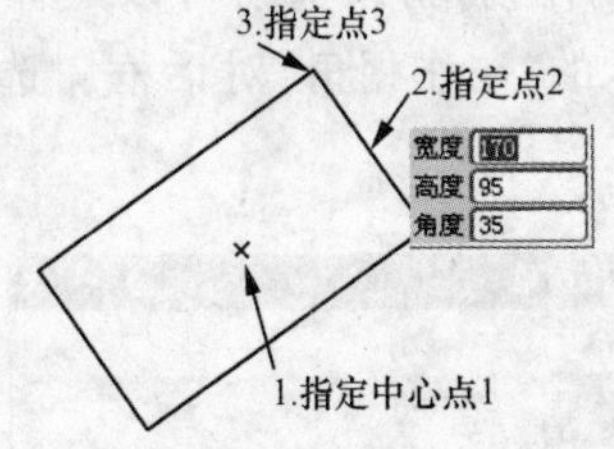

图4.14 从中心创建矩形

(6)快速修剪：该选项可以在任一方向将曲线修剪至最近的交点或选定的边界，利用该工具可以很方便地将曲线不需要的部分删除。单击该图标，将弹出如图4.15所示的“快速修剪”对话框。系统提示选择要修剪的曲线。选择要修剪的曲线部分，也可以按住鼠标左键并拖动来擦除曲线分段。如果需要定义边界曲线，则在“边界曲线”收集器中单击，然后选择所需的边界曲线，创建的示例如图4.16所示。

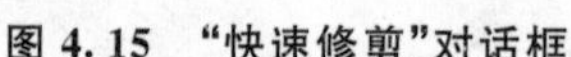

图 4.15 "快速修剪"对话框

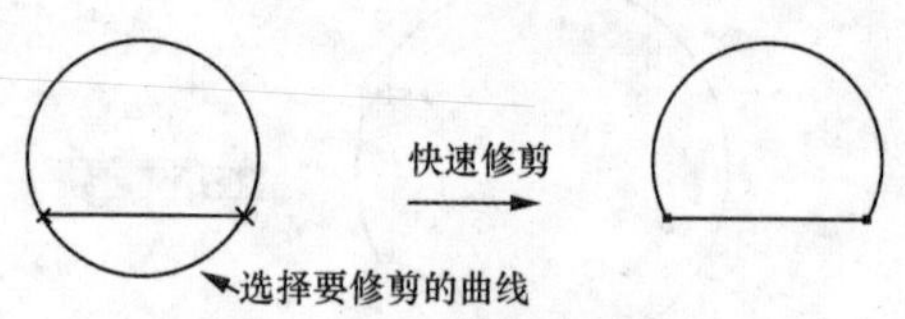

图 4.16 "快速修剪"示例

(7)快速延伸:该选项可以将选定曲线延伸至另一临近曲线或选定的边界,在进行快速延伸操作时,需要注意所选的要延伸的曲线必须要和另一条曲线延伸后有交点。单击该图标,将弹出如图 4.17 所示的"快速延伸"对话框。在"选择要延伸的曲线"的提示下,选择要延伸的曲线。如果需要指定边界曲线,则需要先在"快速延伸"对话框中激活"边界曲线"收集器,然后选择所需的曲线作为边界曲线,图 4.18 为所创建的示例。

图 4.17 "快速延伸"对话框

图 4.18 "快速延伸"示例

(8)制作拐角:该选项可以延伸或修剪两条曲线来制作拐角。单击该图标,将弹出如图 4.19 所示的"制作拐角"对话框。选择区域上要保留的曲线以制作拐角,所创建的示例如图 4.20 所示。

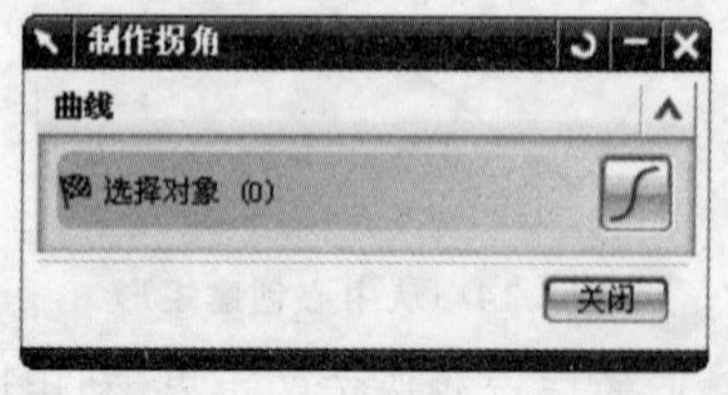

图 4.19 "制作拐角"对话框

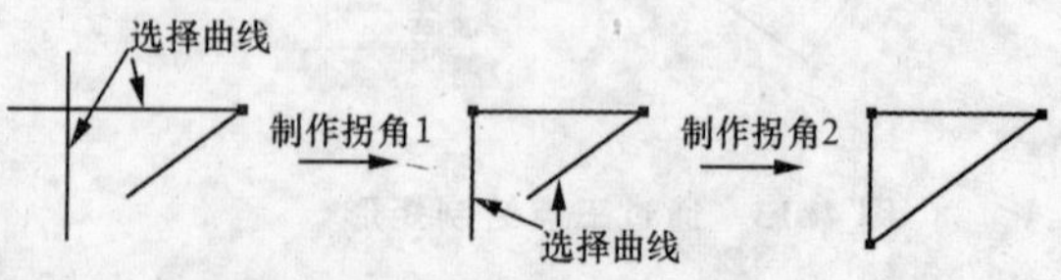

图 4.20 "制作拐角"示例

(9)制作圆角:该选项可以在两或三条曲线之间创建圆角。可以用这个功能修剪输入的曲线,删除三曲线圆角的第 3 条曲线,并指定圆角半径值。移动光标可以预览圆角并决定其尺寸和位置。单击该图标,将会弹出如图 4.21 所示的"创建圆角"对话框,在"圆角方法"选项组中

指定圆角方法为 (修剪)或 (取消修剪),并可以根据需要设置圆角选项。选择图元对象放置圆角,可通过在出现的“半径”文本框中输入圆角半径值,即完成创建圆角过程,如图 4.22 所示。

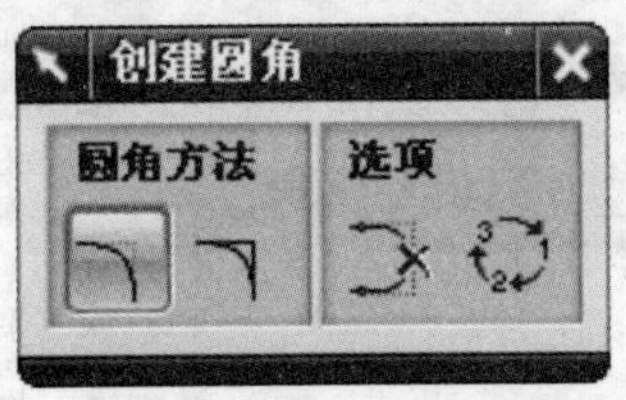

图 4.21 “创建圆角”对话框

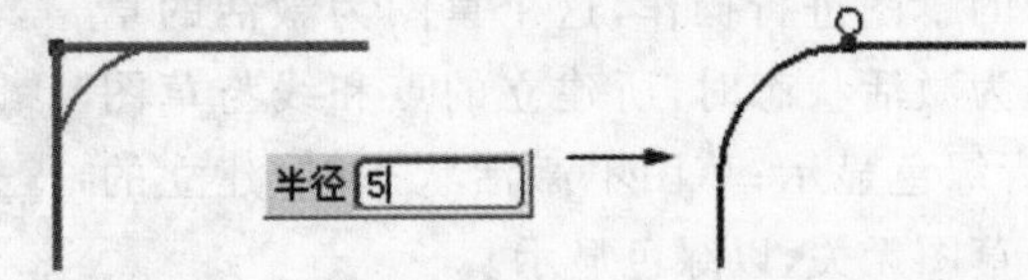

图 4.22 创建修剪方式的圆角的示例

(10)艺术样条:该选项可以通过指定点或极点的方法,动态地创建或编辑样条曲线,并且可以在定义点之间创建斜率或曲率约束。单击该图标,将弹出“艺术样条”对话框,该对话框中包含 2 种创建样条曲线的方式。

• 通过点:该方式可以创建依次圆滑地连接各指定点的曲线,指定的点即是所创建样条曲线上的点,如图 4.23 所示。

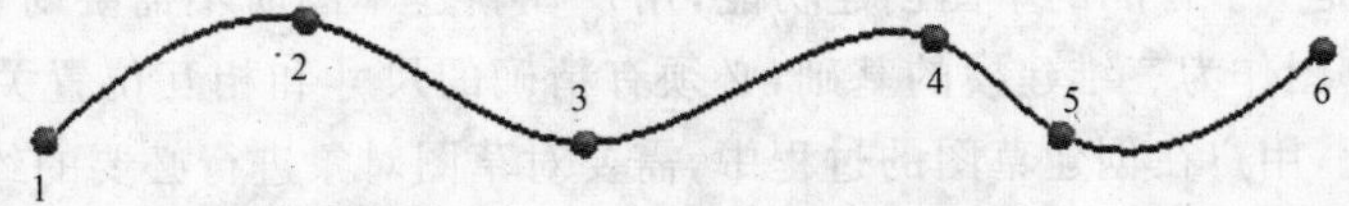

图 4.23 通过点创建样条曲线

• 根据极点:利用该方式创建样条曲线时,所指定的点即是所创建样条曲线的极点,具体效果如图 4.24 所示。

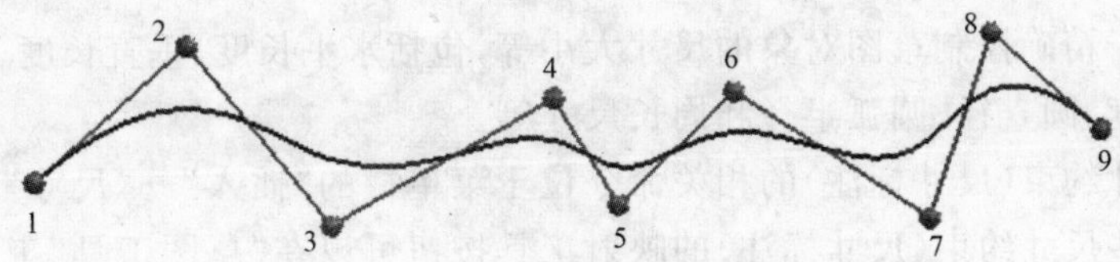

图 4.24 根据极点创建样条曲线

(11)椭圆:该选项可以根据中心点和尺寸创建椭圆。单击该图标,系统弹出如图 4.25 所示的“椭圆”对话框。利用“中心”选项组的“指定点”选项设置椭圆中心,然后在“椭圆”对话框中分别指定大半径(长半轴)、小半径(短半轴)、限制条件和旋转角度,这样即可创建椭圆,如图 4.26 所示。

图 4.25 “椭圆”对话框

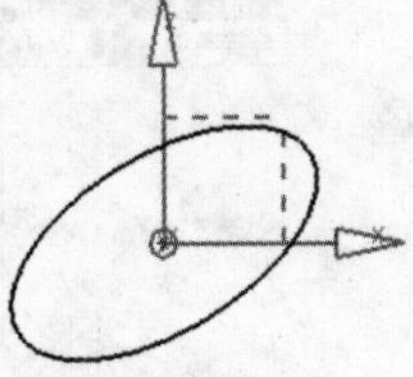

图 4.26 创建椭圆

三、激活草图

在完成实体或曲面时,往往创建多个草图,每个草图都有各自的用途。用户每次只能对工作区显示的草图进行操作,这个草图为激活的草图。草图为激活状态时,所建立的点和线与草图相关,以青绿色显示;草图不激活状态时,建立的点和线与草图无关,以绿色显示。

用户可以通过在区间上选取草图对象或在图4.27所示的激活草图工具栏上,单击下拉箭头,选取需要激活的草图名称,释放后即激活所选取的草图。

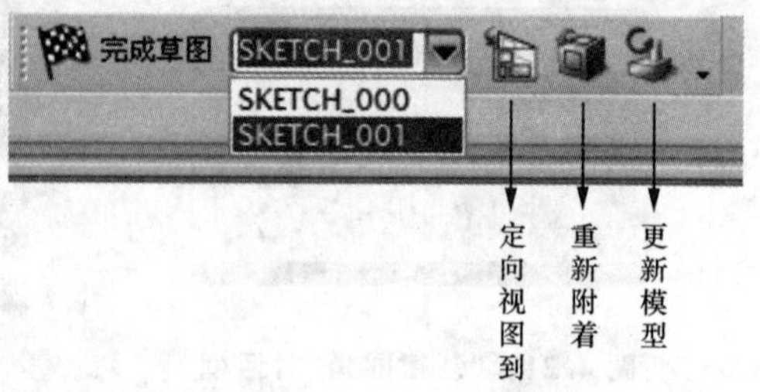

图 4.27　激活草图工具栏

任务三　草图约束与定位

UG NX 6.0 提供了智能的草图创建功能,用户在新建草图时不需要对其位置、尺寸等进行精确控制。但草图作为三维建模的基础,必须有精确的尺寸和相互位置关系才能满足工程设计的需要。因此,用户在创建草图的过程中,需要对草图对象进行必要的约束和定位。草图约束将限制草图的开关和大小,包括几何约束和尺寸约束。草图定位将确定草图与其他对象的相互位置。

一、尺寸约束

尺寸约束用于精确控制草图对象的尺寸大小等,包括水平长度、垂直长度、平行长度、两相交直线之间的角度、圆直径、圆弧半径和周长尺寸等。

用于添加尺寸约束(尺寸标注)的相关命令位于菜单栏的“插入”→“尺寸”级联菜单中,如图4.28所示,这些尺寸约束(尺寸标注)的映射工具按钮可以在“草图工具”工具栏中找到,如图4.29所示。

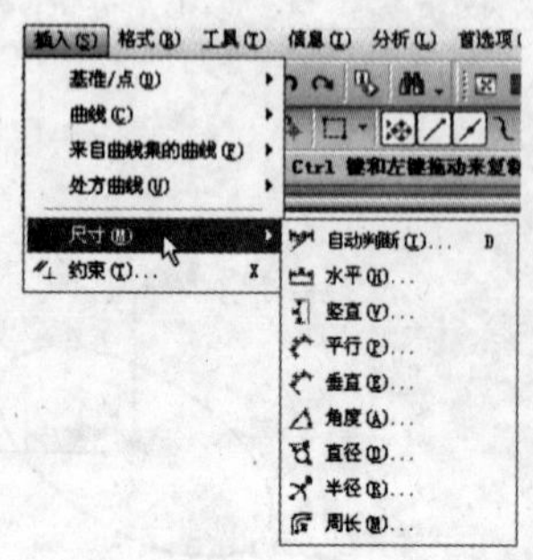

图 4.28　“插入”→“尺寸”级联菜单

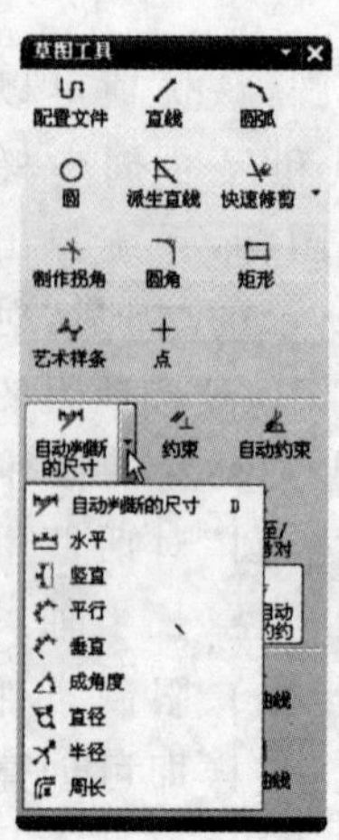

图 4.29　“草图工具”工具栏

• 自动判断的尺寸：自动判断的尺寸是系统默认的尺寸类型。该类型的尺寸是通过基于选定的对象和光标的位置自动判断尺寸类型来创建的。

在草图绘制模式下，单击(自动判断)按钮，接着选择草图对象，则系统会根据所选的不同草图对象，自动判断可能要施加的尺寸约束，然后指定尺寸放置位置即可。例如，选择的草图对象是一个圆时，系统自动判断其尺寸为直径尺寸，在预定放置位置处单击鼠标左键，弹出尺寸表达式文本框，如图 4.30 所示，然后在该文本框中输入合适的数值，按 Enter 键确认，即可修改并完成该直径尺寸约束。

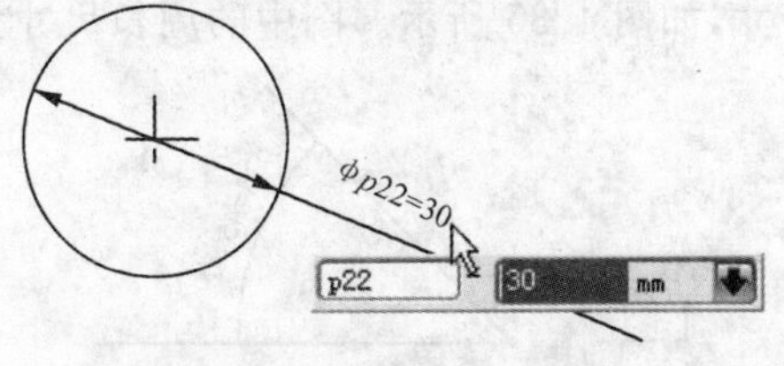

图 4.30　自动判断的尺寸示例

• 水平尺寸和竖直尺寸：水平尺寸是指在两点之间创建的水平距离约束的尺寸，而竖直尺寸是指在两点之间创建的竖直距离约束的尺寸。这两类的尺寸标注很简单，就是在执行命令后，选择一条直线或两个点，指定尺寸放置位置并修改尺寸值即可。在如图 4.31 所示的草图中，标注有水平尺寸和竖直尺寸。

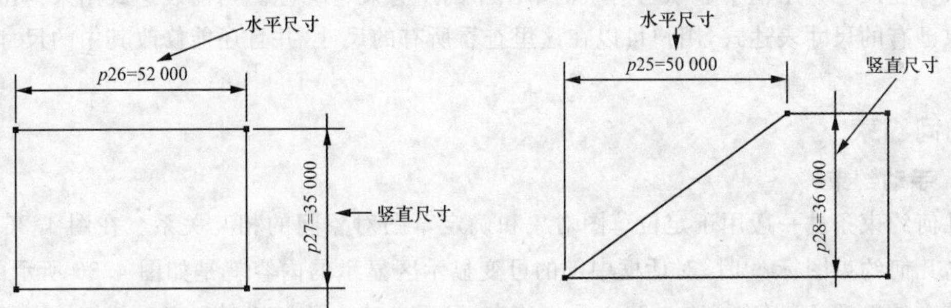

图 4.31　水平尺寸和竖直尺寸示例

• 平行和垂直尺寸：平行尺寸是指在两点之间创建平行距离约束的尺寸，即两点之间的最短距离尺寸；而垂直尺寸则是指在直线和点之间创建的垂直距离约束的尺寸。平行尺寸通常用来标注倾斜直线，而垂直尺寸则常用来标注某点到指定直线之间的距离尺寸(该距离尺寸可以是某些几何对象的高)。在如图 4.32 所示的草图中，标注有平行尺寸和垂直尺寸。

• 直径和半径尺寸：直径尺寸和半径尺寸用来标注圆或圆弧，如图 4.33 所示。通常圆采用直径尺寸来标注。(直径)按钮用于标注直径尺寸，(半径)按钮用于标注半径尺寸，两者的标注方法是相同的。

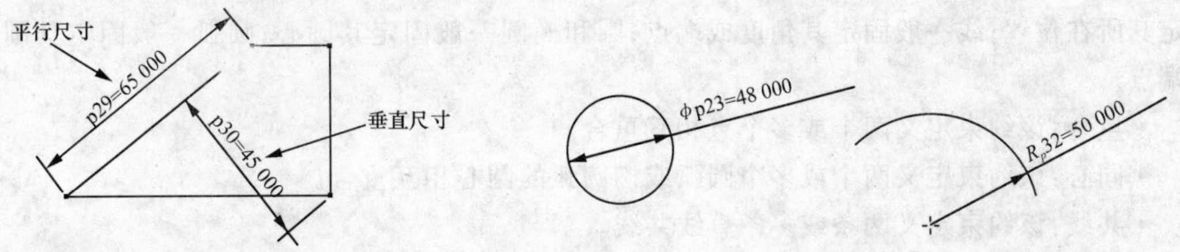

图 4.32　平行和垂直尺寸示例　　图 4.33　直径尺寸和半径尺寸标注示例

• 角度尺寸：单击(角度)按钮，可以在两条直线之间创建角度约束，如图 4.34 所示。创建角度尺寸很简单，就是执行创建角度尺寸的命令后，分别在两条组成角的直线上单击，然后移动鼠标光标至合适位置处单击鼠标左键，出现尺寸表达式文本框，设置所要的角度值，然后按 Enter 键确认即可。

• 周长尺寸：在“尺寸”对话框中单击(周长)按钮，或者在“草图工具”工具栏中单击(周长)按钮，打开“周长尺寸”对话框，接着选择构成周长的所有曲线，则系统计算出其周长尺寸，如图 4.35 所示。图中的周长尺寸为 132 mm，该周长由 4 条边线长度组成。

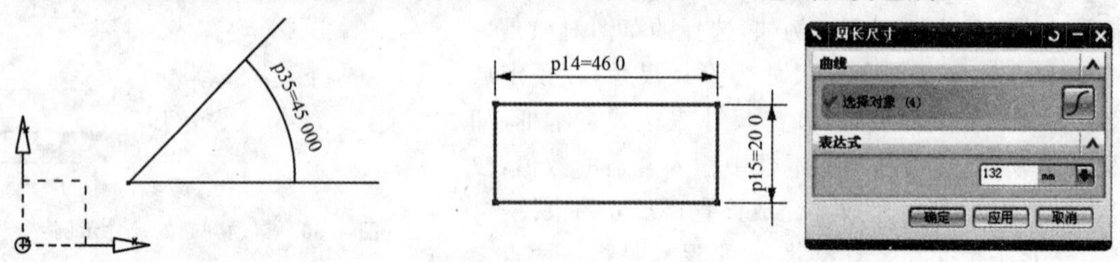

图 4.34 创建角度尺寸

图 4.35 创建周长尺寸

对话框中除了上述尺寸表达式外，还有尺寸显示框、当前表达式、文本放置方式、文本高度等选项。在尺寸显示框中显示当前激活草图中的所有尺寸标注。当前表达式用来列出当前草图对象已有的尺寸表达式，用户可以在这里查看所有的尺寸，并且还能修改其中的尺寸。

二、几何约束

1. 手动约束

几何约束条件一般用于定位草图对象和确定草图对象间的相互关系。在图 4.36 对话框中单击几何约束图标时，对话框中部的可变显示区显示的内容就是如图 4.36 所示的形式。应用其中的选项，可以完成自动建立几何约束、可手工建立几何约束和查看几何约束的信息。

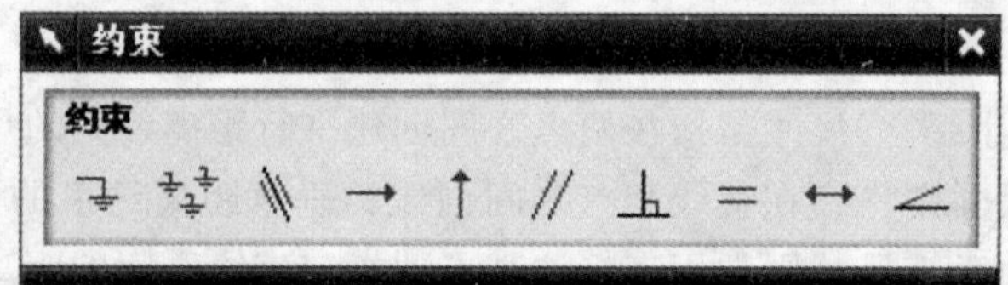

图 4.36 几何约束工具栏

在 UG 系统中，几何约束的种类多达 20 种，根据不同的草图对象，可添加不同的几何约束类型。下面对这 20 种约束分别进行讲述：

• 固定：该约束是将草图对象固定在某个位置。不同几何对象有不同的固定方法，点一般固定其所在位置；线一般固定其角度或端点；圆和椭圆一般固定其圆心；圆弧一般固定其圆心或端点。

• 重合：该约束定义两个或多个点相互重合。

• 同心：该约束定义两个或多个圆弧或椭圆弧的圆心相互重合。

• 共线：该约束定义两条或多条直线共线。

• 点在曲线上：该约束定义所选取的点在某曲线上。

• 点在串上：该约束定义所选取的点在抽取的串上。

• 中点：该约束定义点在直线的中点或圆弧的中点上。

• 水平：该约束定义直线为水平直线(平行于工作坐标的 XC 轴)。

• 垂直：该约束定义直线为垂直直线(平行于工作坐标的 YC 轴)。

- 平行:该约束定义两条曲线相互平行。
- 正交:该约束定义两条曲线彼此垂直。
- 相切:该约束定义选取的两个对象相互相切。
- 等长:该约束定义选取的两条或多条曲线等长。
- 等半径:该约束定义选取的两个或多个圆弧等半径。
- 固定长度:该约束定义选取的曲线为固定的长度。
- 固定角度:该约束定义选取的直线为固定的角度。
- 镜像:该约束定义对象间彼此成镜像关系。
- 过点相切:该约束定义样条曲线过一点与另一曲线相切。
- 样条形状不变:该约束定义样条曲线的两端点移动时,保持样条曲线的形状不变。
- 样条形状改变:该约束定义样条曲线的两端点移动时,样条曲线的形状改变。

2. 自动约束

自动产生约束是系统用选择的几何约束类型,根据草图对象间的关系,自动添加相应约束到草图对象上的方法。在"草图工具"工具栏中单击(自动约束)按钮,打开如图 4.37 所示的"自动约束"对话框。该对话框上部是各约束名称及复选框,用户可以根据需要选取其中的几个。下部是公差设置框架,用户可以设置距离和角度公差,以控制显示自动约束的符号的范围。"全部设置"按钮可以一次性选择全部约束,"全部清除"按钮可一次性清除全部设置。

3. 显示所有几何约束与不显示几何约束

在"草图工具"工具栏中单击(显示所有约束)按钮,则显示应用到草图的全部几何约束;如果要想隐藏应用到草图的全部几何约束,则可以在"草图工具"工具栏中单击(不显示约束)按钮。

图 4.38(a)为显示所有几何约束的效果,注意相关几何约束的显示符号;图 4.38(b)则为不显示所有几何约束的效果。

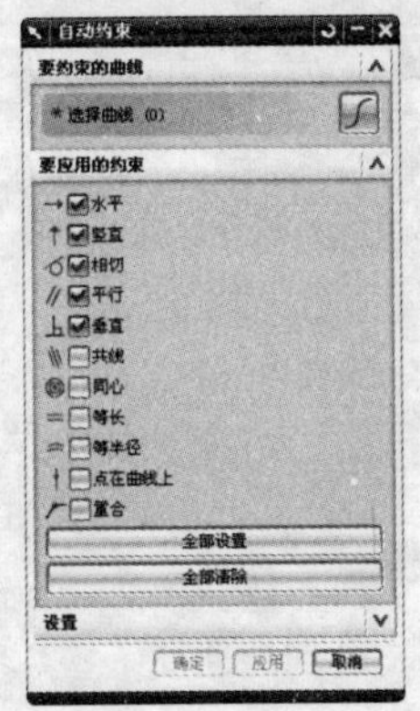

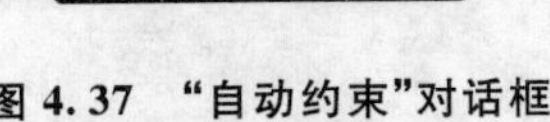

图 4.37 "自动约束"对话框

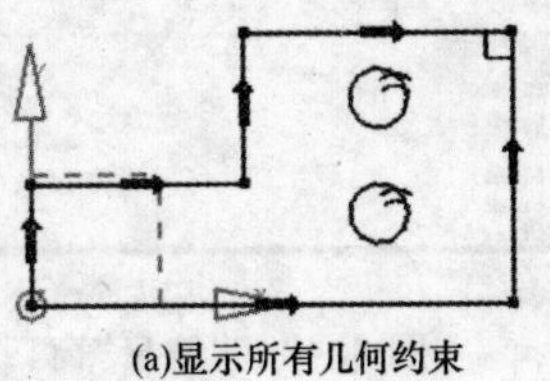

(a)显示所有几何约束

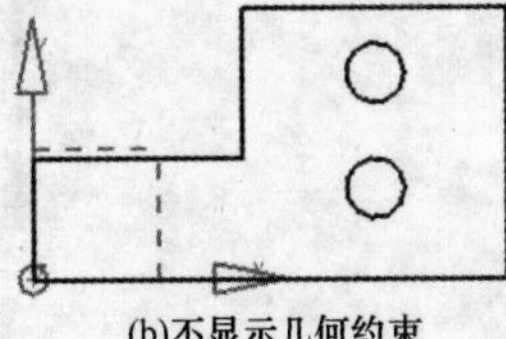

(b)不显示几何约束

图 4.38 显示几何约束与否

4. 显示或移去约束

显示或移去约束主要是用来查看现有的几何约束,设置查看的范围、查看类型和列表方式以及移去不需要的几何约束。

在"草图工具"工具栏中单击(显示/移除约束)按钮,打开如图 4.39 所示的"显示/移除约束"对话框,利用该对话框可显示与选定的草图几何图形关联的几何约束,也可移除所有这些约束或列出信息。

下面简单地介绍“显示/移除约束”对话框各组成部分的功能含义。

(1)约束列表:在该选项组中设置“显示约束”列表框显示的草图约束的范围,如设置只显示选定的对象或者显示活动草图中的所有对象。

(2)约束类型:该选项用于设置要在约束列表框中显示的约束类型。“约束类型”下拉列表框的默认选项为“全部”,也可以从中选择所需约束类型选项。当选中该选项组中的“包含”单选按钮时,则显示包含约束类型的约束;当选中该选项组中的“排除”单选按钮时,则显示除指定约束类型以外的其他约束。

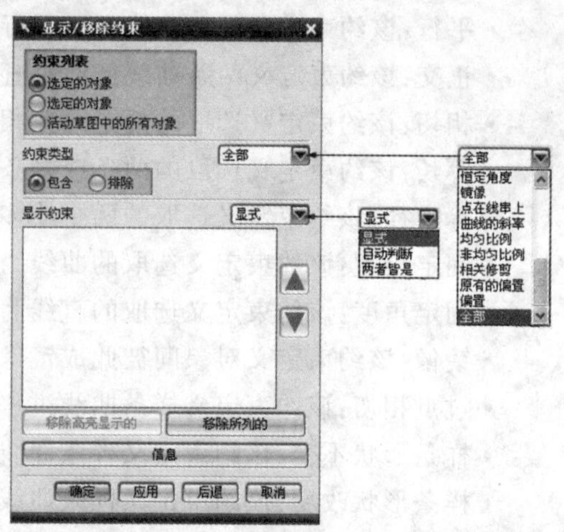

图 4.39 “显示/移除约束”对话框

(3)显示约束:在该选项组中有一个下拉列表框,从中可以选择“显式”、“自动判断”或“两者皆是”选项。默认选项为“显式”,表示“显示约束”列表框显示用户手动施加给草图对象的约束;“自动判断”选项用于只显示系统自动判断施加给草图对象的所有约束;“两者皆是”选项用于既显示手动添加的几何约束,也显示系统自动判断施加给草图对象的所有约束。使用▲(上移)按钮、▼(下移)按钮可向上或向下选择显示的约束。

(4)“移除高亮显示的”按钮与“移除所列的”按钮:单击“移除高亮显示的”按钮,则移除在绘图区高亮显示的约束。注意:在“显示约束”列表框中选择约束后,被选择的约束便高亮显示在绘图区中。单击“移除所列的”按钮,则移除在“显示约束”列表框中所列出的约束。

(5)信息:该选项用于查询约束信息。选择该选项,会弹出如图 4.40 所示的“信息”窗口,用来向用户显示当前所有草图对象之间的几何约束关系。

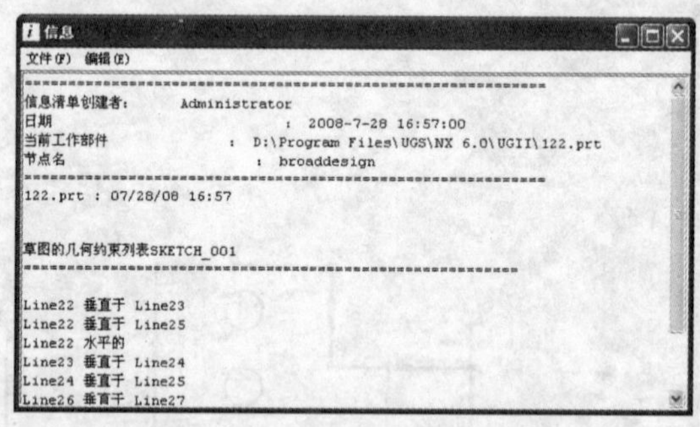

图 4.40 “信息”窗口

三、转换对象

在为草图对象添加几何约束和尺寸约束的过程中,有些草图对象和尺寸可能引起约束冲突,这时可以使用转换参考对象的操作来解决这一冲突问题。

单击“草图约束”工具栏中的“转换至/自参考对象”按钮,进入“转换至/自参考对象”对话框,如图 4.41 所示。它用于将草图曲线或尺寸转换为参考对象,或将参考对象转换为草图对象。

选取“参考”选项，则系统将所选对象由草图对象或尺寸转换为参考对象。选取“活动的”选项，则系统将所选的参考对象激活，转换为草图对象或尺寸。

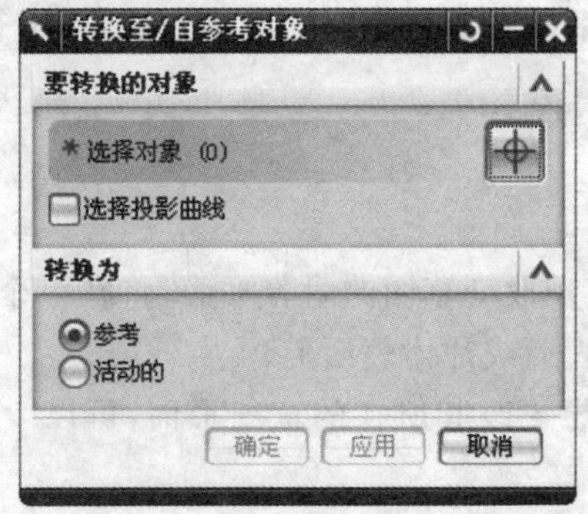

图 4.41 “转换至/自参考对象”对话框

二、草图的定位

草图定位功能用于确定草图与其他对象间的相对位置。在“草图生成器”工具条，单击“创建定位尺寸”按钮旁的下拉按钮，便可以打开草图定位列表，包括创建草图定位、编辑定位尺寸、删除定位尺寸和重新定位尺寸。如图 4.42 所示，该对话框共包含 9 种定位按钮，分别介绍如下：

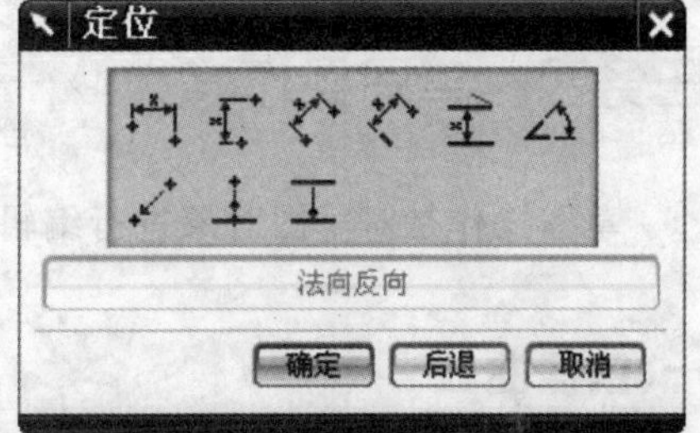

图 4.42 “定位”对话框

• 水平：系统会自动以当前草图平面的 X 方向作为水平方向。通过在目标实体与工具实体上分别指定一点，再以这两点沿水平参考方向的距离进行定位。

• 竖直：系统会自动以当前草图平面的 Y 方向作为垂直方向。通过在目标实体与工具实体上分别指定一点，以这两点沿竖直参考方向的距离进行定位。

• 平行：系统会提示用户先选择目标实体上的点，然后选择草图曲线上的点，以两点之间的距离进行定位。

• 垂直：系统会提示用户选择目标边缘，然后选择草图曲线，系统会自动按照与选择的目标边缘垂直的位置确定草图曲线的位置。

• 按一定距离平行：这种定位关系主要应用在目标边缘和草图边缘都是平行的情况下，选择方法和前面的情况一致。系统会自动按照两条平行直线之间的距离来定位。

• 成角度：这种定位适用于目标边缘和草图曲线成一定角度的情况。选择顺序和前面的方法一致。需要注意的是：在选择时要注意选择的端点表示的角度是不一致的。

• 点到点：该按钮用于在目标边缘和草图曲线上分别指定一点，并使两点重合来进行定位。可以认为在平行定位中的距离为 0 时，就是两点重合定位。弹出的对话框操作步骤与平行定位时的设置方法类似，但不会弹出“定位尺寸”对话框。这种定位方法一般在圆心对圆心重合的定位上最常用。

• 点到线上：该按钮通过在草图曲线上指定一点，使该点位于目标边缘上来进行定位。即在垂直定位中的距离为 0 时，就是点到线上的定位。单击该按钮后，弹出的对话框和操作步骤的设置方法与垂直定位时类似，但不弹出“定位尺寸”对话框。

•直线至直线：该按钮通过在目标边缘和草图曲线上分别指定一条直边，使两边重合定位。两线重合定位是平行距离定位的特例，即在平行定位中的距离为 0 时，就是指两线重合定位。单击该按钮后，弹出的对话框和操作步骤的设置方法，与平行距离定位时类似，但不弹出“定位尺寸”对话框。

三、重新附着草图

草图重新附着功能可以实现改变草图的附着平面，将在一个表面上建立的草图移到另一个不同方位的基准平面、实体表面或片体表面上。

在创建草图对象后，如果想更改其所在的草图平面，可以按照如下方法进行：

(1)在该草图对象的绘制环境中，单击 (重新附着)按钮，或者在菜单栏中选择“工具”→“重新附着”命令，打开如图 4.43 所示的“重新附着草图”对话框。

(2)利用“重新附着草图”对话框，重新指定一个草图平面。

(3)单击“重新附着草图”对话框的“确定”按钮。草图附着到新的平面上。

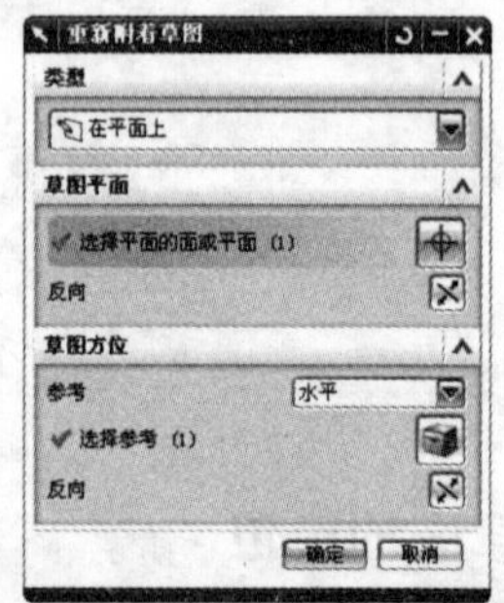

图 4.43 “重新附着草图”对话框

任务四 草图操作

草图操作是对草图对象进行编辑、镜像、添加及抽取对象到草图等操作。

一、镜像曲线

镜像草图操作是将草图几何对象以一条直线为对称中心线，将所选取的对象以该直线为轴进行镜像，拷贝成新的草图对象。镜像拷贝的对象与原对象形成一个整体，并且保持相关性。

在草图绘制模式下，从“插入”菜单中选择“来自曲线集的曲线”→“镜像曲线”命令，或者在“草图工具”工具栏中单击 (镜像曲线)按钮，弹出如图 4.44 所示的“镜像曲线”对话框。选择中心线定义镜像中心线。选择要镜像的曲线，可以采用指定对角点的框选方式选择多条曲线。在“设置”选项组中设置是否转换要引用的中心线。在“镜像曲线”对话框中单击“确定”按钮或“应用”按钮。镜像曲线的示例如图 4.45 所示。

图 4.44 “镜像曲线”对话框

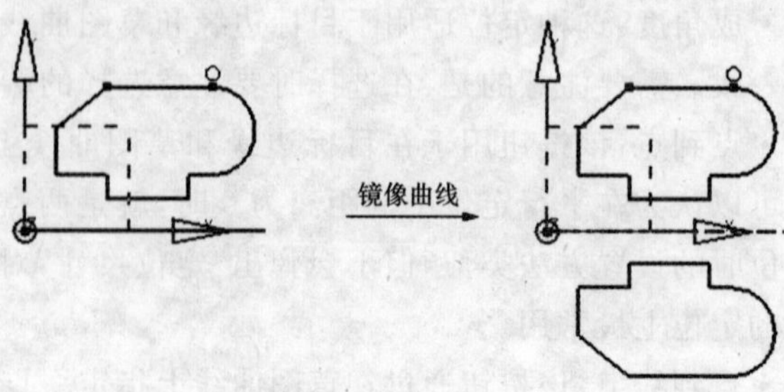

图 4.45 镜像曲线示例

二、偏置曲线

偏置曲线是将草图中曲线、实体或片体上抽取的曲线，沿指定方向偏置一定距离而产生的和原曲线相关联的曲线生成操作。

在草图绘制模式下，从“插入”菜单中选择“来自曲线集的曲线”→“偏置曲线”命令，或者在“草图工具”工具栏中单击(偏置曲线)按钮，打开如图 4.46 所示的“偏置曲线”对话框。利用该功能从其他对象上提取出曲线，并产生一个偏置条件来限制它。偏置约束能用删除其他几何约束的方法来删除。同时，由偏置产生的曲线不能再进行偏置提取曲线的操作了。

在“偏置曲线”对话框中，系统首先会提示用户选取要偏置的曲线。在偏置设置中可以对偏置距离、副本数进行修改。副本数的文本框用于设置偏置操作后所产生的新对象的数目。

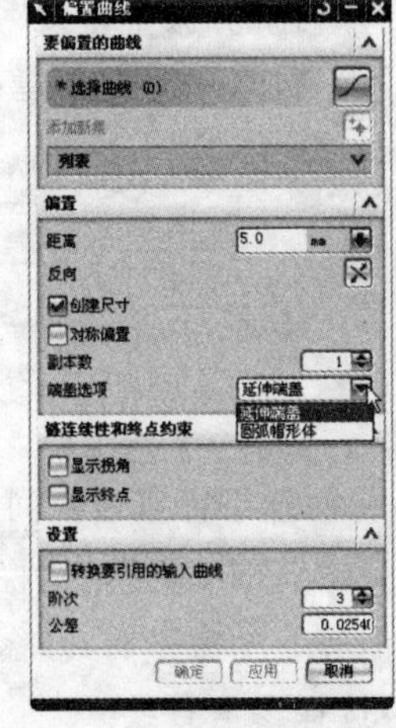

图 4.46 “偏置曲线”对话框

三、投影曲线

投影曲线是指将能够抽取的对象(关联或非关联曲线和点或捕捉点，包括直线的端点以及圆弧和圆的中心)沿垂直于草图平面的方向投影到草图平面上。

在草图绘制模式下，从“插入”菜单中选择“配方曲线”→“投影曲线”命令，或者在“草图工具”工具栏中单击(投影曲线)按钮，打开如图 4.47 所示的“投影曲线”对话框。在该对话框中需要设置两方面的内容，一是指定要投影的对象，二是设置关联性、输出曲线类型和公差。

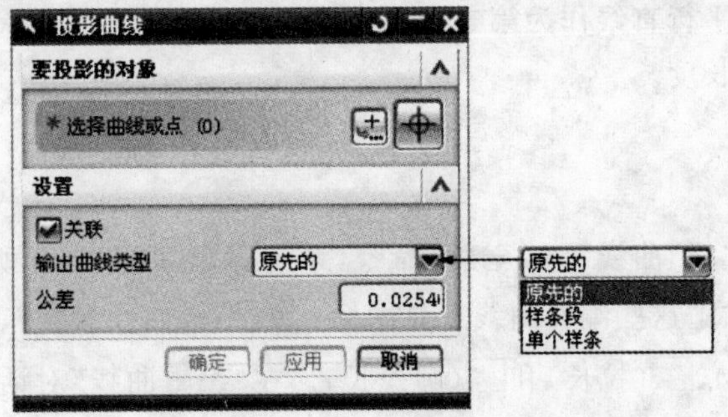

图 4.47 “投影曲线”对话框

在“设置”选项组的“输出曲线类型”下拉列表框中提供了 3 个输出类型选项，即“原先的”、“样条段”和“单个样条”，它们的功能含义如下：

- “原先的”：设置输出的曲线类型和选取的投影曲线类型相同，此为默认设置。
- “样条段”：设置输出的曲线是由一些样条段组成的。
- “单个样条”：设置输出的曲线为单独的一条样条曲线。

设置好曲线输出类型选项并选择要投影的对象后，还应该根据设计需要在“公差”文本框中输入适当的公差，则系统将根据用户设置的公差来决定是否将投影后的某些曲线连接起来。

最后单击“投影曲线”对话框的“确定”按钮。

四、派生直线

这里所述的“派生直线”是指在两条平行直线中间创建一条与另一条直线平行的直线，或在两条不平行直线之间创建一条平分线。创建派生直线的示例如图 4.48 所示。

图 4.48 创建派生直线示例

1. 在两条平行直线中间创建一条与另一条直线平行的直线

(1)在“草图工具”工具栏中单击(派生直线)按钮，或者从“插入”菜单栏中选择“来自曲线集的曲线”→“派生直线”命令。

(2)选择参考直线。

(3)选择第二条平行的参考直线。

(4)系统在两条平行的参考直线中间处显示一条中线，接着指定中线长度。

如果在上述步骤(3)中没有选择第二条参考直线，而是通过指定偏距来创建与参考直线平行的直线，可以连续创建多条派生直线。

2. 在两条不平行直线之间创建一条平分线

(1)在“草图工具”工具栏中单击(派生直线)按钮，或者从“插入”菜单栏中选择“来自曲线集的曲线”→“派生直线”命令。

(2)选择其中一条直线作为参考直线。

(3)选择另一条非平行直线作为第二参照直线。

(4)指定角平分线长度。

五、编辑曲线

在“编辑”菜单中选择“曲线”→“全部”命令，系统弹出如图 4.49 所示的“编辑曲线”对话框。在该对话框中提供了这些编辑曲线工具图标：(编辑曲线参数)、(修剪曲线)、(分割曲线)、(编辑圆角)、(拉长)和(圆弧长)。在“编辑曲线”对话框中单击某一图标后，UG 系统将打开相应的对话框，以引导并供用户进行相应的草图对象编辑操作。

下面简单地介绍这些编辑曲线工具图标的一般应用方法及步骤。

• (编辑曲线参数)：可在对话框中设置编辑圆弧/圆时使用“参数”方式还是“拖动”方式，设置编辑关联曲线选项等，并可利用出现的如图 4.49 所示的“跟踪条”对话框显示鼠标光标当前位置。

• (修剪曲线)：单击该按钮图标，打开如图 4.50 所示的“修剪曲线”对话框，利用该对话框选择要修剪的曲线，设置边界对象 1 和边界对象 2，指定交点方向和方式，并设置其他选项等。

• (分割曲线)：单击该按钮图标，打开如图 4.51 所示的“分割曲线”对话框。在“类型”

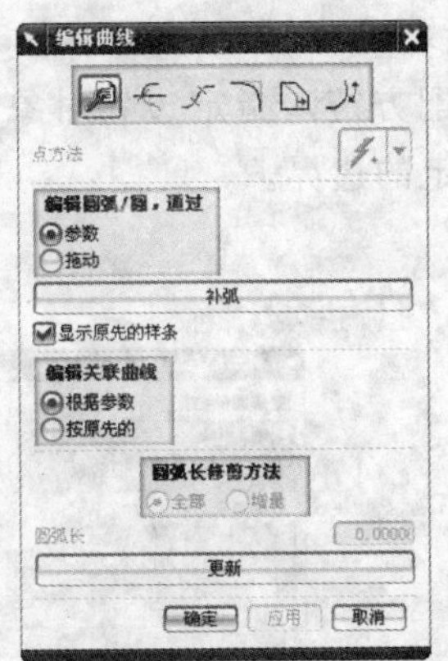

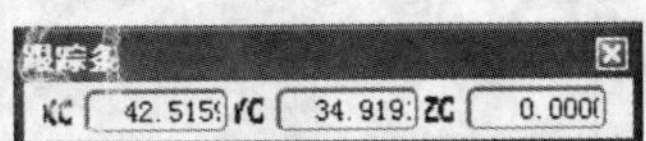

图 4.49 “编辑曲线”对话框

下拉列表框中可以根据设计要求选择“等分段”、“按边界对象”、“圆弧长段数”、“在结点处”或“在拐角上”选项来定义分割曲线。

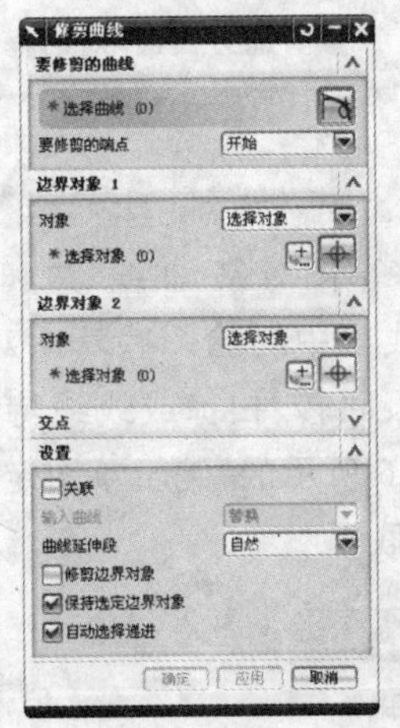

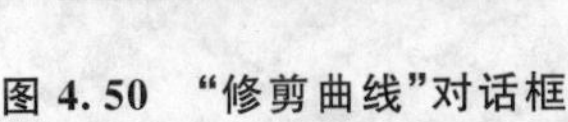

图 4.50 “修剪曲线”对话框

图 4.51 “分割曲线”对话框

• (编辑圆角)：单击该按钮图标，打开如图 4.52 所示的“编辑圆角”对话框，从中可以设置圆角自动修剪、手工修剪或不修剪。

• (拉长曲线)：单击该按钮图标，打开如图 4.53 所示的“拉长曲线”对话框，从中进行拉长曲线设置。

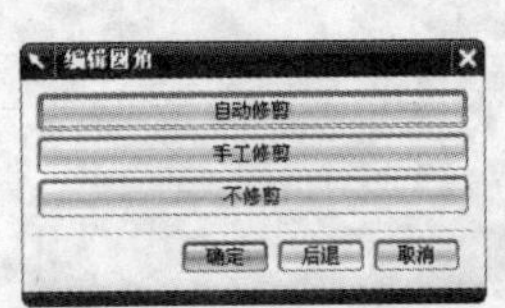

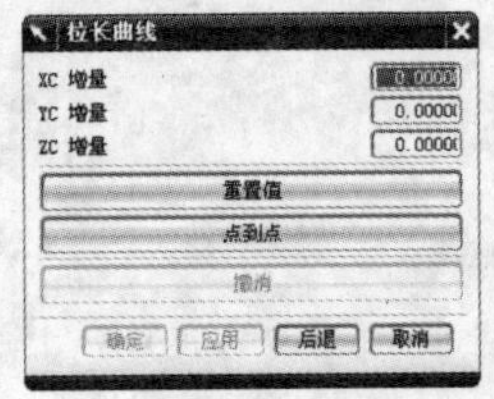

图 4.52 “编辑圆角”对话框

图 4.53 “拉长曲线”对话框

• (圆弧长)：单击此按钮图标，则激活“编辑曲线”对话框中的“圆弧长修剪方法”选项等，如图 4.54 所示，可以设置圆弧长增长尺寸。

在“编辑”菜单中选择“曲线”→“修剪配方曲线”命令,打开如图 4.55 所示的“修剪配方曲线”对话框。利用该对话框,选择要修剪的曲线(配方链),指定边界对象,依据定义区域选项,从而完成相关的修剪配方(投影/相交)曲线到选定的边界。

图 4.54 编辑圆弧长

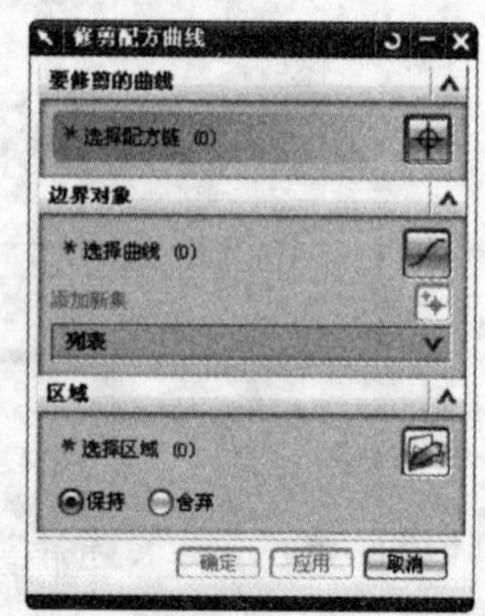

图 4.55 “修剪配方曲线”对话框

六、编辑定义线串

在“编辑”菜单中选择“编辑定义线串”命令,可以将某些草图对象(曲线、边和面)添加到拉伸、旋转、扫描等截面线串中,或从已用于定义特征的截面线串中删除一些草图对象。特别注意:在编辑定义线串前,草图中必须有曲线已经完成的拉伸、回转、扫掠或线缆特征,否则从菜单栏中选择“编辑”→“编辑定义线串”命令,将打开如图 4.56 所示的“编辑草图定义线串”对话框,提示用户“无拉伸、回转、扫掠或线缆特征与当前草图关联”。

图 4.56 “编辑草图定义线串”对话框

项目五　实体特征建模

任务一　体素特征
任务二　设计特征
任务三　特征的扩展
任务四　特征操作
任务五　特征的编辑

任务一　体素特征

UG NX 6.0 实体建模中的体素特征主要包括长方体、圆柱体、圆锥体和球体等。这些特征实体都具有比较简单的特征形状，通常利用几个简单的参数便可以创建。另外体素特征一般作为第一个特征出现，因此进行实体建模时首先需要掌握体素特征的创建方法。下面分别来介绍。

一、长方体

长方体主要用于创建正方体和长方体形式的实体特征，其各边的边长通过给定的具体参数来确定。单击“插入”→“设计特征”→“长方体”命令后，系统会弹出“长方体”对话框，如图 5.1 所示。

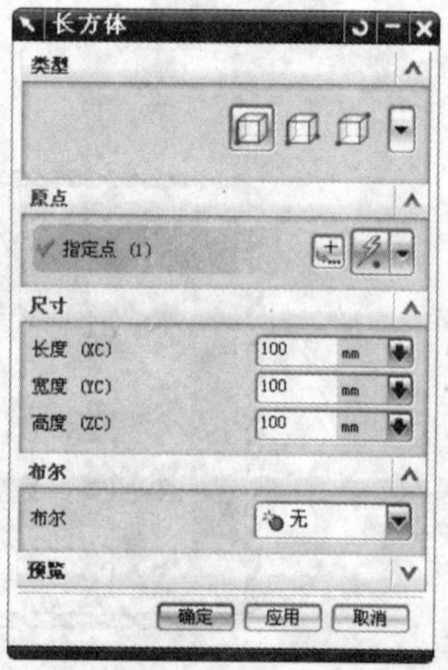

图 5.1　“长方体”对话框

选择不同的长方体创建类型，对话框的设置选项也有所不同，再配合使用“捕捉点”工具栏选择或创建压根的点，最后按设置选项的提示项目进行参数输入，即可完成长方体的创建。

在“类型”下拉列表框中，系统提供了 3 种长方体创建方法，具体介绍如下：

- 原点、边长：利用点方式选项在视图区创建一点，然后在长度(XC)、宽度(YC)和高度(ZC)数值输入栏输入具体数值，单击“确认”按钮生成长方体。
- 两个点、高度：利用点方式选项在视图区创建两个点，然后在高度数值输入栏输入高度值，单击“确认”按钮生成长方体。
- 两个对角点：利用两个点方式选项在视图区创建两个点作为长方体对角点，单击“确认”按钮生成长方体。

二、圆柱体

圆柱体主要用于通过用户设定的创建方式和圆柱参数来创建圆柱特征，其各具体参数与选取的创建方式有关。单击“插入”→“设计特征”→“圆柱体”命令后，系统会弹出“圆柱”对话框，如图 5.2 所示。

在对话框中选择不同的圆柱创建方式，对话框的设置选项也有所不同，按对话框中设置选项的提示项目进行参数输入后，即可完成圆柱的创建。各种柱体生成方式具体说明如下：

1. 轴，直径，高度

该方式是按指定直径和高度方式创建柱体。选择该方式后，将弹出图 5.2 所示需要构造矢量方向作为圆柱的轴线方向，并输入圆柱的直径和高度参数对话框，输入相应的参数。最后指定创建圆柱的底面圆中心位置。这样就完成了创建圆柱的工作，如图 5.3 所示。

2. 圆弧和高度

该方式是按指定高度和选择的圆弧创建柱体。选择该方式后，对话框选项变更为如图 5.4 所示。利用此对话框选择要创建的圆柱的圆弧，在“尺寸”选项中的“高度”文本框中输入要创建的圆弧高度。创建的圆柱实例如图 5.5 所示。

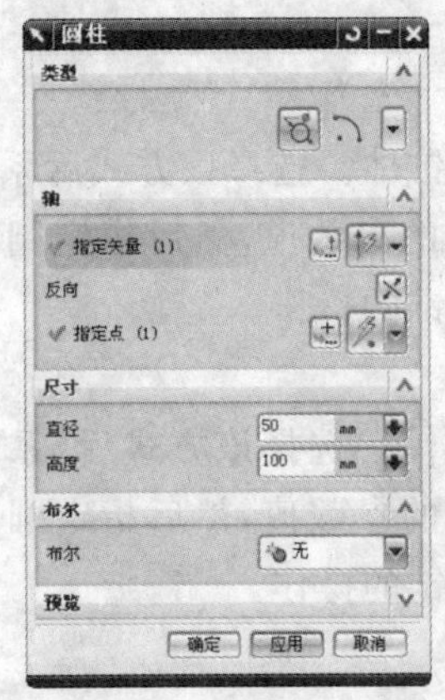

图 5.2 “圆柱”对话框

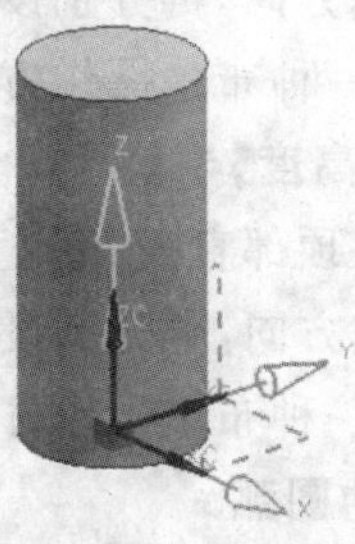

图 5.3 “轴、直径和高度”方式创建圆柱实例

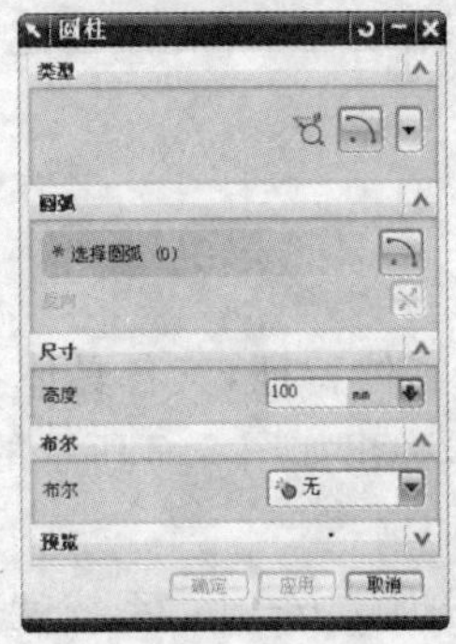

图 5.4 “圆弧和高度”方式创建圆柱对话框

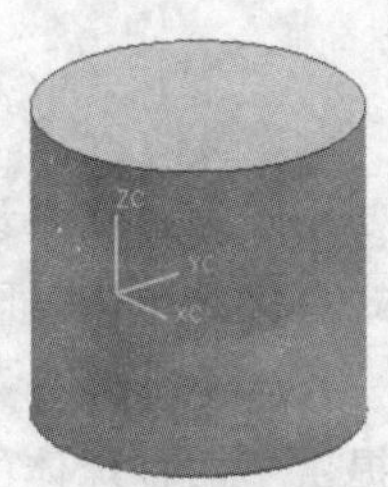

图 5.5 “圆弧和高度”创建圆柱实例

三、圆锥体

圆锥体主要用于通过用户设定的创建方式来创建锥体形式的实体特征，其各具体参数与选取的创建方式有关。单击“插入”→“设计特征”→“圆锥”命令后，弹出如图 5.6 所示选择“圆锥”对话框。

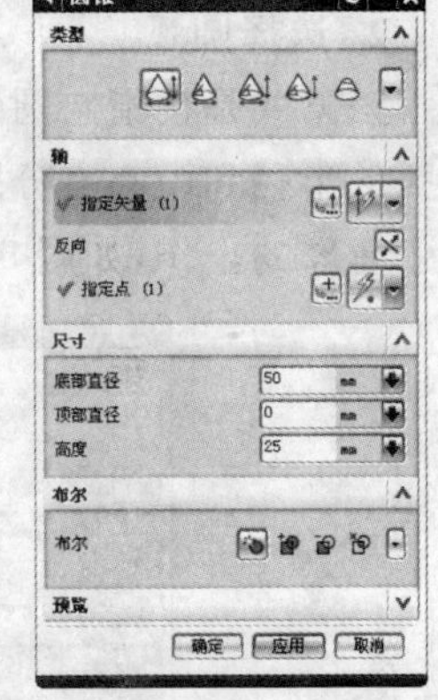

图 5.6 “圆锥”对话框

各种锥体生成方式具体操作说明如下：

1. 直径和高度

此方式是按指定底部直径、顶部直径、高度及生成方向创建锥体。选择该方式后，系统会先让用户通过“矢量构造器”指定圆锥的轴线方向，并设置好要创建的圆锥的底部直径、顶部直径和高度参数。设置好上述参数后，可以利用“点构造器”创建圆锥体的底面圆心位置。最后在弹出的“布尔操作”对话框中选择一种布尔操作方法，点击“确定”则完成创建锥体的操作。

2. 直径和半角

该方式是按指定的底部直径、顶部直径、半角及生成方向创建锥体。选择该方式后，系统会先让用户通过“矢量构造器”对话框，用于指定锥体的轴线方向，构造轴线方向，并设置要创建的圆锥的底部直径、顶部直径和半角参数。设置好上述参数后，可以利用“点构造器”创建圆锥体的底面圆心位置。最后在弹出的“布尔操作”对话框中选择一种布尔操作方法，确定则完成创建锥体的操作。

3. 底部直径，高度，半角

此方式是按指定底部直径、高度、半角及生成方向创建锥体。选择该方式后系统会先让用户指定圆锥的轴线方向，再分别设置底部直径、高度和半角的参数值，然后指定圆锥底部的中心位置，最后选择一种布尔操作方法，系统即可完成创建圆锥的操作。

4. 顶部直径，高度，半角

该选项按指定顶部直径、高度、半角及生成方向创建锥体。选择该方式后，系统会先让用户指定圆锥的轴线方向，再分别设置顶部直径、高度和半角的参数值，然后指定圆锥顶部的中心位置，最后选择一种布尔操作方法，系统即可完成创建圆锥的操作。

5. 两个共轴的圆弧

该方式按指定两共轴圆弧的方式创建锥体。选择该方式后，系统会先让用户选取圆弧对象，该圆弧的半径和中心点分别作为锥体的底圆半径和中心，然后以此方式再选择另一条圆弧，完成圆弧选择后，最后弹出布尔操作对话框，选择一种布尔操作方法，即完成创建锥体的操作。第二段圆弧必须与前面所选的圆弧同轴线。

四、球体

球体主要用于通过用户设定的创建方式来创建球体形式的实体特征，其各具体参数与选取的创建方式有关。单击“插入”→“设计特征”→“球体”命令后，弹出如图 5.7 所示的选择“球体”对话框。

系统中提供了两种球体的创建方式，在对话框中选择一种球创建方式后，系统就会弹出相应的“球”参数对话框，用户设置好对应参数后，系统即可创建球体。

各种球体生成方式具体操作说明如下：

1. 直径，圆心

该方式按指定直径和中心点位置方式创建球。选择该方式后，系统会先让用户指定创建球的中心点位置，然后设置好球的直径后，最后选择一种布尔操作方法，则完成创建球的操作。

2. 选择圆弧

该方式是按指定圆弧方式创建球体。选择该方式后，系统会先让用户选择一条圆弧，则该圆弧的半径和中心点分别作为创建球体的球半径和球心。然后选择一种布尔操作方法，即完成创建球的操作，如图 5.8 所示。

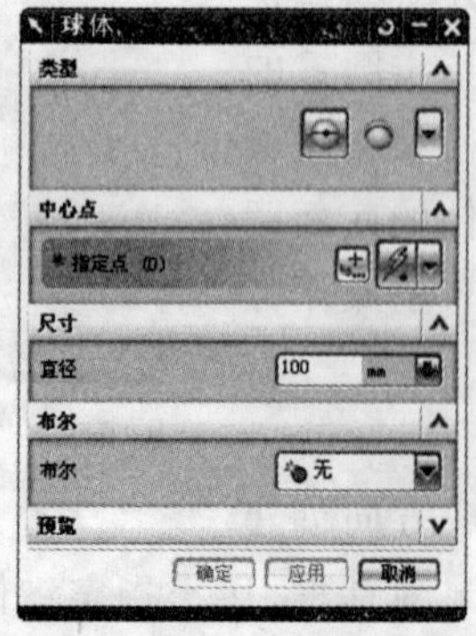

图 5.7 “球体”对话框

图 5.8 “选择圆弧”对话框

任务二 设计特征

一、孔

孔主要指的是圆柱形的内表面，也包括非圆柱形的内表面（由两平行平面或切面形成的包容面）。而孔特征是指在实体模型中去除圆柱、圆锥或同时存在的两种特征的实体而形成的实体特征。

在菜单中执行“插入”→“成形特征”→“孔”命令，弹出如图 5.9 所示的“孔”对话框。该对话框中提供了 5 种孔的类型。其中“常规孔”最为常用，该孔特征包括以下 4 种成形方式。

创建各种类型孔的具体操作说明如下：

1. 简单孔

选择该选项，选取立方体上表面中心为孔的中心点，指定孔的生成方向为垂直于立方体上表面，然后设置孔的参数，“布尔”生成方式为“求差”，即可创建简单孔，效果如图 5.10 所示。

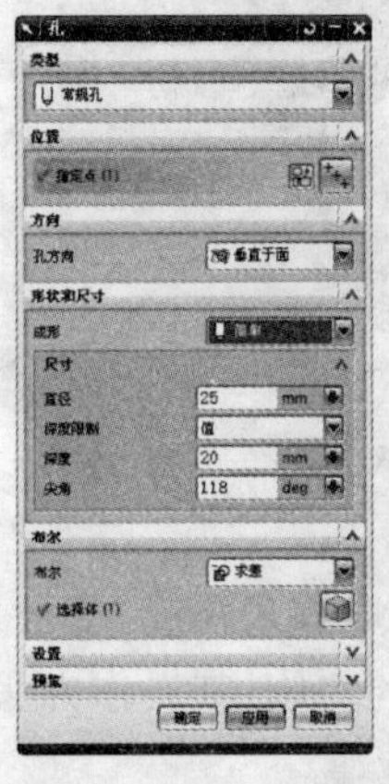

图 5.9 “孔”对话框

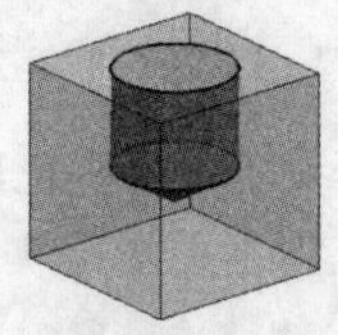

图 5.10 简单孔效果

2. 沉头孔

该方式通过指定孔表面的中心点，并指定孔的生成方向，然后设置孔的参数，这边要注意的是：沉头孔直径必须大于它的孔直径，沉头孔深度必须小于孔深度，顶锥角必须在 0～180°之间。创建的效果如图 5.11 所示。

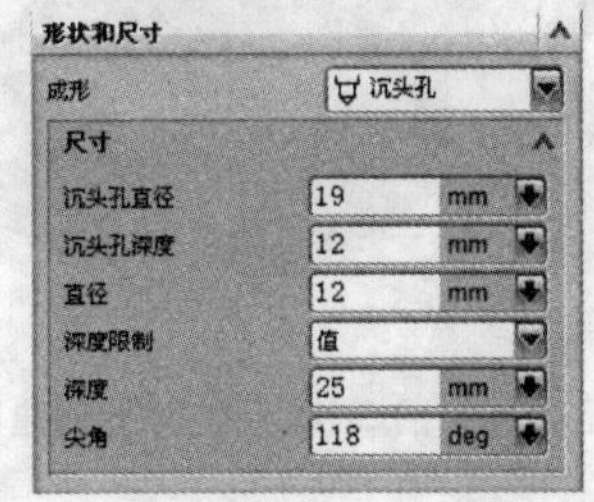

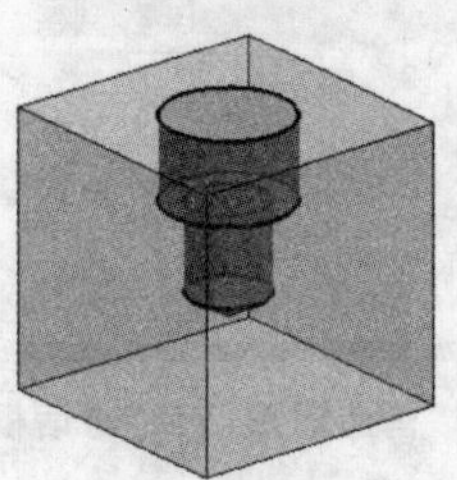

图 5.11 沉头孔效果

3. 埋头孔

其创建过程与简单孔相似，要注意的是：埋头孔直径必须大于它的孔直径，埋头孔角度必须在 0～180°之间，顶锥角必须在 0～180°之间。创建的效果如图 5.12 所示。

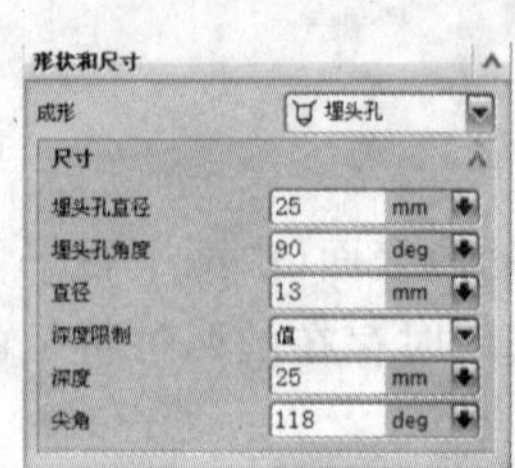

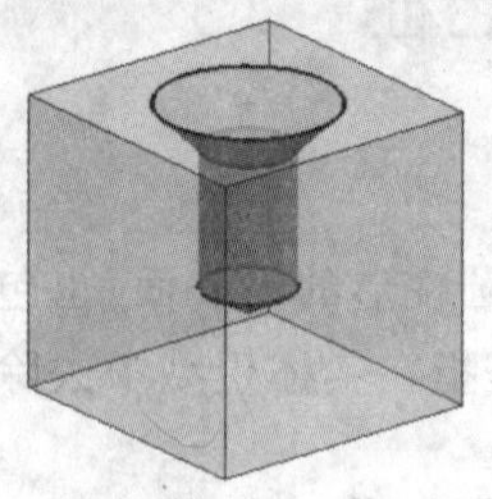

图 5.12　埋头孔效果

4. 已拔模

其创建过程与简单孔相似，所不同的是该孔可将孔的内表面进行拔模。创建的效果如图 5.13 所示。

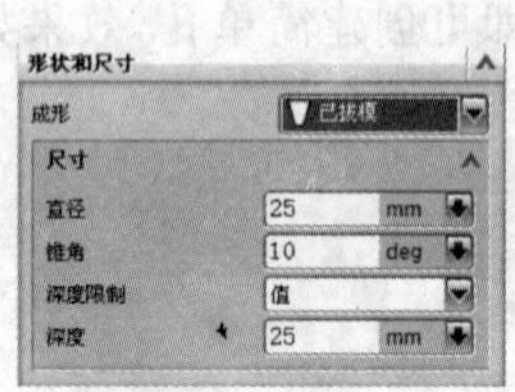

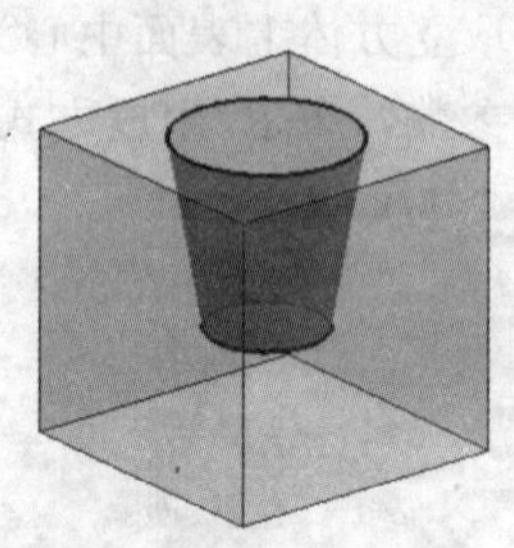

图 5.13　已拔模效果

二、凸台

凸台特征与孔特征类似，区别在于生产方式和孔的生成方式相反，凸台是在指定实体面的外表面生成实体。而孔则是在指定实体面内部去除指定的实体，其操作方法与孔的操作相似，这里不再叙述。

单击“插入”→“设计特征”→“凸台”命令，系统会弹出如图 5.14 所示的凸台对话框。先指定圆台的旋转平面，再设置圆台的参数，最后定位圆台的位置。按上述步骤即可完成指定位置外的圆台创建，如图 5.15 所示的示例。

图 5.14　“构造圆形凸台”对话框

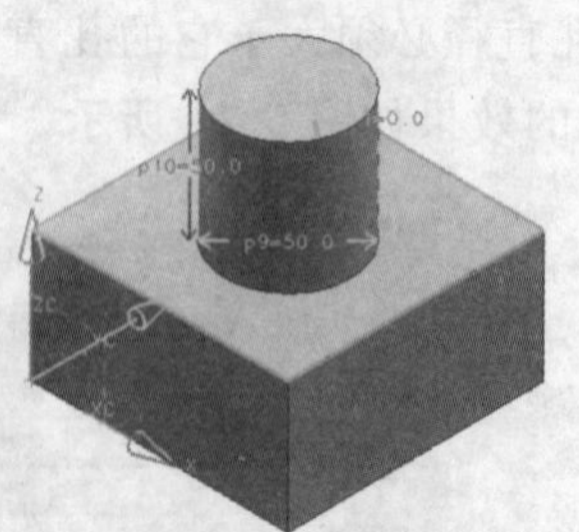

图 5.15　在面上创建的圆台

三、腔体

腔体可以创建任何形状的去除材料特征，但利用本工具创建的孔特征与利用孔选项创建的有所不同，用户需要特别注意。如果需要在孔中添加螺纹等特征，一般使用孔选项完成。

单击“插入”→“设计特征”→“腔体”命令，弹出如图 5.16 所示“腔体”对话框。在对话框中可以选择圆柱形、矩形或者常规方式，对于柱形、矩形型腔，选择实体表面或基准平面作为型腔放置平面来构造型腔。而对于常规类型，则利用创建常规腔体对话框来创建通用型腔。对于具体操作说明如下：

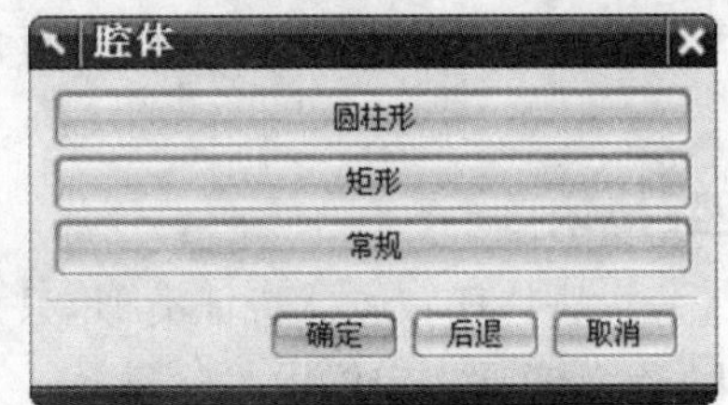

图 5.16 “腔体”对话框

1. 圆柱形

在“腔体”对话框中单击“圆柱形”按钮，系统会弹出如图 5.17 所示的“选择放置平面”对话框，提示用户选择圆柱形腔体的放置平面，选定放置平面后，将会弹出如图 5.18 所示的“圆柱形腔体”对话框。

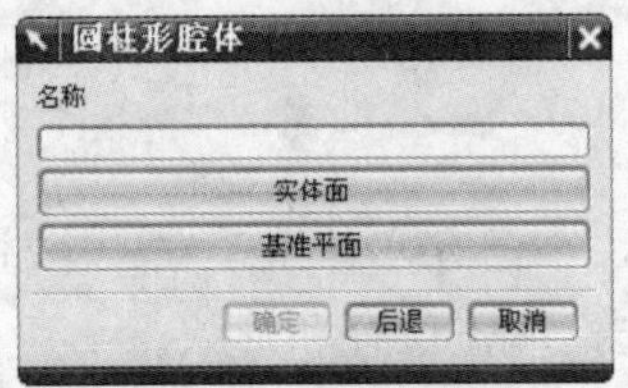

图 5.17 “选择放置平面”对话框

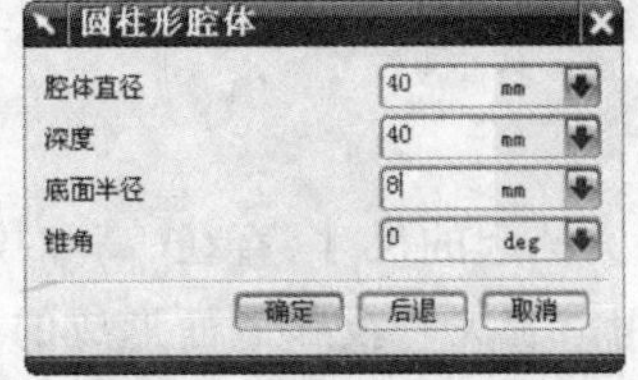

图 5.18 “圆柱形腔体”对话框

在上述各文本框中输入适当的参数后，单击“确定”按钮，系统将弹出“定位”对话框，利用此对话框确定圆柱形腔体的位置，即可完成指定参数和指定位置的圆柱形腔体的创建。图 5.19 所示为圆柱形腔体构造示例。

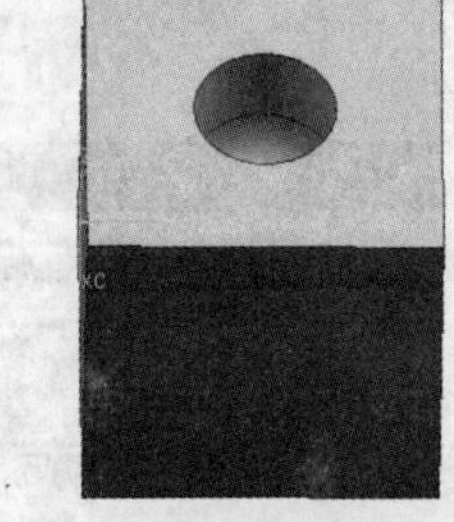

图 5.19 创建的圆柱形腔体

2. 矩形

在“腔体”对话框中单击“矩形”按钮，系统会弹出“选择腔体放置平面”对话框，操作相类似，选择完毕，弹出如图 5.20 所示的定义“水平参考”对话框，提示用户选择水平参考对象，可选择实体对象的边、面或基准轴等对象作为要创建的矩形腔体水平参考方向，此时在指定的放置平面上将以一个箭头显示参考方向，此方向也就是要创建的矩形腔体的长度方向，同时弹出“矩形腔体”对话框，如图 5.21 所示为矩形腔体构造示例。

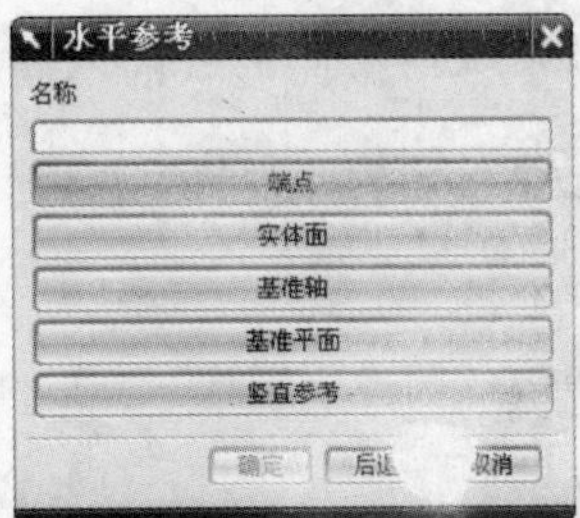

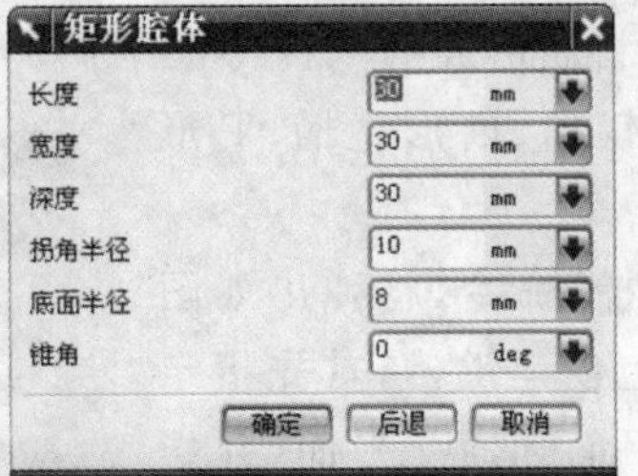

图 5.20 “水平参考”对话框与“矩形腔体”对话框

图 5.21 创建的矩形腔体

在上述各文本框中输入适当的参数后，单击“确定”按钮，利用弹出的“定位”对话框确定矩形腔体的位置，即可完成指定参数和指定位置的矩形腔体的创建。

3. 常规

常规腔体与柱形腔体和矩形腔体相比更具有通用性，在形状和控制方面非常灵活。通用型腔体的放置面可以选择曲面，可以自己定义底面，也可选择曲面作底面。顶面与底面的形状可由指定的链接曲线来定义,还可以指定放置面或底面与其侧面的圆角半径。

四、垫块

垫块特征和腔体特征类似,只是它们在材料的处理方式上相反,前者是将材料添加到实体上,而后者是从实体中去除材料。

单击“插入”→“设计特征”→“垫块”命令,弹出如图 5.22 所示的“垫块”对话框。垫块的类型包括矩形垫块和常规垫块。创建矩形垫块,选择矩形垫块的放置面,并设置矩形垫块的参数,便可创建需要的矩形垫块。创建常规凸垫类型,则按与创建常规腔体类似的方法。

五、凸起

通过定义凸起的尺寸、直径、高和拔锥角等参数,在一个已存实体上建立一个柱形、矩形或锥形凸起,用沿着矢量投影截面形成的面修改体,可以选择端盖位置和形状。

单击“插入”→“设计特征”→“凸起”命令后,系统会弹出如图 5.23 所示的“凸起”对话框。

图 5.22 “垫块”对话框

图 5.23 “凸起”对话框

六、键槽

键槽特征是从实体上去除槽形材料而形成的一种特征结构。由于键槽截面形状的不同,它一般可分为直角坐标键槽、球形端键槽、U 形键槽、T 形键槽和燕尾键槽。

单击“插入”→“设计特征”→“键槽”命令,将弹出如图 5.24 所示的“键槽”对话框。在实体上创建键槽,首先指定键槽类型,再选择平面,即键槽放置平面和通孔平面,并指定槽的轴线方向,然后在对话框中输入槽的参数,再选择定位方式,确定槽在实体上的位置,同时各类槽都可以设置为通槽,这样就可以创建所需的键槽了。对各类键槽创建作如下说明:

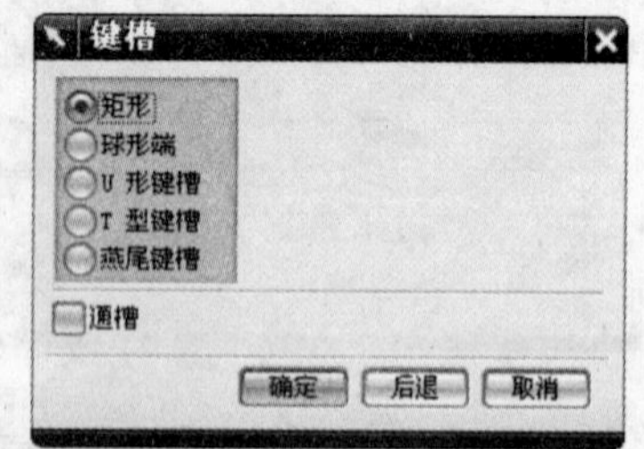

图 5.24 “键槽”对话框

1. 矩形

在“键槽”对话框选择“矩形”单选按钮并确认选择后,则可以在实体上创建矩形键槽,如图 5.25 所示。首先选择放置平面和水平参考方向后,将弹出输入矩形槽参数对话框。在各文本框中输入相应参数,利用“定位”对话框确定矩形槽位置后,即可创建指定参数的矩形槽。如图

5.26 所示。

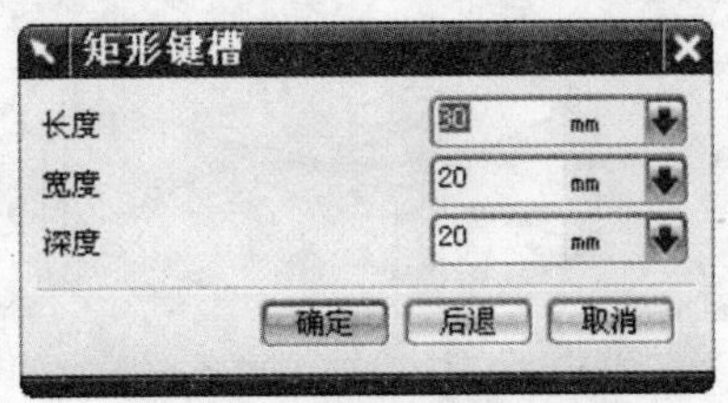

图 5.25 “矩形键槽”参数设置

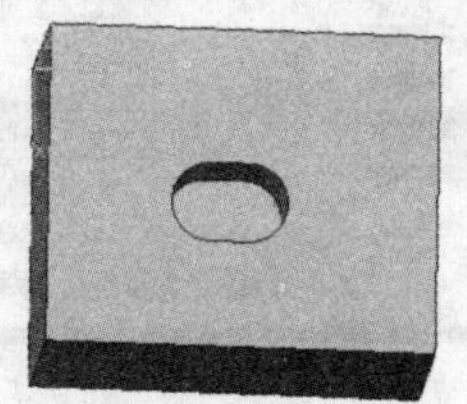

图 5.26 创建的矩形键槽

2. 球形端

在“键槽”对话框选择“球形端”单选按钮并确认选择后，则可以在实体上创建球形键槽，如图 5.27 所示。首先选择放置平面和水平参考方向后，将弹出输入球形槽参数对话框。在各文本框中输入相应参数，利用“定位”对话框确定球形槽位置后，即可创建指定参数的球形键槽。如图 5.28 所示。

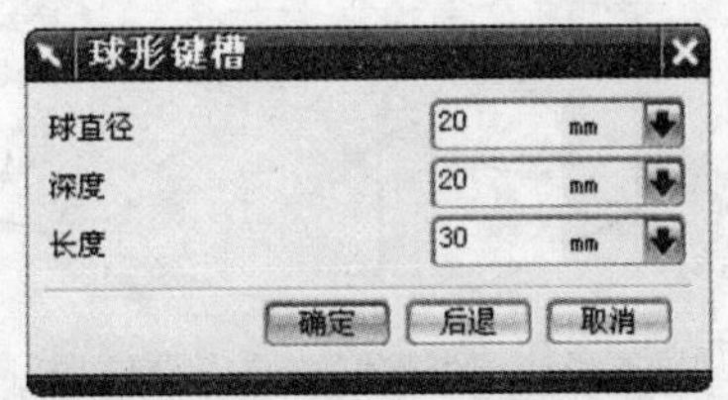

图 5.27 “球形键槽”参数设置

图 5.28 创建的球形键槽

3. U 型键槽

在“键槽”对话框选择“U 型键槽”单选按钮并确认选择后，则可以在实体上创建 U 型键槽，如图 5.29 所示。首先选择放置平面和水平参考方向后，将弹出输入 U 型键槽参数对话框。在各文本框中输入相应参数，利用“定位”对话框确定 U 型键槽位置后，即可创建指定参数的 U 型键槽。如图 5.30 所示。

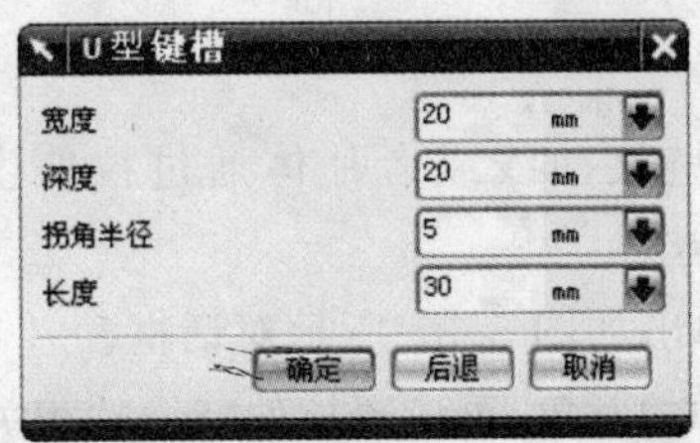

图 5.29 “U 型键槽”参数设置

图 5.30 创建的 U 型键槽

4. T 型键槽

在“键槽”对话框选择“T 型键槽”单选按钮并确认选择后，则可以在实体上创建 T 型键槽，如图 5.31 所示。首先选择放置平面和水平参考方向后，将弹出输入 T 型键槽参数对话框。在各文本框中输入相应参数，利用“定位”对话框确定 T 型键槽位置后，即可创建指定参数的 T 型键槽。如图 5.32 所示。

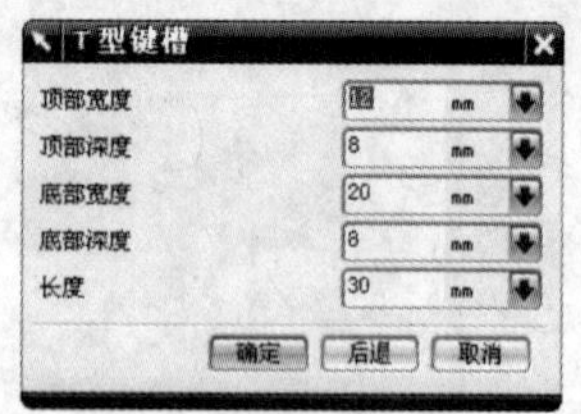

图 5.31 “T型键槽”参数设置

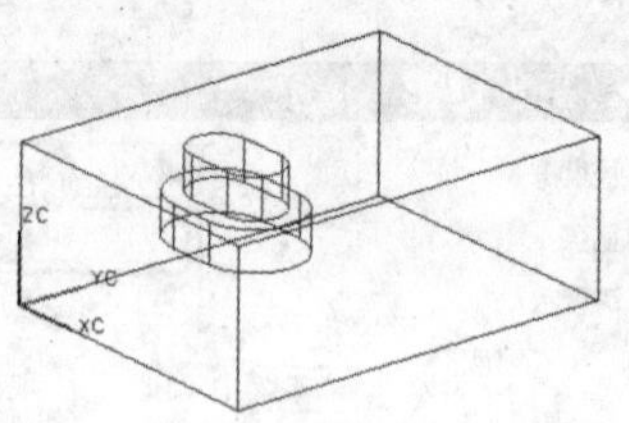

图 5.32 创建的T型键槽

5. 燕尾键槽

在“键槽”对话框选择“燕尾键槽”单选按钮并确认选择后，则可以在实体上创建燕尾键槽，如图 5.33 所示。首先选择放置平面和水平参考方向后，将弹出输入燕尾键槽参数对话框。在各文本框中输入相应参数，利用“定位”对话框确定燕尾键槽位置后，即可创建指定参数的燕尾键槽。如图 5.34 所示。

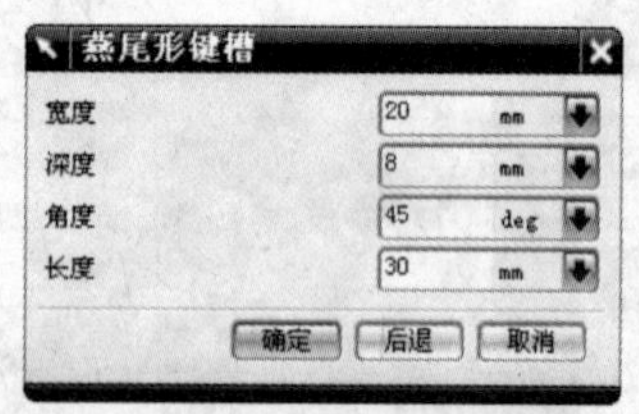

图 5.33 “燕尾键槽”参数设置

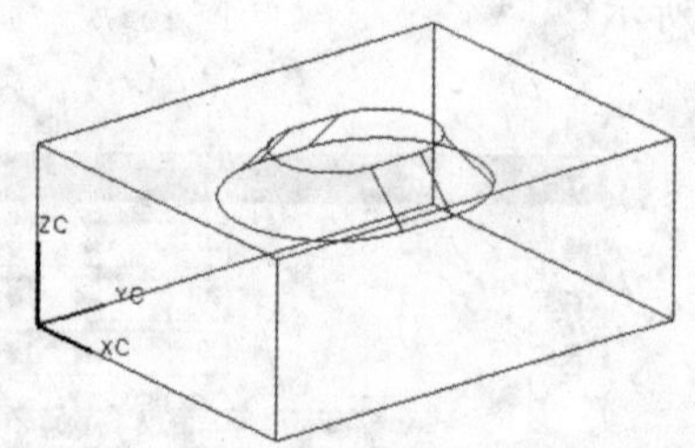

图 5.34 创建的燕尾键槽

任务三 特征的扩展

特征的扩展包括特征的拉伸、特征的旋转、特征的顺滑和布尔运算。这些特征的扩展是对实体造型的扩展，适用于处理复杂形体的造型，使实体造型简单化。

一、拉伸

特征的拉伸是将实体表面、实体边缘、曲线、链接曲线或者片体通过拉伸生成实体或者片体。

单击“插入”→“设计特征”→“拉伸”命令后，弹出如图 5.35 所示对话框。

创建拉伸特征的一般步骤是：先指定要进行拉伸的对象，再设置拉伸特征的相关参数，确定上述设置后即可完成创建拉伸对象操作，创建的示例如图 5.36 所示。“拉伸”对话框中选项含义如下：

1. 截面

截面选项用于定义拉伸的截面曲线。在选择拉伸对象时，可以使用实体表面、实体边缘、曲线、链接曲线和片体来定义拉伸的截面曲线。

2. 方向

拉伸对象确定后，此区域按钮即被激活。单击“矢量构造器”按钮，弹出对话框，用于设置拉伸方向。此时，系统会在绘图工作区中自动显示默认拉伸方向。通过“矢量构造器”对话框设置拉伸方向后，拉伸将变为由实心箭头表示，偏移方向将变为由虚线箭头表示。

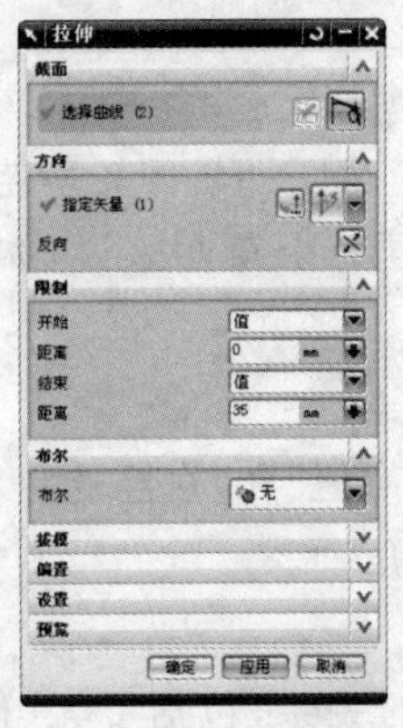

图 5.35 “拉伸”对话框

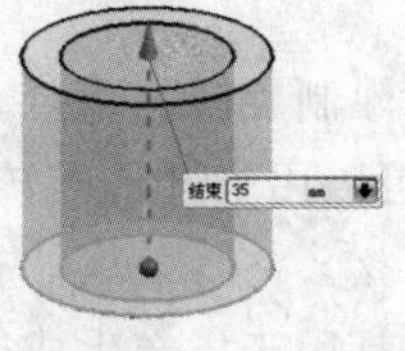

图 5.36 “拉伸”示例

3. 限制

该区域用于设置拉伸操作的限制方式和限制参数。首先要选择起始值和结束值的产生方式,再设置拉伸的起始值和结束值。相对于拉伸方向来说,起始值和结束值可正可负。

4. 布尔

该区域用于让用户从下拉列表中选取拉伸特征与其他特征的布尔操作方式和设置布尔操作的目标对象。

5. 偏置

该区域用于设置拉伸操作时的偏置的起始值和结束值参数。系统提供了 4 个选项:无、单侧、两侧和对称。

二、回转

回转操作与拉伸操作类似,不同在于使用此命令可使截面曲线绕指定轴回转一个非零角度,以此创建一个特征。可以从一个基本横截面开始,然后生成回转特征或部分回转特征。

单击“插入”→“设计特征”→“回转”命令后,弹出如图 5.37 所示选择“回转”对话框。创建的“回转”示例如图 5.38 所示。

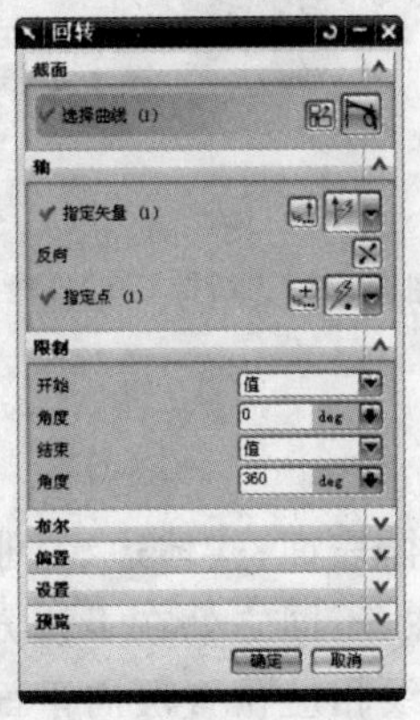

图 5.37 “回转”对话框

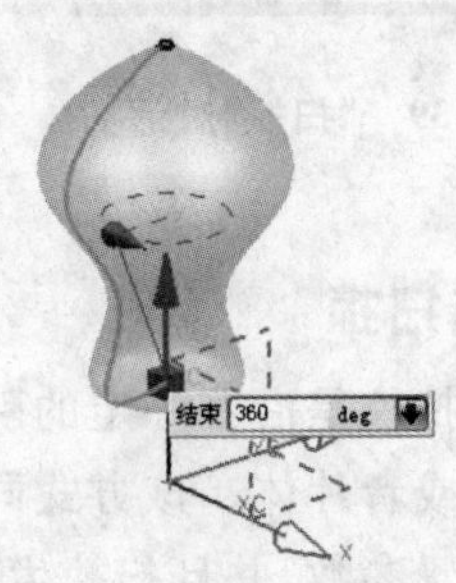

图 5.38 “回转”示例

各选项介绍如下:

1. 截面

操作与“拉伸”特征中的选择曲线相同,可以直接在绘图区中选取,也可以在草图中创建曲线。

2. 轴

该区域中的两个选项分别为矢量、点,主要是用于用户指定草图即将回转所绕的轴。矢量的方向和参考点的位置对回转功能有着举足轻重的作用。就同一个草图来说,如果用户所指定的回转矢量和参考点不同,所得到的回转体将大相径庭。

3. 限制

该区域用于限制旋转的角度。在其下拉列表中主要给出了"值"和"直至选定对象"两个选项供用户选择,可以用来进行回转操作对象的旋转开始和终止角度。

4. 布尔

该区域主要是用于指定生成以后的实体与其他实体对象的关系,包括了无(创建)、求和、求差、求交等几种方式。

5. 偏置

该区域主要是用于编辑草图在回转的过程中实体表面偏置的大小。

三、扫掠特征

扫掠特征是将截面轮廓曲线沿用户指定的引导线运动而生成的实体,其引导线可以是直线、圆弧、样条等曲线。扫掠特征为用户提供了更加灵活的造型方式。

单击"插入"→"扫掠"命令后,弹出如图 5.39 所示"扫掠"对话框。在绘图区中选取扫掠的截面曲线后,再选取图中的引导线,即可完成图形的扫掠操作,如图 5.40 所示。

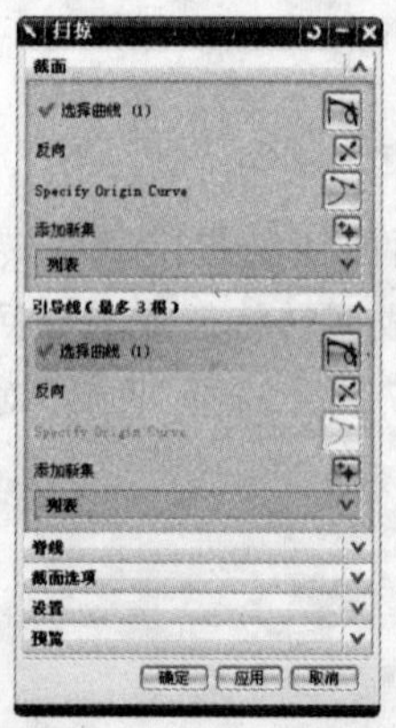

图 5.39 "扫掠"对话框

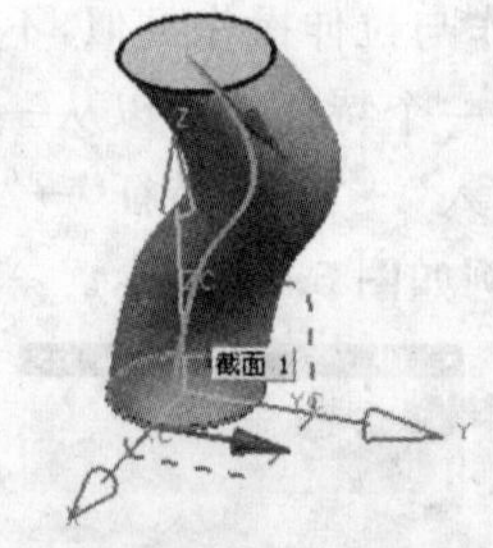

图 5.40 "扫掠"示例

四、沿引导线扫掠

沿引导线扫掠是沿着一定的引导线进行扫描拉伸,将实体表面、实体边缘、曲线或者链接曲线生成实体或者片体。该方式同"扫掠"工具创建效果类似,不同之处在于该方式可以设置截面图形的偏置参数,并且扫掠生成的实体截面形状与引导线相应位置法向平面的截面曲线形状相同。

单击"插入"→"扫掠"→"沿引导线扫掠"命令后,弹出如图 5.41 所示"沿引导线扫掠"对话框。依次选取扫掠截面曲线和扫掠引导曲线,并设置好偏置参数,即可完成扫掠操作,效果如图 5.42 所示。

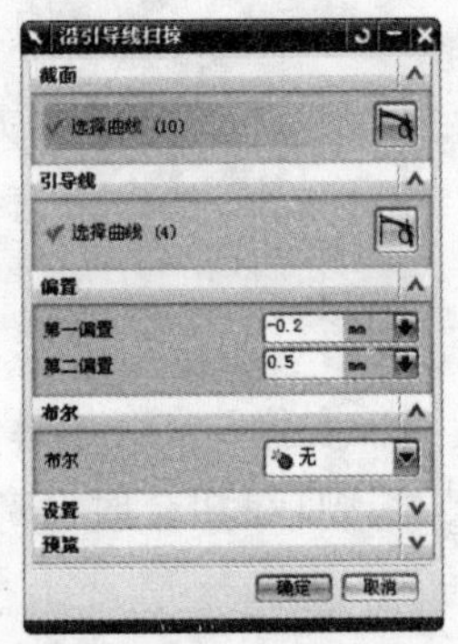

图 5.41 “沿引导线扫掠”对话框

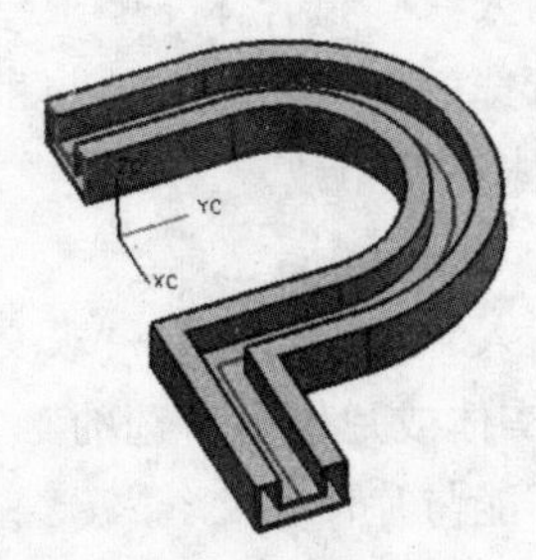

图 5.42 “沿引导线扫掠”示例

五、管道

管道操作是通过沿着引导线串扫描用户选取的圆形截面来创建管道实体特征。圆形截面是由用户定义的管道外直径和内直径以及选取引导线起点确定的。

单击“插入”→“扫掠”→“管道”命令后，弹出如图 5.43 所示“管道”对话框。

首先选取图中的曲线为引导线，并设置好管道的外径和内径参数，即可完成管道的创建，效果如图 5.44 所示。

图 5.43 “管道”对话框

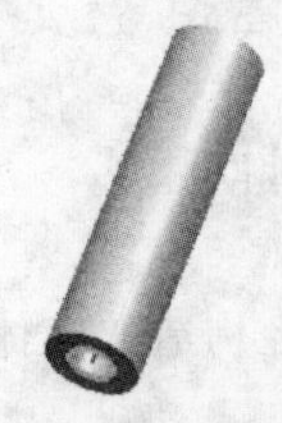

图 5.44 “管道”示例

六、布尔运算

在前面的讲述中提及过布尔运算，在这一节中将做详细的介绍。布尔运算是处理实体造型中多个实体或片体的合并关系，包括相加、相减和相交运算，分别对应实体或片体联合、实体或片体相减和产生交叉实体或片体。在进行布尔运算操作时把首先选择的需要与其他体合并的实体或片体称为目标实体；而修改目标实体的被称为工具实体，在完成布尔运算时，工具实体成为目标实体的一部分。

1. 求和

相加布尔操作用于将两个或两个以上不相连的实体结合起来，也就是求实体间的并集。

单击“插入”→“组合体”→“求和”，弹出如图 5.45 所示对话框，用于选择目标实体，选择完毕，将再弹出类选择器对话框，此时选择工具实体，则将所选工具实体与目标实体合并成一个实体或片体。

图 5.45 “求和”对话框

2. 求差

单击“插入”→“组合体”→“求差”,其后的操作与相加相类似,先选择目标实体,然后选择工具实体,所选的工具实体必须与目标实体相交,否则,在相减时会产生出错信息。另外要说明片体与片体不能相减。

3. 求交

单击“插入”→“组合体”→“求交”,操作仍相类似,最后目标实体与工具实体的公共部分产生一个新的实体或片体。所选的工具体必须与目标体相交,否则,在相交时会产生出错信息。另外,实体不能与片体相交。

布尔运算示例如图 5.46 所示。

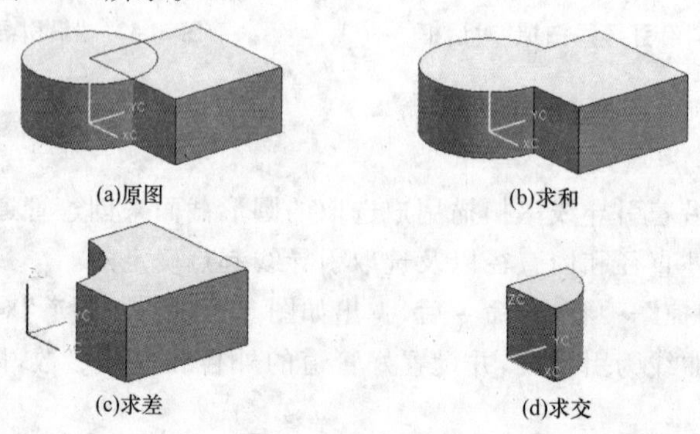

图 5.46 布尔运算示例

任务四 特征操作

特征操作是对已经构造的实体或特征进行修改。通过特征操作,可以用简单实体建立复杂的实体。

一、拔模

在零部件或模具设计中,为了拔模的方便,经常需要按照拔模的方向对相关的面进行角度处理,使它们有一定的斜度。拔锥特征操作就是为了满足用户这种详细设计需求的。它的原理是:给定一个拔锥操作的拔模方向矢量,输入一个沿拔模方向的角度,使得要拔模的面按照这个角度值向内(正角度)或向外(负角度)变化。

单击“插入”→“细节特征”→“拔模”命令后,弹出如图 5.47 所示“拔模”对话框。

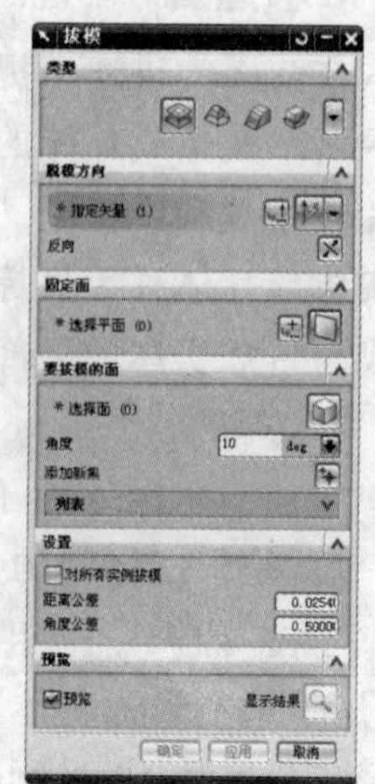

图 5.47 “拔模”对话框

拔模类型有 4 种,介绍如下:

1. 从平面

该图标用于从参考点所在平面开始,与拔锥方向成拔锥角度,对指定的实体表面进行拔锥。

2. 从边

该拔锥类型用于从一系列实体边缘开始,与拔锥方向成拔锥角度,对指定的实体进行拔锥,适用于所选实体边缘不共面。

3. 与多个面相切

该类型用于与拔锥方向成拔锥角度，对实体进行拔锥，使拔锥面相切于指定的实体表面。该类型适用于对相切表面拔锥后要求仍然保持相切的情况。

4. 至分型边

该类型用于从参考点所在平面开始，与拔锥方向成拔锥角度，沿指定的分割边缘对实体进行拔锥。适用于实体中部具有特殊形状的情况。

各种拔锥类型适用于不同实体，操作过程相类似，这里不再赘述。

二、边倒圆

边倒圆操作是根据指定的半径对实体或者片体进行倒圆，沿边的长度方向可以生成固定半径或者半径大小成一定规律变化的圆角。

单击"插入"→"细节特征"→"边倒圆"命令后，弹出如图 5.48 所示的"边倒圆"对话框。对话框分为两个部分：上部用于指定圆角的类型，下部用于设置圆角的参数。对于该对话框说明如下：

1. 要倒圆的边

在该区域中选择要进行倒圆角的边，可以多条边一起倒角，同时在"半径 1"文本框中设置固定倒角半径，也可以手动拖动倒角，改变半径大小，如图 5.49 所示。

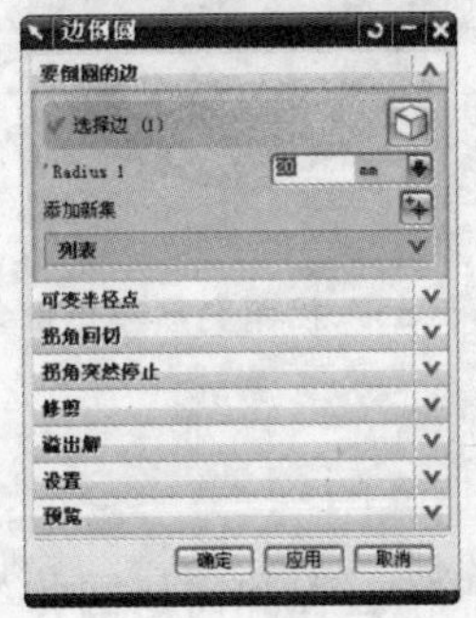

图 5.48 "边倒圆"对话框

图 5.49 动态倒角

2. 可变半径点

该区域可以用来在一条边上选择不同的点，然后在不同的点的位置设置不同的倒角半径，对话框如图 5.50 所示。设置"可变半径点"参数后，边倒角特征可设计成如图 5.51 所示。

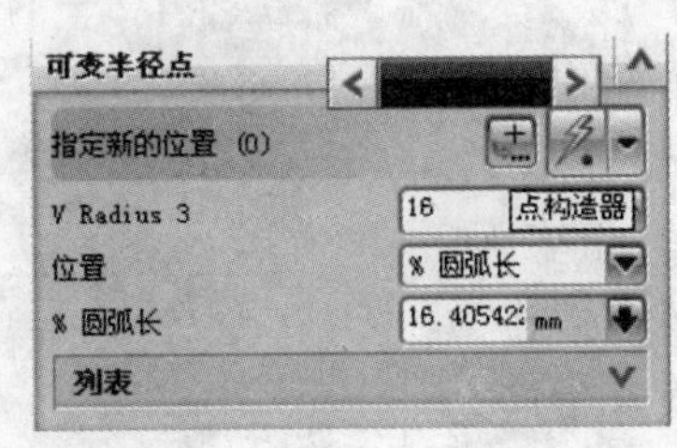

图 5.50 "可变半径点"对话框

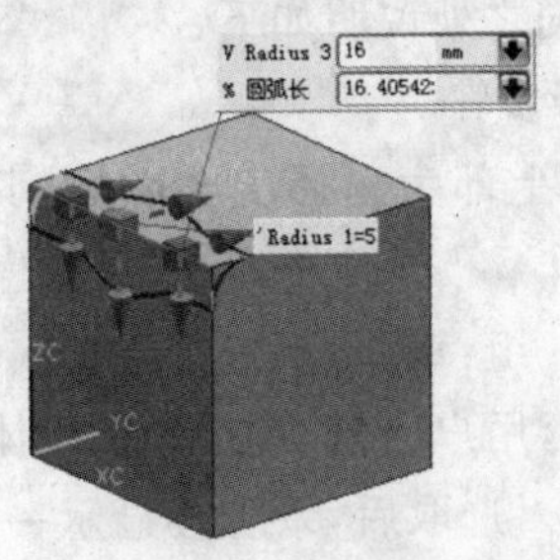

图 5.51 可变半径倒角

3. 拐角回切

该区域可以使用户指定在规定的边缘上从一个规定的点回退的距离，产生一个回退的倒圆效果，对话框如图 5.52 所示。

设置“拐角倒角”参数后，边倒角特征可设计成如图 5.53 所示。

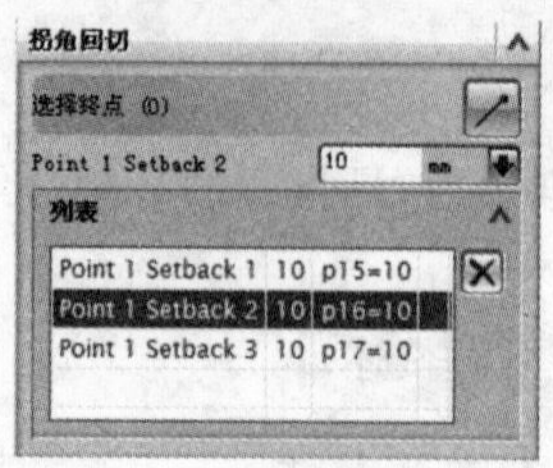

图 5.52 “拐角回切”对话框

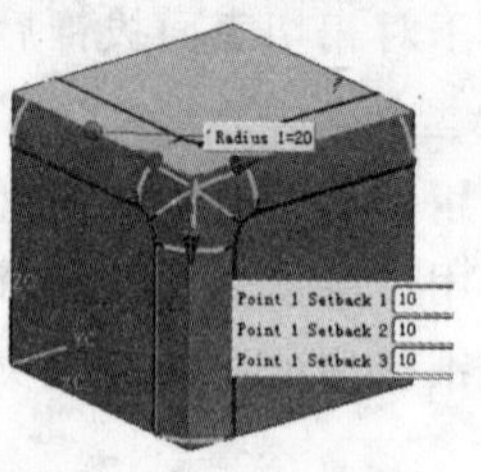

图 5.53 动态倒角

4. 拐角突然停止

该区域用来指定圆弧长、%圆弧长或是通过点，然后倒角从该点回退到一个百分比，回退的区域将保持原状，对话框如图 5.54 所示。设置“拐角突然停止”参数后，边倒角特征可设计成如图 5.55 所示。

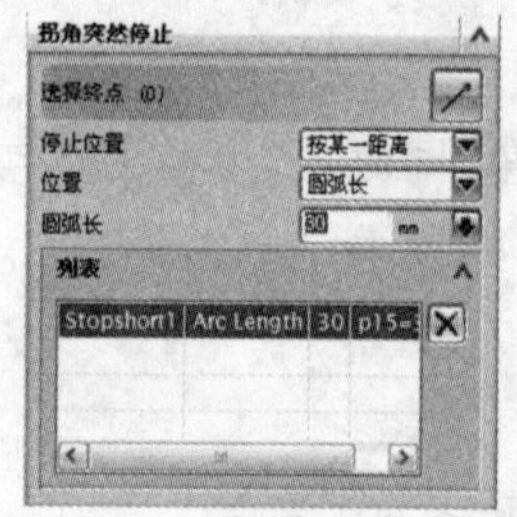

图 5.54 “拐角实然停止”对话框

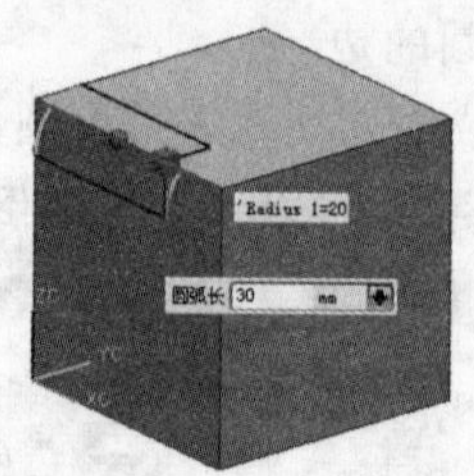

图 5.55 拐角突然停止倒角

三、软倒圆

软倒圆是沿着相切控制线相切于指定的面。其选项与操作过程和面倒圆相类似。只是，软倒圆更具有艺术美化效果，从而避免了有些面倒圆外形的呆板。这一点对工业造型设计有特殊的意义，使设计的产品具有良好的外观形状。

单击“插入”→“细节特征”→“软倒圆”命令后，弹出如图 5.56 所示“软倒圆”对话框。其与面倒圆的选项与操作基本相同，仅对不同之处说明如下：

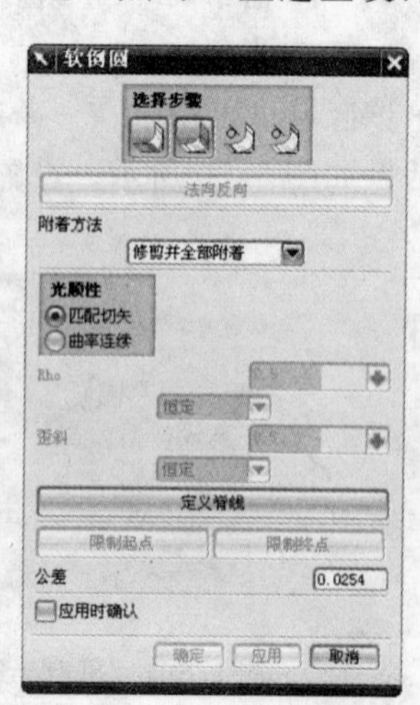

图 5.56 “软倒圆”对话框

1. 选择步骤

对话框上部为选择步骤图标，其中包含了 4 个操作选择步骤。

(1)第一组：该步骤用于选取软倒圆操作的第一组表面。单击该图标，用户可选取实体或片体上的一个或多个面作为第一组表面。选取后，系统会显示一矢量箭头，此箭头指向倒圆的中心，如果缺省的方向不合要求，可以单击“法向反向”按钮，来反转其方向。

(2)第二组：该步骤用于选取软倒圆操作的第二组表面，

它的操作与第一个图标操作一致。

(3)第一相切曲线:该图标用于在第一组表面选取相切曲线。单击该图标,用户可在第一组表面上选取曲线作为相切曲线,使之成为倒圆面的边缘,即倒圆面沿指定的曲线与第一组表面相切。

(4)第二相切曲线:该图标用于选择第二组表面上的相切曲线,它的操作与上一个图标操作一致。

2. 光顺性

该选项用于控制软倒圆的截面形状。实际上,软倒圆可看成是由位于脊线法向平面上无穷多簇截面曲线组成的。该选项包含了两种方式:匹配切矢和曲率连续。

(1)匹配切矢:该方式使倒圆面与邻接的被选表面相切匹配,此时倒圆面截面形状是椭圆曲线。

(2)曲率连续:该方式使倒圆面与邻接的被选表面既采用相切匹配也采用曲率匹配。

3. 定义脊线

该选项用于定义软倒圆的脊线对象。单击该按钮,系统弹出选取对话框,用户可在绘图工作区中直接选取某曲线或实体边作为倒圆的脊线对象。

四、倒斜角

倒斜角也是工程中经常出现的倒角方式,是对实体边缘指定尺寸进行倒角。单击"插入"→"细节特征"→"倒斜角"命令后,弹出如图 5.57 所示"选择倒斜角方式"对话框。

图 5.57 "选择倒斜角方式"对话框

在对话框中首先选择一条边进行倒斜角操作,在"偏置"区域中设置"横截面"方式。在其下拉列表中系统提供了 3 种方式:对称、非对称、偏置和角度。

(1)对称:该选项设置倒斜角的两边为对称。在其下的"距离"文本框中输入倒斜角的连长。

(2)非对称:设置倒斜角的两边不一致时,该对话框变更为如图 5.58 所示。在"Ditance 1"和"距离 2"文本框中输入倒斜角的两个连长。

(3)偏置和角度:该选项设置倒斜角偏置距离与偏置角度,该对话框变更为如图 5.59 所示。在"距离"和"角度"文本框中输入一个偏置值和偏置角度来创建简单倒角。

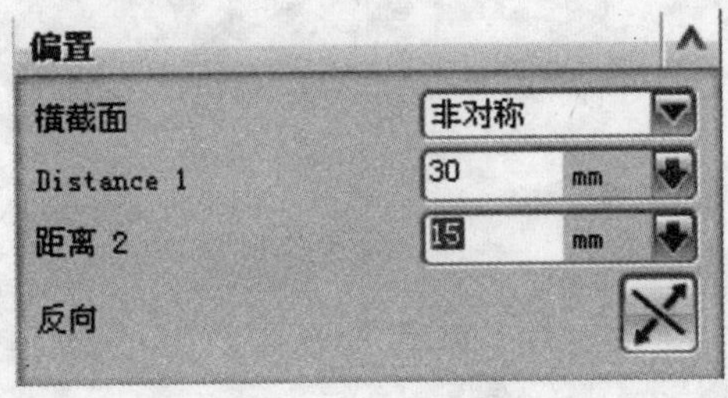

图 5.58 "非对称"参数设置对话框

图 5.59 "偏置和角度"参数设置对话框

五、抽壳

抽壳是指按照指定的厚度将实体模型抽空为腔体或在其四周创建壳体。可以指定个别不同的厚度到表面并移去个别表面。

单击“插入”→“偏置/缩放”→“抽壳”命令后，弹出如图 5.60 所示“壳单元”对话框。

图 5.60 “壳单元”对话框

对话框各项含义说明如下：

1. 类型

此区域用于选择进行抽壳操作的对象类型，其中包含两种类型。

(1)移除面，然后抽壳：该类型是将选定的实体表面按指定的厚度进行抽壳操作。举实例说明面类型抽壳创建，如图 5.61 所示。

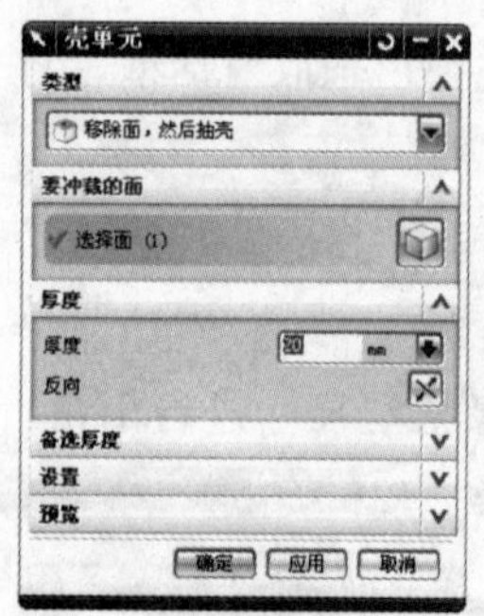

图 5.61 创建面类型抽壳

(2)抽壳所有面：该类型是按指定的壁厚对所选的实体对象进行抽壳操作。具体创建过程及参数设置如图 5.62 所示。

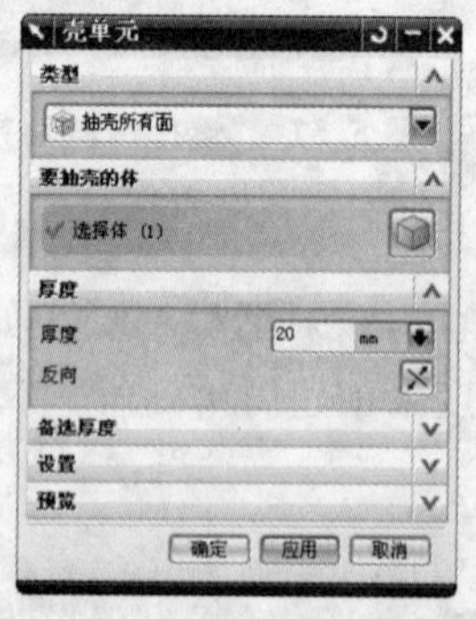

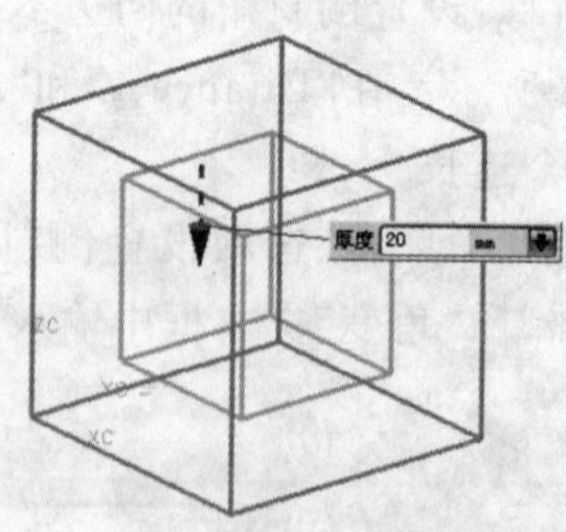

图 5.62 创建抽壳所有面

六、螺纹

螺纹是指对孔或圆柱体表面创建螺纹特征，可以创建符号螺纹和细节螺纹。螺纹在机械工程中使用广泛，主要起到连接或传递动力等功能。

单击“插入”→“设计特征”→“螺纹”，弹出如图 5.63 所示的“螺纹”对话框。

(1)螺纹类型

用于选择螺纹类型,其中包括 Symbolic 与 Detailed 两个选项。

• 符号螺纹:用于创建符号螺纹。符号螺纹指的是用虚线圆表示,而不显示螺纹实体,在工程图中用于表示螺纹和标注螺纹。这种螺纹生成的速度快,计算量小。

• 详细螺纹:用于创建详细螺纹。详细螺纹看起来更真实,可是由于螺纹几何形状的复杂性,计算量大,创建和更新的速度较慢。

(2)大径:用于设置螺纹大径,缺省值是根据所选择圆柱面直径和内外螺纹的形式螺纹参数得到的。

(3)小径:用于设置螺纹小径,缺省值是根据所选择圆柱面直径和内外螺纹的形式螺纹参数得到的。

(4)螺距:用于设置螺距,缺省值是根据所选择的圆柱面查螺纹参数表得到的。

(5)角度:用于设置螺纹牙型角,缺省值为螺纹的标准值 60。

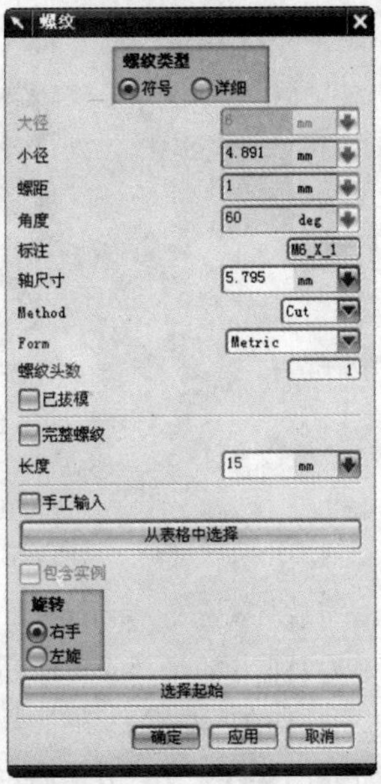

图 5.63 "螺纹"对话框

(6)标注:用于标记螺纹,缺省值根据选择的圆柱面查螺纹参数表得到。

(7)螺纹钻尺寸:用于设置外螺纹轴的尺寸或内螺纹的钻孔尺寸,查螺纹参数表得到。

(8)Method:用于指定螺纹的加工方法。包含 Cut(车螺纹)、Rolled(滚螺纹)、Ground(磨螺纹)和 Milled(铣螺纹)4 个选项。

(9)Form:用于指定螺纹的标准,包含 11 种标准。

(10)螺纹头数:用于设置创建单头或多头螺纹的头数。

(11)已拔模:用于设置螺纹是否为拔锥螺纹。

(12)完整螺纹:用于指定在整个圆柱上/攻螺纹。如果圆柱长度改变时,螺纹随着自动改变。

(13)手工输入:用于设置从键盘输入螺纹的基本参数。

(14)从表格中选择:打开新的"螺纹"对话框,提示用户通过从螺纹列表中选取合适的螺纹规格。

(15)包含实例:选择该选项,对阵列特征中的一个成员进行操作,则该阵列中的所有成员全部被/攻螺纹。

(16)长度:用于设置螺纹的长度,缺省值根据所选择的圆柱面查螺纹参数表得到。螺纹长度从起始面进行计算。

(17)旋转:用于指定螺纹的旋向,其中可供选择的有右旋螺纹与左旋螺纹两个选项。

(18)选择起始:用于指定一个实体平面或基准平面作为螺纹的起始位置。

下面通过对实体实例进行操作说明符号螺纹和详细螺纹的创建。

首先创建符号螺纹,在符号螺纹对话框中设置相关选项,选择实体,确定即可,如图 5.64 所示。

创建详细螺纹,在详细螺纹对话框中设置相关选项,选择实体,确定即可,如图 5.65 所示。

图 5.64 创建符号螺纹

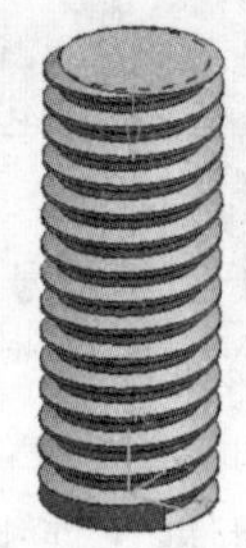

图 5.65 创建详细螺纹

七、缩放体

缩放体是按一定比例对实体进行放大或者缩小。单击"插入"→"偏置/缩放"→"缩放体"命令后，弹出如图 5.66 所示"放缩实体"对话框。缩放体包括 3 种类型：均匀、轴对称和常规。具体操作首先在对话框中选择比例缩放的类型，设置比例缩放的参数，按指定的步骤进行即可对实体或片体进行比例缩放。

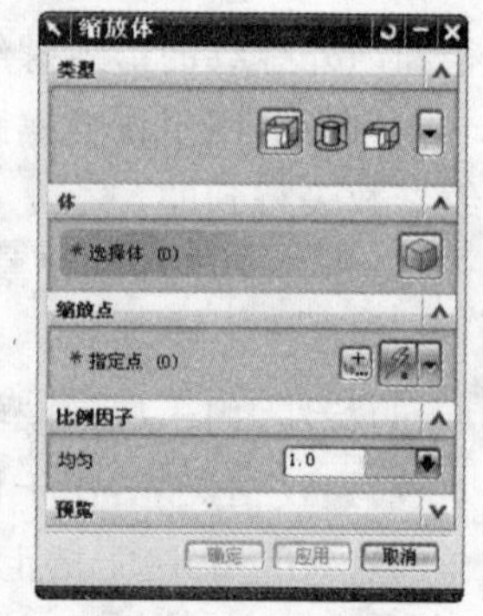

图 5.66 "放缩实体"对话框

(1)均匀：以指定的参考点作为缩放中心，用相同的比例沿 X、Y、Z 方向对实体或者片体进行放缩。

(2)轴对称：该类型是以指定的参考点作为缩放中心，在对称轴方向和其他方向采用不同的放缩因子对所选择的实体或片体进行放缩，如图 5.67 所示。

(3)常规：对实体或片体沿指定参考坐标系的 X、Y、Z 轴方向，以不同的比例因子进行放缩，如图 5.68 所示。

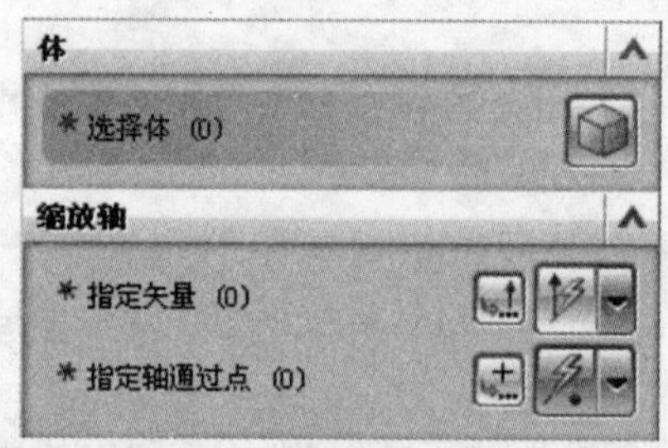

图 5.67 对称轴缩放

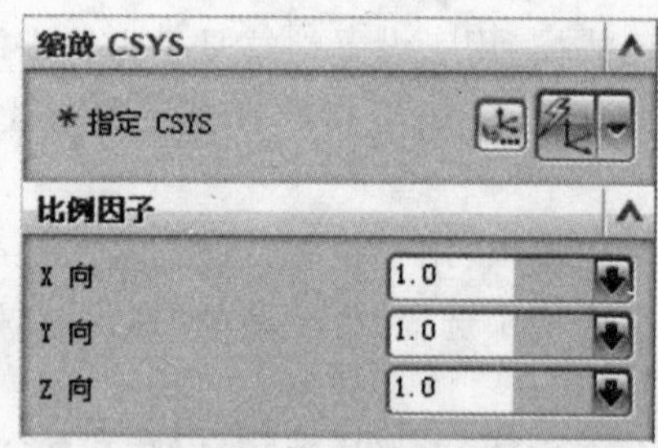

图 5.68 常规缩放

八、修剪体

修剪体用于使用一个平面或基准平面去切除一个或多个目标体。选择要保留的体的一部分，并且被修剪的体具有修剪几何体的形状。其中修剪的实体和用来修剪的基准面或平面相关，实体修剪后仍然是参数化实体，并保留实体创建时的所有参数。

单击"插入"→"修剪"→"修剪体"命令后，弹出如图 5.69 所示"修剪体"对话框。系统会进入特征修整功能，提示用户选取目标体和工具体。指定裁剪面后，系统会弹出修整方向提示对话框，同时在绘图工作区中显示实线箭头来表示修整的方向。

如图 5.70 所示，选择矩形(a)图为要裁剪的目标体，选择曲面为刀具体，(b)图为修剪结果。

图 5.69 “修剪体”对话框

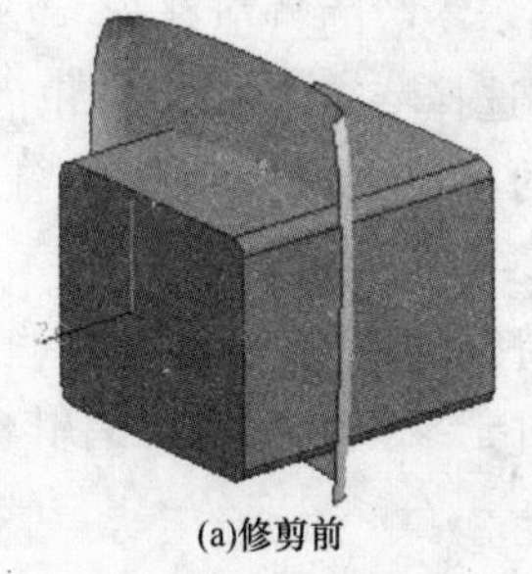
(a)修剪前

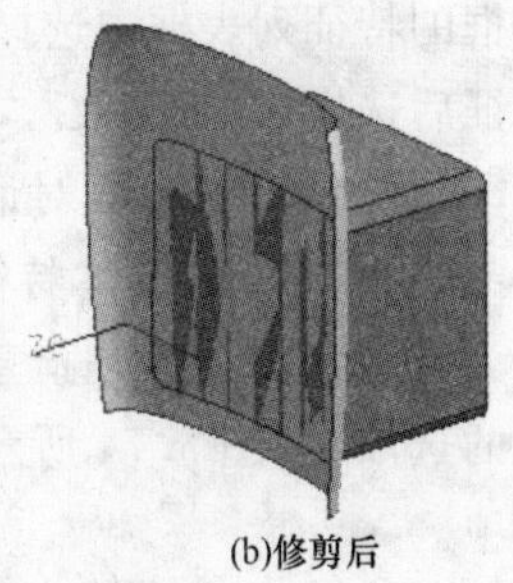
(b)修剪后

图 5.70 修剪体

九、拆分体

拆分操作是使用面、基准平面或其他几何体将一个或多个目标体分割成 2 个实体，同时保留两部分实体。拆分操作将删除实体原有的全部参数，得到的实体为非参数实体。拆分实体后实体中的参数全部移去，同时工程图中剖视图中的信息也会丢失，因此应谨慎使用。

单击“插入”→“修剪”→“拆分体”命令后，弹出如图 5.71 所示“拆分体”对话框。选择目标体，然后选择分割面，其操作与修剪实体修剪面的选择相类似，确定分割面后，便可完成分割实体的操作。图 5.72 所示即是选取 YC、ZC 平面作为拆分平面所创建的拆分体特征。

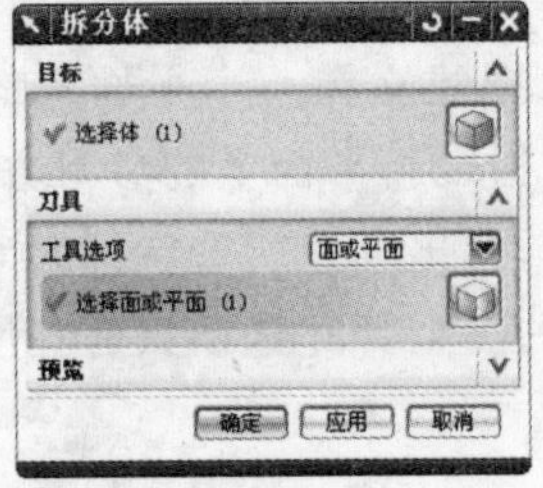

图 5.71 “拆分体”对话框

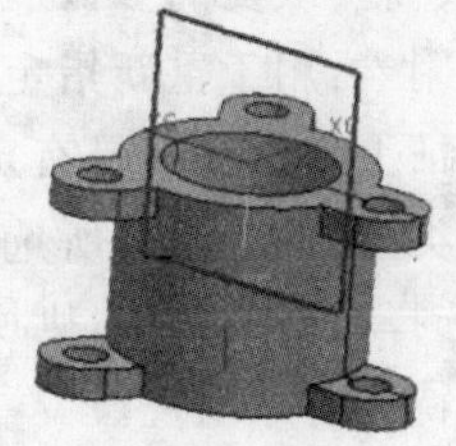

图 5.72 拆分实体示例

任务五 特征的编辑

特征的编辑是对前面通过实体造型创建的实体特征进行各种操作，包括编辑特征参数、编辑定位尺寸、移动特征、特征重新排序、删除特征、抑制特征、解除抑制特征、表达式抑制、移去特征参数、延时更新、更新特征和实体重置等。

一、编辑特征参数

编辑特征参数是对特征存在的参数按需要进行修改。编辑特征参数包含编辑一般实体特征参数、编辑扫描特征参数、编辑阵列特征参数、编辑倒斜角特征参数和编辑其他参数 5 类情况。

单击“编辑特征”工具栏上的“编辑参数”命令后，弹出如图 5.73 所示的“编辑参数”对话框。

用户可以通过3种方式编辑特征参数:可以在视图区双击要编辑参数的特征,也可以在该对话框的特征列表框中选择要编辑参数的特征名称;或者在部件导航器上用鼠标右键单击相应的特征后选择“编辑参数”。随着选择特征的不同,弹出的“编辑参数”对话框形式也有所不同。

根据编辑各特征对话框的相似性,现将编辑特征参数分成4类情况进行介绍。

1. 编辑一般实体特征参数

一般实体特征是指基本特征、成形特征与用户自定义特征等。它们的“编辑参数”对话框中的选项,如图5.74所示。对于某些特征,其“编辑参数”对话框可能只有其中的1个或2个选项。

图5.73 “编辑参数”对话框

图5.74 “编辑参数”对话框

• 特征对话框:用于编辑特征的存在参数。单击该按钮,弹出创建所选特征时对应的参数对话框,修改需要改变的参数值即可。

• 重新附着:用于重新指定所选特征附着平面。可以把建立在一个平面上的特征重新附着到新的特征上去。已经具有定位尺寸的特征,需要重新指定新平面上的参考方向和参考边。

• 更改类型:用于改变所选特征的类型。单击该按钮,弹出创建所选特征时对应的特征类型对话框,选择需要的类型,则所选特征的类型更改为新的类型。此选项只有在所选特征为孔或槽等成形特征时才出现。

2. 编辑扫描特征参数

扫描特征包括拉伸特征、回转特征、沿导线扫掠和管道特征。这些特征既可通过修改与扫描特征关系的曲线、草图、面和边来编辑,也可以通过修改这些特征的特征参数来编辑。编辑这些特征时,大部分的编辑参数对话框类似,如图5.75所示。

该对话框根据所选特征的不同显示不同的选项,对于某些特征,其编辑参数对话框可能只有其中的几项。

特征参数:用于编辑所选特征的参数。单击该按钮,弹出“参数特征”对话框。该对话框类似于创建该特征时的参数对话框。在对话框中修改相应的特征参数即可。则所选特征将按新指定的参数进行修改。

编辑曲线:用于编辑与扫描特征相关联的曲线,如截面曲线和引导线等。

编辑定义线串:用于重新定义扫描特征中的截面曲线和引导线。重新定义曲线时,可将某些曲线或边,添加到扫描特征的截面曲线或引导线中,也可从扫描特征的截面曲线和引导线中移去一些曲线或边。

3. 编辑阵列特征参数

当所选特征为阵列特征时,其编辑参数对话框如图5.76所示。

• 特征对话框：用于编辑阵列特征中目标特征的相关参数。单击该按钮，弹出创建目标特征时的参数对话框，用户可以修改目标特征的特征参数值。修改参数后，阵列特征中的目标特征和所有成员均会按指定的参数进行修改。

• 实例阵列对话框：用于编辑阵列的创建方式、成员的数目与成员间的间距。

• 更改类型：和上面介绍的"更改类型"含义相同。

4. 编辑其他特征参数

这种编辑特征参数中的特征包括拔模、抽壳、倒角、边倒圆等特征。其编辑参数对话框就是创建对应特征时的对话框，只是有些选项和按钮是灰显的。其编辑方法与创建时的方法相同。

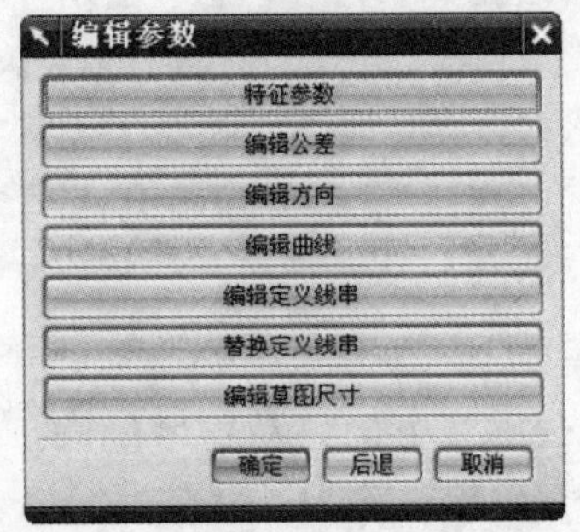

图 5.75 "编辑参数"对话框

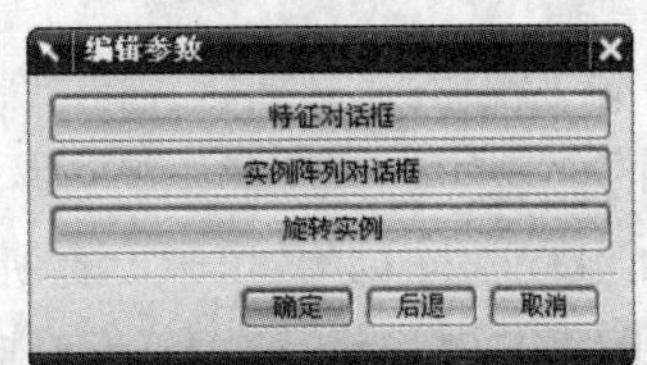

图 5.76 "编辑参数"对话框

二、编辑位置

编辑位置可以通过编辑定位尺寸值来移动特征，也可以将创建特征时没有指定定位尺寸或定位尺寸不全的特征添加定位尺寸，此外，还可以直接删除定位尺寸。

单击"编辑"→"特征"中的"编辑位置"命令后，系统将会弹出如图 5.77 所示的"编辑位置"列表框。可以直接选择特征或者在特征列表框中选择需要编辑位置的特征。选择完毕确定后，弹出如图 5.78 所示"编辑位置"对话框。

该对话框中各选项的含义如下：

(1)添加尺寸：该方式可在所选择的特征和相关实体时用于为所选特征增加定位尺寸。

(2)编辑尺寸值：用于编辑所选特征的定位尺寸数值。

(3)删除尺寸：用于删除所选特征指定的定位尺寸。

图 5.77 "编辑位置"列表框

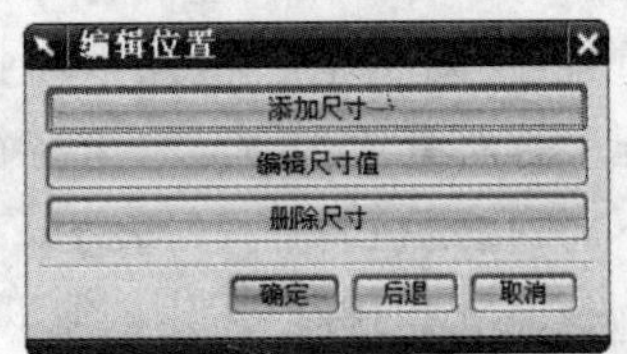

图 5.78 "编辑位置"对话框

三、移动特征

移动特征是将无关联特征移动到特定的位置。单击“编辑”→“特征”→“移动”命令后，弹出如图 5.79“选择移动特征”对话框。可以直接选择特征或者在特征列表框中选择需要移动位置的无关联特征，选择特征后，单击“确定”，弹出如图 5.80 所示“移动特征”对话框。

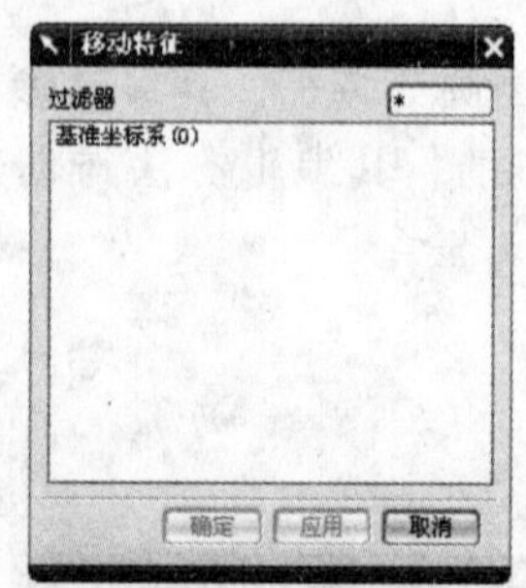

图 5.79 “选择移动特征”对话框

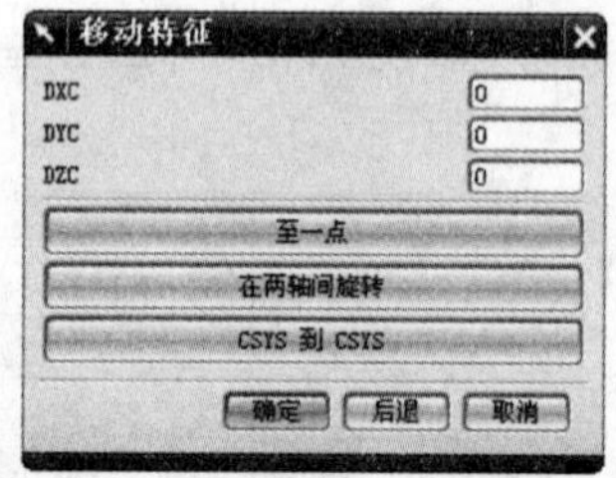

图 5.80 “选择移动特征”对话框

(1)DXC、DYC 与 DZC:用于设置所选特征的沿 X、Y、Z 方向移动的增量值。当输入正值时向坐标轴的正方向移动，输入负值时向坐标轴的负方向移动。

(2)至一点:用于将所选特征从原位置移动到目标点所确定的方向与距离，选择该选项，弹出“点构造器”对话框，首先指定参考点的位置，再指定目标点的位置，即可完成移动。

(3)在两轴间旋转:用于将所选实体以一定角度绕指定点从参考轴旋转到目标轴，选择该选项，弹出“点构造器”对话框。指定一点后，接着弹出“矢量构造器”对话框，构造一矢量作为参考轴，再构造另一矢量作为目标轴即可。

(4)CSYS 到 CSYS:用于将所选特征从参考坐标系中的相对位置转到目标坐标系中的同一位置。选择该选项，弹出“坐标系构造器”对话框，构造一坐标系作为参考坐标系，再构造另一坐标系作为目标坐标系即可。

四、特征重排序

特征在生成过程中是按照一定顺序进行的，系统自动按照生成顺序在特征名后进行编号，这个编号称为时间标记。但有时候，造型过程中需要调整特征的生成顺序，此时就可以利用特征重排序操作功能，来对特征进行重新排序。如果某特征有相关的子特征，则操作后其子特征也被重新排序。

单击“编辑”→“特征”→“重排序”命令后，弹出如图 5.81 所示“特征重排序”对话框。特征重新排序时，首先在“参考特征”列表框中选择一个特征，作为特征重新排序的基准特征，此时在下部“重定位特征”列表框，系统会列出可按当前的排序方式调整顺序的特征。用户再设置“选择方法”选项，然后从“重定位特征”列表框中选择一个要重新排序的特征，系统会将所选特征重新排到基准特征之前或之后。

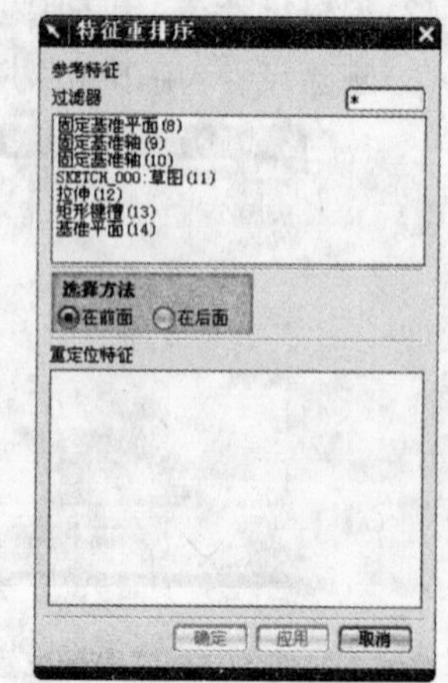

图 5.81 “特征重排序”对话框

五、替换特征

替换特征是将模型的一个特征更换为另一个特征，模型的其他相关特征也随之更新，也可以将实体特征从一个对象替换到另一个实体对象。

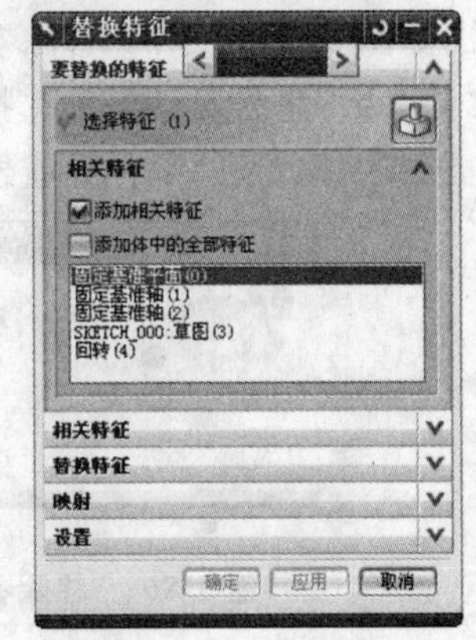

图 5.82　“替换特征”对话框

单击“编辑”→“特征”→“抑制”命令后，弹出如图 5.82 所示“替换特征”对话框。

此命令的功能是允许用户修改基本模型而不影响其相关性。它可以取代实体、基准面，并可将实体的特征从一个实体对象应用至另一个实体对象。

六、抑制/取消抑制

抑制特征是将选择的特征暂时隐去不显示出来，在实体很多的复杂造型中十分重要。单击“编辑”→“特征”→“抑制”命令后，弹出类似图 5.83 的“抑制特征”对话框。操作与删除特征相类似。不同之处在于已抑制的特征，不在实体中显示，也不在工程图中显示，但其数据仍然存在，可通过解除抑制恢复。

解除抑制特征是与抑制特征相反的操作。单击“编辑”→“特征”→“取消抑制”命令后，弹出类似图 5.84 取消“抑制特征”对话框。当要对已抑制的特征解除抑制时，选择需要解除抑制的特征名称，则所选特征显示在已选特征列表框中，确定后则所选特征重新显示。

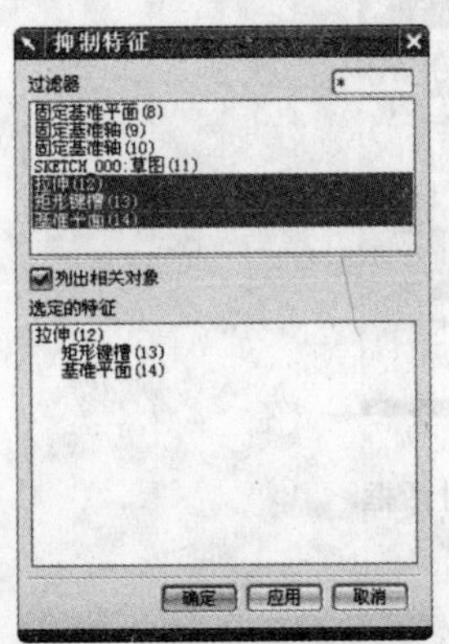

图 5.83　“抑制特征”对话框

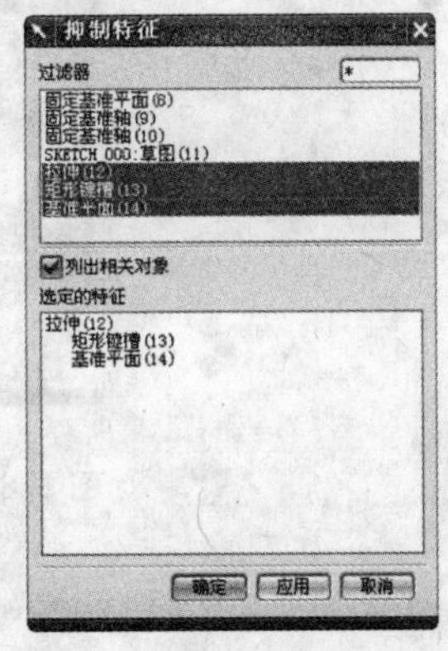

图 5.84　取消“抑制特征”对话框

七、由表达式抑制

表达式抑制通过使用表达式，将其值设置为 0 或者 1 来控制特征的抑制状态。单击“编辑”→“特征”→“由表达式抑制”，弹出如图 5.85 所示“由表达式抑制”对话框。抑制表达式时，首先指定抑制表达式的创建方式，再选择需要建立抑制表达式的特征。

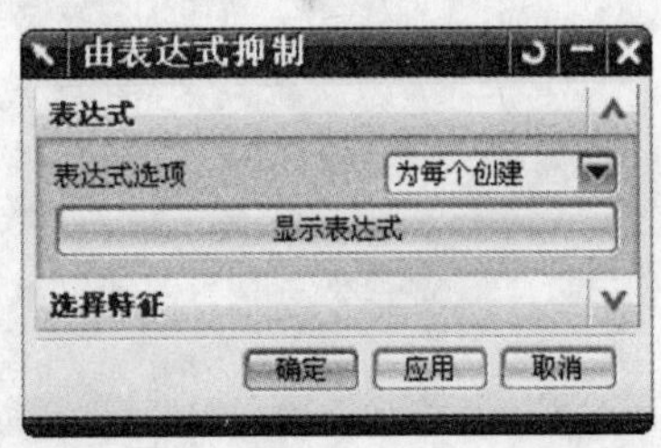

图 5.85　“由表达式抑制”对话框

八、移除参数

移去特征参数用于移去特征的一个或者所有参数。单击“编辑”→“特征”→“移除参数”,弹出如图 5.86 所示的“移除参数”对话框,选择要移除参数的对象,确定后弹出如图 5.87 所示“移除参数”警告对话框。选择要删除参数的对象,单击“是”按钮后,所选择的对象的特征参数将被删除,同时在“部件导航器”上将显示非参数化的特征。

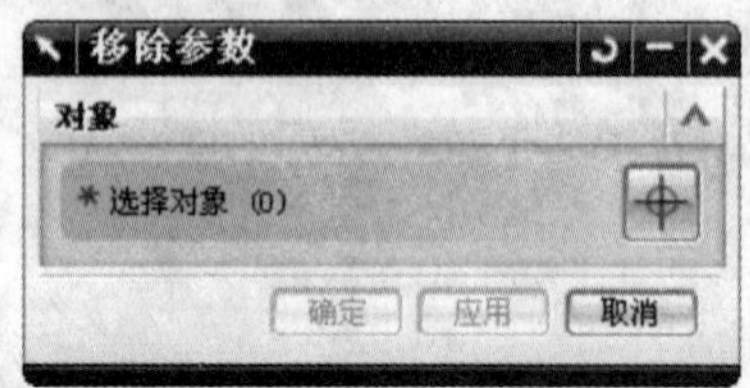

图 5.86 “移除参数”对话框

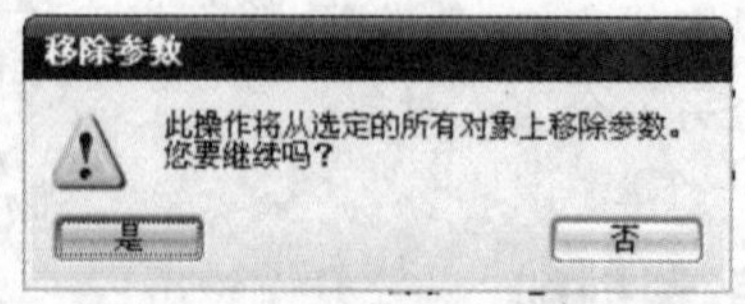

图 5.87 “移除参数”警告对话框

九、实体密度

实体密度用于改变实体的密度值或密度单位。单击“编辑”→“特征”→“指派实体密度”,弹出如图 5.88 所示的“指派实体密度”对话框。

先输入要更改的实体密度值,如果要改变单位,再单击“单位”按钮,从弹出的对话框中选择要改变的单位并单击“确定”按钮,最后选择要改变的实体或体。

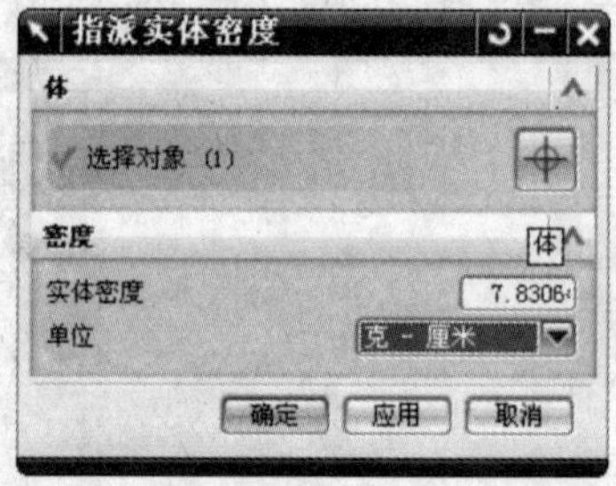

图 5.88 “指派实体密度”对话框

项目六　工程图功能

任务一　工程图概述

UG NX 6.0 制图模块可以把由“建模”应用模块创建的特征模型生成二维工程图。创建的工程图中的视图与模型完全关联，即对模型所做的任何更改都会引起二维工程图的相应更新。此关联性使用户可以根据需要对模型进行多次更改，从而极大地提高设计效率。

当完成二维模型的设计后，在 UG NX 6.0 的基本操作界面中单击“开始”按钮，然后从打开的如图 6.1 所示的菜单中选择“制图”命令，便可以快速进入“制图”功能模式，此时弹出如图 6.2 所示的“工作表”对话框。

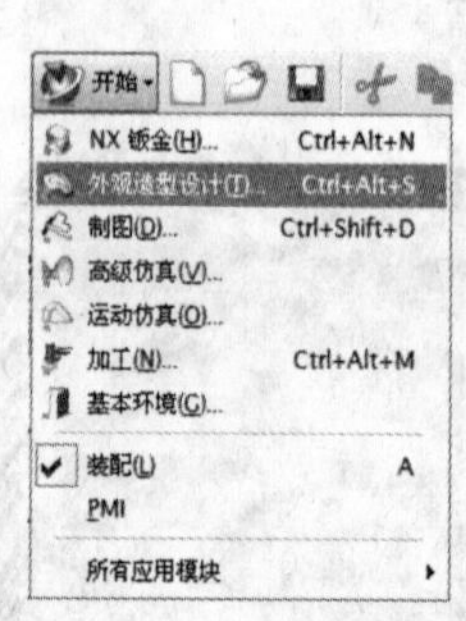

图 6.1　选择“制图”命令

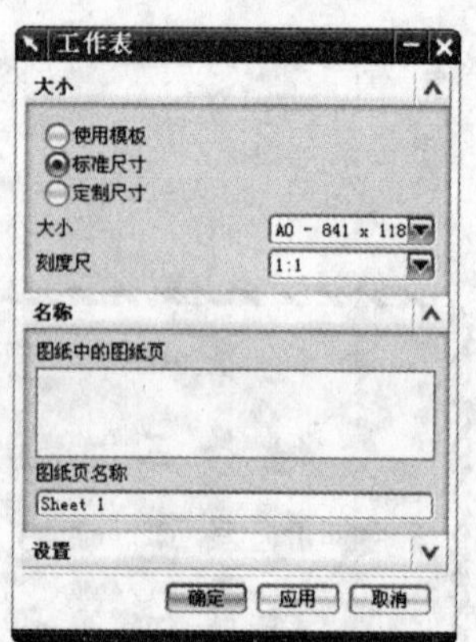

图 6.2　“工作表”对话框

1. 大小

在“大小”选项组的上部提供了 3 种构造图纸的类型，针对不同的类型窗口也会有所不同，这里不再详细介绍。“大小”选项用于指定图样的尺寸规格。确定图纸规格可直接在“大小”下拉列表框中选择与实体模型相适应的图纸规格。图纸规格随所选工程图单位的不同而不同，如果选择了毫米单位，则为公制规格。如果选择了英制单位，则为英制规格。

2. 比例

该选项用于设置工程图中各类视图的比例大小，系统默认的设置比例是 1∶1。

3. 名称

该列表框中列出了当前部件中的工程图名。

4. 图纸页名称

该文本框用于输入新建工程图的名称，系统会自动排号为 Sheet1、Sheet2、Sheet3 等。用户也可以自己指定相应的名称。

5. 投影

该选项用于设置视图的投影角度和方式。系统提供的投影角度有两种：第一象限角投影和第三象限角投影。

按我国的制图标准，一般应选择第一象限角投影的方式和毫米公制选项。

任务二　工程图参数的设置

当用户进入工程图模块时，进行工程图操作之前，应该查看系统关于工程图功能参数的一些设置是否满足设计要求，可以根据实际要求，对相关的功能图参数进行修改和编辑。在本节中，主要介绍工程制图参数预设置等相关的知识。

“制图首选项”工具栏如图 6.3 所示，包括了一些关于工程图的参数设置菜单命令，下面具体介绍各命令。

图 6.3 “制图首选项”工具栏

一、制图首选项设置

在制图模式下，可以设置默认的工作流程、图纸设置和制图应用模块的其他特性。其方法是从菜单栏的“首选项”菜单中选择“制图”命令，打开如图 6.4 所示的“制图首选项”工具栏。下面简单介绍下各选项。

• 常规：用来指定版次控制、图纸工作流程和图纸设置。其中，图纸工作流程的设置内容包括自动启动插入图纸页命令、自动启动基本视图命令和自动启动投影视图命令。

• 预览：用于设置视图预览样式为边界、线框、隐藏线框着色，同时可以设置是否启用光标跟踪等。

• 视图：用于设置更新、边界、显示已抽取边的面、加载组件、视觉和渲染集的一些内容。

• 注释：用于设置是否保留注释，以及定制保留的注释的颜色、线型等特性。

二、视图首选项

用于控制与视图有关的显示特性。单击“制图首选项”工具栏上的“视图首选项”按钮，系统将弹出如图 6.5 所示的“视图首选项”对话框。

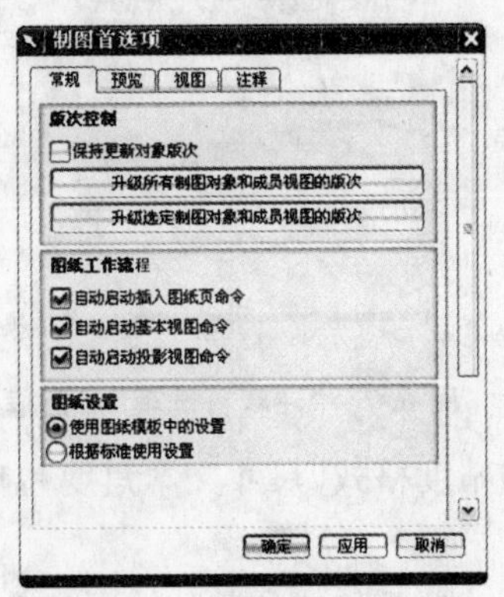

图 6.4 “制图首选项”工具栏

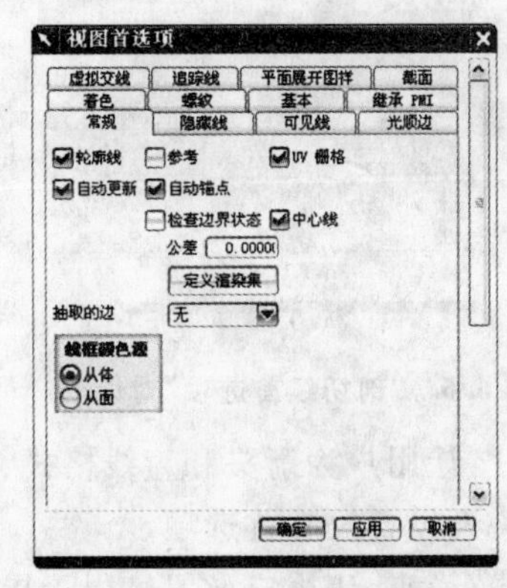

图 6.5 “视图首选项”对话框

• 常规：用于设置视图的最大轮廓线、参考、UV 栅格等细节选项。

• 隐藏线：用于在视图中设置隐藏线所显示的方法。其中的选项可以控制隐藏线的显示类别、显示线型、粗细等。

• 可见线：用于设置可见线的颜色、线型和粗细。

• 光顺边：用于设置光顺边是否显示以及光顺边显示的颜色、线型和粗细。还可以设置光顺边距离边缘的距离。

• 虚拟交线：用于设置虚拟交线是否显示以及虚拟交线显示的颜色、线型和粗细。还可以设置虚拟交线距离边缘的距离。

• 截面:用于设置阴影线的显示类别,包括背景、剖面线、断面线等。

• 螺纹:用于设置螺纹表示的标准。

• 基本:用于设置视图是否小平面表示、是否继承剪切边界。

• 详细:用于设置视图是否显示圆周边界。

• 继承 PMT:用于设置视图是否继承制图平面中的形位公差。

三、剖切线首选项

单击“制图首选项”工具栏上“剖切线首选项”按钮,系统将弹出如图 6.6 所示的“剖切线首选项”对话框。该对话框用于设置剖切线的详细参数,参考对话框中的图例,可以了解如何设置相应的参数。

四、注释预设置

用于尺寸标注相应的参数的设置。单击“制图首选项”工具栏上“注释首选项”按钮,将会弹出如图 6.7 所示的“注释首选项”对话框。各选项含义如下:

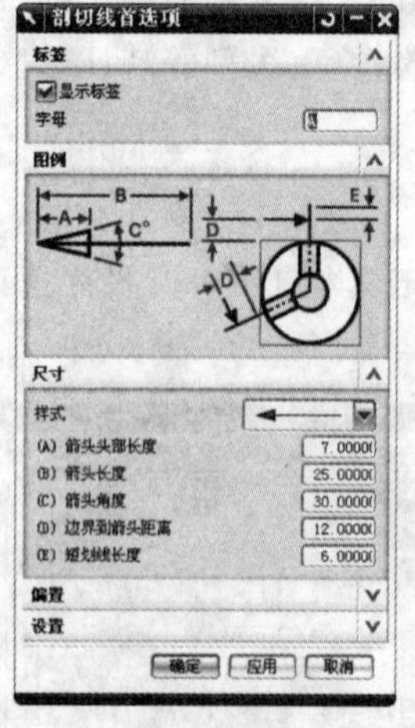

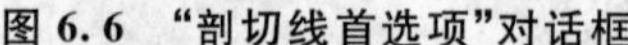
图 6.6 “剖切线首选项”对话框

图 6.7 “注释首选项”对话框

• 尺寸:让用户为箭头和直线格式、放置类型、公差和精度格式、尺寸文本角度和延伸线部分的尺寸关系设置尺寸首选项。

• 直线/箭头:让用户设置应用于指引线、箭头以及尺寸的延伸线和其他注释的首选项。

• 文字:让用户设置应用于尺寸、附加文本、公差和一般文本(注释、ID 符号等)的文字的首选项。

• 符号:让用户设置应用于“标识”、“用户定义”、“中心线”、“相交”、“目标”和“形位公差”符号的首选项。

• 单位:让用户为剖面线和区域填充设置首选项。

• 径向:让用户设置直径和半径尺寸值显示的首选项。

• 坐标:让用户设置坐标系选项和折线选项的首选项。

• 填充/剖面线:让用户为剖面线和区域填充设置首选项。

• 部件明细表:让用户为零件明细表设置首选项,以便为现有的零件明细表对象设置型式。

• 剖面：让用户为表区域设置首选项。表(零件明细表和表格注释)由一个一个的行集合组成。

• 单元格：让用户设置所选单元的型式。

• 适合方法：让用户为单元设置适合的方法样式。该选项参数众多，根据设计标准进行选择。

五、视图标签首选项

单击“制图首选项”工具栏上“视图标签首选项”按钮，弹出如图 6.8 所示的“视图标签首选项”对话框。该对话框用于在生成视图的时候，指定视图的标记和比例，包括位置、格式、文本大小、文本内容等。

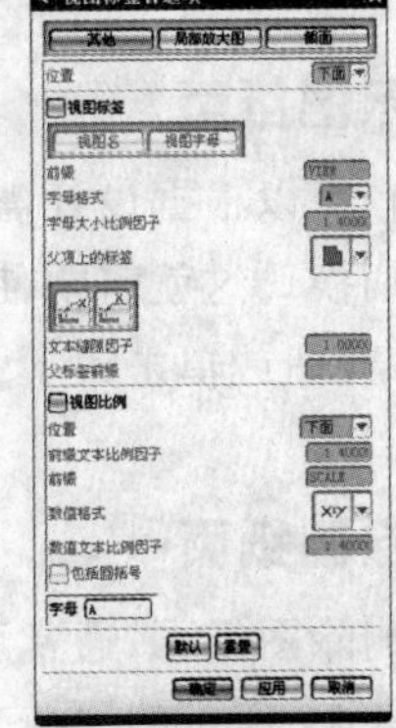

图 6.8 “视图标签首选项”对话框

任务三 工程图管理

为了描述方便，将“新建图纸页”、“打开图纸页”、“显示图纸页”、“删除图纸页”和“编辑图纸页”等操作归纳在工程图的基本管理操作范畴内。

一、新建图纸页

在如图 6.9 所示的“图纸”工具栏中单击“新建图纸页”按钮，或者在菜单栏的“插入”菜单中选择“图纸面”命令，打开如图 6.10 所示的“工作表”对话框。该对话框提供了 3 种方式来创建新图纸页。

图 6.9 “图纸”工具栏

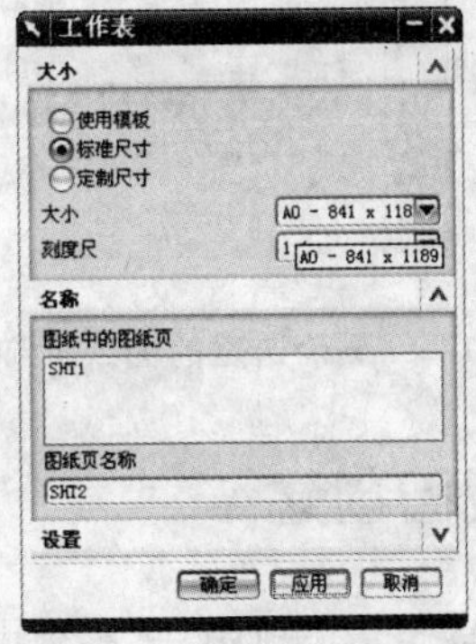

图 6.10 “工作表”对话框

二、打开图纸页

创建好图纸页后，在某些时候打开现有的图纸页来编辑定义图纸，这时候便可以在“图纸”工具栏中单击“打开图纸页”按钮，系统弹出如图 6.11 所示的“打开图纸页”对话框。

此时系统提示用户输入要打开的图纸页名称。默认时“过滤器”文本框中使用“＊”模糊过滤，图纸页列表框则显示在该过滤器条件下找到的图纸页。用户可以从图纸页列表框中选择要打开的图纸页名称，也可以直接在“图纸页名称”文本框中输入要打开的图纸页名称，然后单击“应用”按钮即可打开该图纸页。

图 6.11 “打开图纸页”对话框

三、显示图纸页

用户可以根据设计需要，在建模视图显示和图纸页显示之间切换。这就需要使用位于“图纸”工作栏中的“显示图纸页”按钮或单击菜单命令“视图”→“显示图纸页”。

四、删除图纸页

要删除图纸页，通常可以在导航器中查找到要删除的图纸页标识，右击该图纸页标识，弹出如图 6.12 所示的快捷菜单，从该快捷菜单中选择“删除”命令。

五、编辑图纸页

编辑活动图纸页的名称、大小、比例、测量单位和投影角等属性，其方法是在菜单栏“编辑”菜单中选择“图纸页”命令，打开如图 6.13 所示的“工作表”对话框，在该对话框中进行相应修改设置即可。

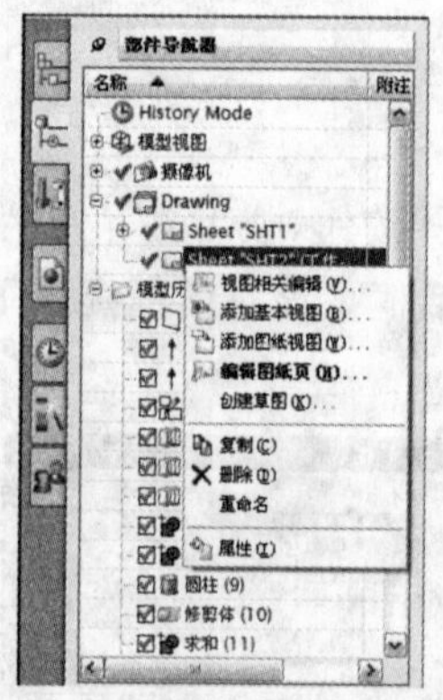

图 6.12 “删除选定的图纸页”对话框

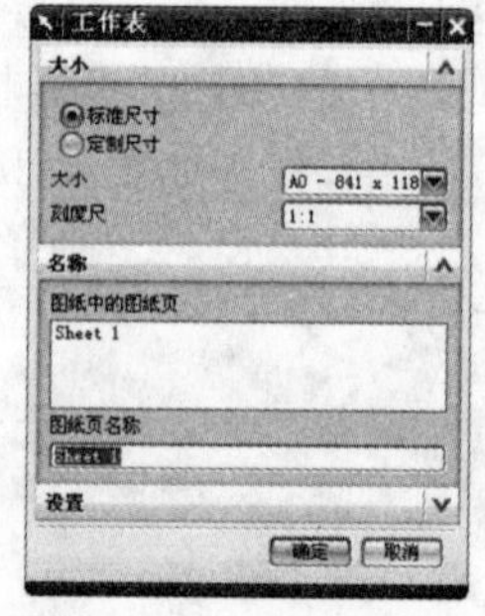

图 6.13 “工作表”对话框

任务四 视图创建

视图创建包括基本视图、投影视图、局部放大图、剖视图等，其操作可以通过菜单“插入”→“视图”下的下拉菜单选择相应的命令或通过单击“图纸”工具栏上的图标按钮来实现。图 6.14 所示的为“图纸”工具栏。

图 6.14 “图纸”工具栏

一、基本视图

基本视图是零件向基本投影面投影所得的图形。它包括零件模型的主视图、后视图、俯视图、仰视图、左视图、右视图、等轴测图等。

通过菜单“插入”→“视图”→“基本视图”或单击“图纸”工具栏上的“基本视图”按钮,系统就会弹出如图 6.15 所示的“基本视图”参数对话框。该对话框的主要选项的含义和功能介绍如下所示:

• 部件:该选项用于选择需要建立工程图的部件模型文件。

• 放置:该选项用于选择基本视图的放置方法。

• 模型视图:该选项用于选择添加基本视图的种类。

• 刻度尺:该选项用于选择添加基本视图的比例。

• 视图样式:该选项用于编辑基本视图的样式。在弹出的对话框中可以对基本视图中的隐藏线段、可见线段、追踪线段、螺纹、透视等样式进行详细设置。

二、投影视图

使用“投影视图”功能可对任意图纸视图创建投影正交或辅助视图。一般在创建基本视图后,以基本视图为准,按照指定的投影通道来建立相应的投影视图。

通过菜单“插入”→“视图”→“投影视图”或单击“图纸”工具栏上的“投影视图”按钮,系统弹出如图 6.16 所示的对话框。

图 6.15 “基本视图”对话框

图 6.16 “投影视图”对话框

利用该对话框,可以对投放视图的放置位置、放置方法以及反转视图方向等进行设置。该对话框中的选项和其操作步骤与建立基本视图相类似,这里不再赘述。

投影视图的创建实例,如图 6.17 所示。

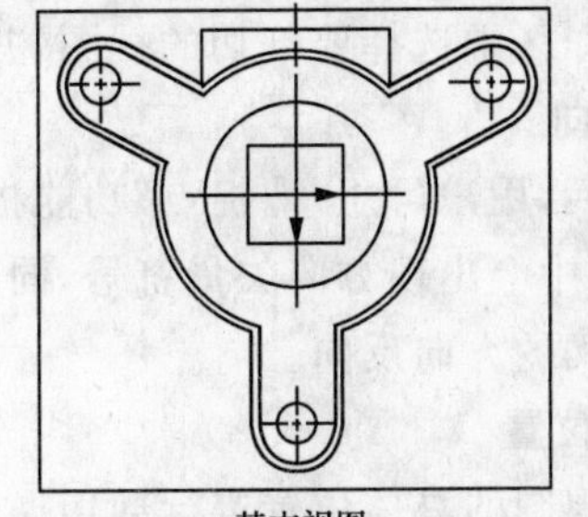
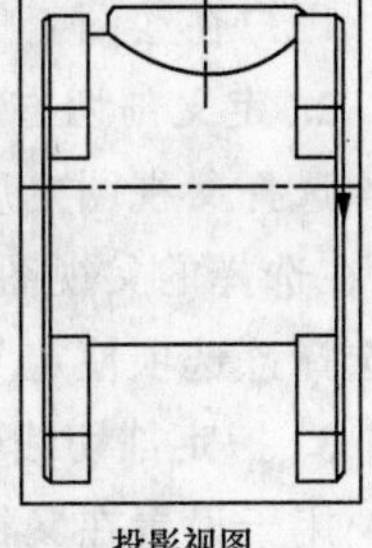

基本视图　　投影视图

图 6.17 “投影视图”创建实例

三、局部放大图

局部放大图在实际的工程图设计中时常应用到,通过局部放大图来表达图样的细节结构特征,如键槽、退刀槽、越程槽等。

通过菜单“插入”→“视图”→“局部放大图”或单击“图纸”工具栏上的“局部放大图”按钮，系统弹出如图 6.18 所示的对话框。

下面介绍下该对话框的主要选项。

类型：该下拉列表中提供了有“圆形”、“按拐角绘制矩形”和“按中心和拐角绘制矩形”3 个选项，用于定义局部放大图的边界形状。

刻度尺：在该下拉列表中选择所需的一个比例值，或者从中选择“比率”选项或“表达式”选项来定义比例。

父项上的标签：该下拉列表中提供了“无”、“圆”、“注释”、“标签”、“内嵌的”或“边界”选项来定义父项上的标签。

局部放大图的创建实例，如图 6.19 所示。

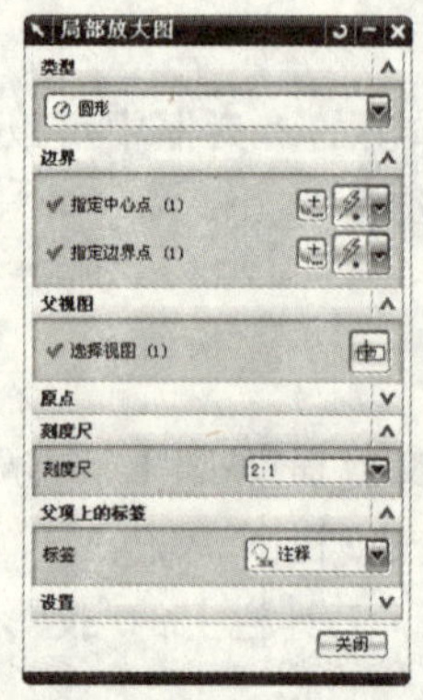

图 6.18 “局部放大图”对话框

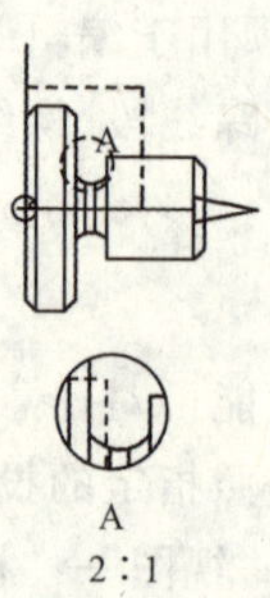

图 6.19 “局部放大图”创建实例

四、剖视图

通过菜单“插入”→“视图”→“剖视图”或单击“图纸”工具栏上的“剖视图”命令后，系统弹出如图 6.20(a)所示的对话框。选择父视图后，弹出“剖视图”对话框，如图 6.20(b)所示。下面介绍一下生成简单剖视图操作步骤的方法。

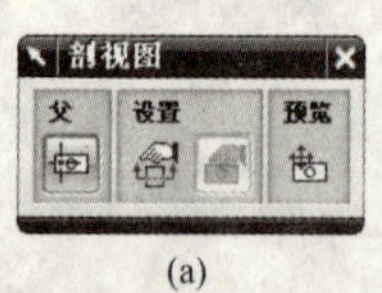

(a)

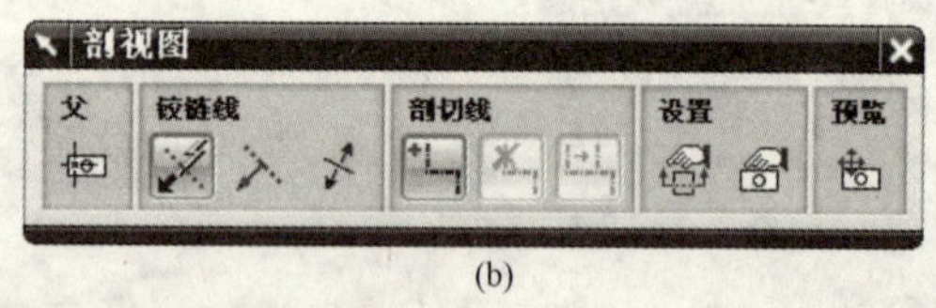

(b)

图 6.20 “剖视图”对话框

1. 选择父视图

用户在绘图工作区中选择要剖切的视图，并设置视图的相关查看参数。

2. 定义剖切方向

选择父视图之后，用户可用“捕捉点”功能指定切割位置，再指定截面视图中心。指定方向后，在选择的父视图中会出现方向矢量符号，同时“反项”选项激活，如果指定的方向不合要求，可选择该选项使定义的方向反向。

3. 指定剖切线位置

用于设置在父视图的具体位置进行剖切操作，用户可以根据需要直接利用光标在父视图中选取剖切位置。系统则会在该位置按照已设置的剖切方向来创建剖切平面。

4. 放置剖视图

完成以上操作后，利用光标，将剖视图的预显示边框拖动到工程图样的合适位置上。

简单剖视图的创建实例，如图 6.21 所示。

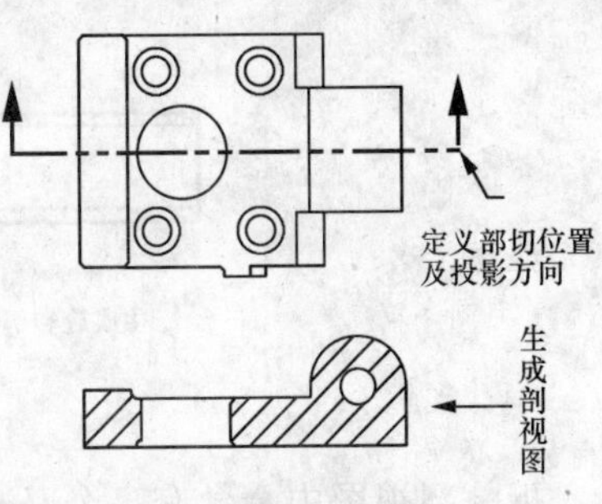

图 6.21 生成简单剖视图

5. 半剖视图

单击“插入”→“视图”中的“半剖视图”命令后，系统弹出如图 6.20(a)所示的对话框。选择父视图后，弹出“半剖视图”对话框，如图 6.22 所示。

上面所述的工具栏中的图标和“剖视图”工具栏上的图标按钮用法完全相同。

用户先在工程图样中选择要剖切的父视图，再定义剖切方向、指定剖切位置和弯折位置，最后将其放置到工作图纸的合适位置即可完成操作。其生成过程如图 6.23 所示。

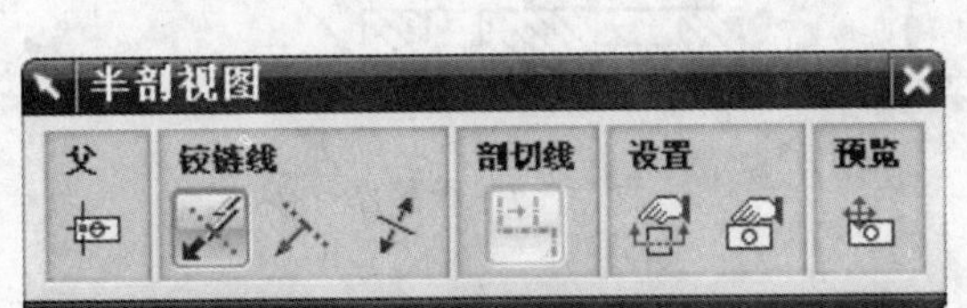

图 6.22 “半剖视图”对话框

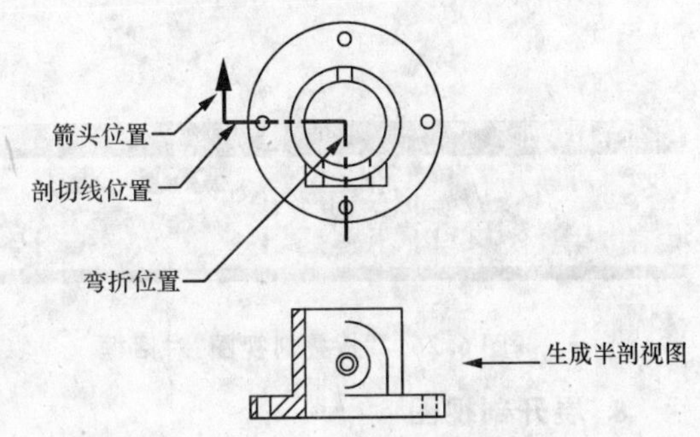

图 6.23 生成半剖视图

6. 旋转剖视图

用几个相交的剖切面(交线垂直于某一基本投影面)剖开机件，以表达具有回转轴机件的内部形状，这种剖切方法称为旋转剖视图。

单击“插入”→“视图”中的“旋转剖视图”命令后，系统弹出如前文图 6.20(a)所示的对话框。选择父视图后，弹出“旋转剖视图”对话框，如图 6.24 所示。

图 6.24 “旋转剖视图”对话框

旋转剖视图的产生方法与剖视图类似，只是在指定剖切位置前需要先指定旋转点。用户在绘图工作区中选择要剖切的父视图后，再在父视图上设置旋转中心点的位置，接着设置两个剖切段(包括剖切方向和剖切位置)，最后用鼠标拖动剖视图边框到理想位置完成操作。图 6.25 所示的就是生成一个旋转剖视图的示例。

7. 折叠剖视图

单击“插入”→“视图”中的“折叠剖视图”命令后，系统弹出如前文图 6.20(a)所示的对话框。选择父视图后，弹出“折叠剖视图”对话框，如图 6.26 所示。

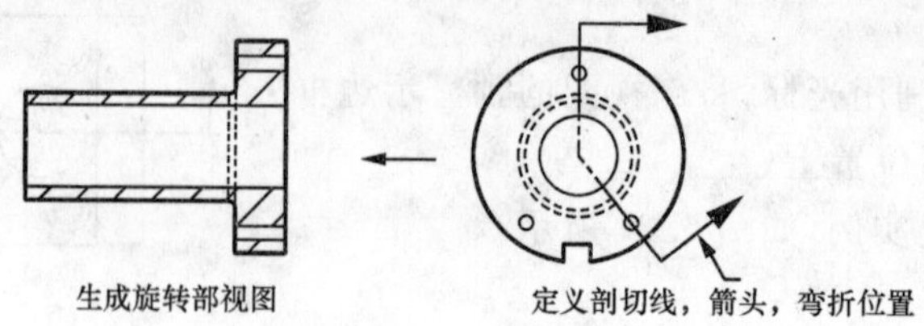

图 6.25　生成旋转剖视图

折叠剖视图中会含有多个互相平行的剖切段，剖切段之间由弯折段连接。该功能常用于生成多个平行截面上的零件剖切结构。折叠剖视图的操作步骤与半剖视图的操作步骤基本上相同，不同点是在定义剖切位置时，可以定义多个剖切位置和弯折位置。

折叠视图的生成过程如图 6.27 所示。

图 6.26　“折叠剖视图”对话框

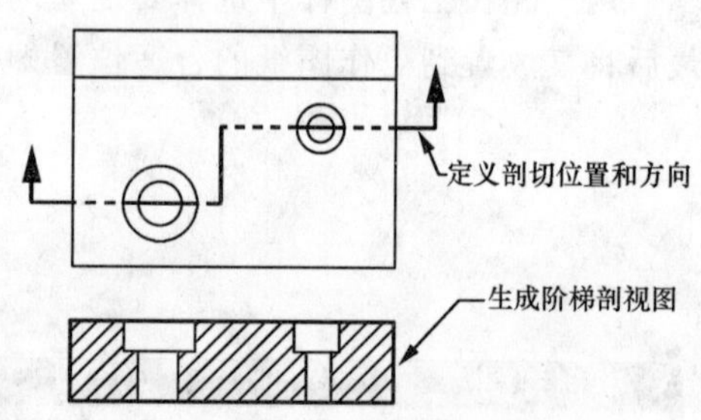

图 6.27　生成阶梯剖视图

8. 展开剖视图

单击“插入”→“视图”中的“展开的点到点剖视图”命令后，系统弹出如前文图 6.20(a)所示的对话框。选择父视图后，弹出“展开的点到点剖视图”对话框，如图 6.28(a)所示。利用该方式，可以在所选视图中通过指定多个点的方式来定义剖视图展开线。

单击“插入”→“视图”中的“展开的点和角度剖视图”命令后，系统弹出如图 6.28(b)所示的对话框。系统提示用户选择点和角度方式，则在所选视图中通过指定剖切位置和剖切角度来定义剖视图展开线。

(a)“展开的点到点剖视图”对话框

(b)“展开的点和角度剖视图”对话框

图 6.28　“展开剖视图”对话框

任务五 编辑视图

在制图模式下的“编辑”→“视图”级联菜单中提供了用于视图编辑的若干命令，如图 6.29 所示。在本节中，主要介绍其中较为常用的视图编辑命令。

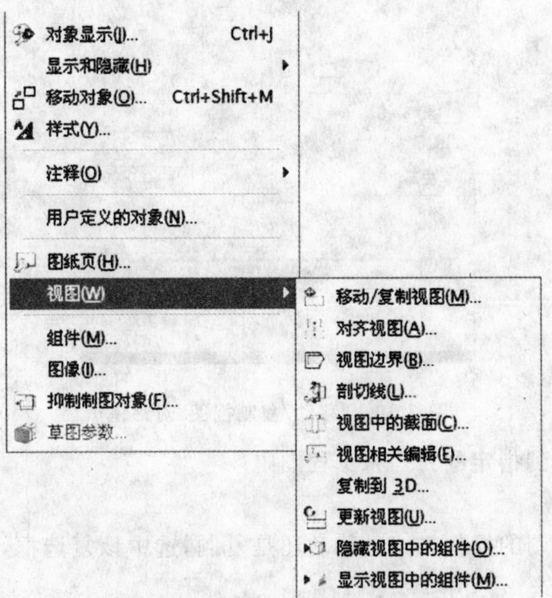

图 6.29 “编辑”→“视图”对话框

一、移动或复制视图

选择菜单命令“编辑”→“视图”→“移动/复制视图”命令，系统将弹出如图 6.30 所示“移动/复制视图”对话框。该对话框由视图列表框、移动或复制方式图标及相关选项组成。应用该对话框可以完成视图的移动或复制工作。下面对各个选项的功能及用法进行说明。

1. 视图列表框

视图列表框中列出了当前图纸页上的视图名标识，用户可以从中选定要操作的视图，也可以在图纸页上选择要操作的视图。

2. 移动/复制方式

在 UG 系统中，共提供了 5 种移动或复制视图的方式。

• 至一点：选取该选项，则在工程图中指定了要移动或复制的视图后，系统将移动或复制该视图到某指定点。

• 水平：选取该选项，则在工程图中指定了要移动或复制的视图后，系统即可沿水平方向来移动或复制该视图。

• 竖直：选取该选项，则在工程图中指定了要移动或复制的视图后，系统即可沿垂直方向来移动或复制该视图。

• 垂直于直线：选取该选项，则在工程图中指定了要移动或复制的视图后，系统即可沿垂直于一条直线的方向移动/复制该视图。

• 至另一工程图：选取该选项，则在工程图中指定了要移动或复制的视图后，系统即可将

图 6.30 “移动/复制视图”对话框

所选的视图移动或复制到指定的另一张工程图中。

3. 复制视图

该选项用于指定视图的操作方式是移动还是复制，选中该复选框，系统将复制视图，否则将移动视图。

4. 视图名

该选项可以指定进行操作的视图名称，用于选择需要移动或复制的视图，与在绘图区中选择视图的作用相同。

5. 距离

该选项用于指定移动或复制的距离。选取该选项，则系统会按文本框中指定的距离值移动或复制视图，不过该距离是按照规定的方向来计算的。

6. 取消选择视图

该选项用于取消用户已经选择过的视图，以进行新的视图选择。

用户在进行移动或复制视图操作时，先在视图列表框或绘图工作区中选择要移动的视图，然后确定视图的操作方式：是进行移动，还是复制。再设置视图移动或复制的方式，并拖动视图边框到理想位置，则系统会将所选视图按指定方式移动到工程图中的指定位置。图 6.31 所示的就是利用垂直于直线的方式移动视图的示例。

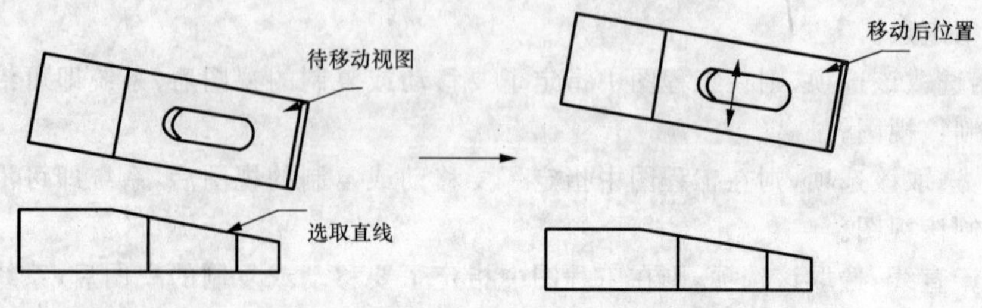

图 6.31 垂直于直线方式移动视图

二、对齐视图

单击“编辑”→“视图”→“对齐视图”命令或在“图纸”工具栏中单击“对齐视图”按钮，系统将弹出如图 6.32 所示的“对齐视图”对话框。该对话框由视图列表框、视图对齐方式、点位置选项和矢量选项等组成。下面对各个选项进行说明。

图 6.32　“对齐视图”对话框

1. 对齐方式

该选项组的图标选项用于确定视图的对齐方式。系统提供了 5 种视图对齐的方式。即自动判断、叠加重合、水平、竖直和垂直于直线。

2. 视图对齐选项

视图对齐选项用于设置对齐时的基准点。基准点是视图对齐时的参考点，对齐基准点的选择方式有 3 种。

- 模型点：该选项用于选择模型中的一点作为基准点。
- 视图中心：该选项用于选择视图的中心点作为基准点。
- 点到点：该选项按点到点的方式对齐各视图中所选择的点。选择该选项时，用户需要在各对齐视图中指定对齐基准点。

3. 取消选择视图

单击此按钮，取消先前所指定的视图。

三、视图边界

单击“编辑”→“视图”→“视图边界”命令或在“图纸”工具栏中单击“视图边界”按钮，系统将弹出如图 6.33 所示“视图边界”对话框。下面介绍一下该对话框中各选项的用法。

1. 视图列表框

该选项用于选择要定义边界的视图。在进行定义视图边界操作前，用户先要选择所需的视图。选择视图的方法有两种：一种是在视图列表框中选择视图，另外一种是直接在绘图工作区中选择视图。当视图选择错误时，还可用“重置”选项重新选择视图。

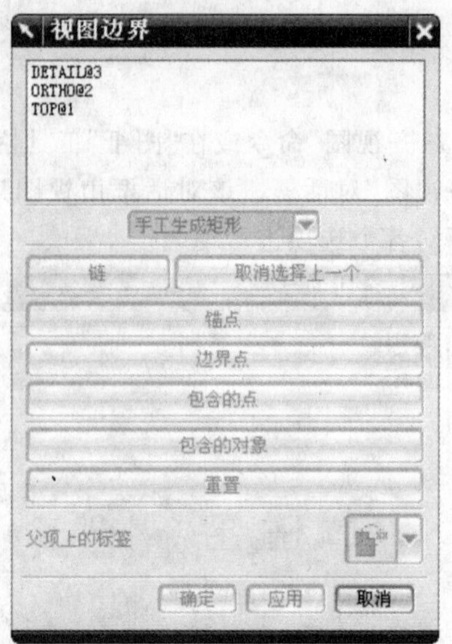

图 6.33 "视图边界"对话框

2. 视图边界方式下拉列表框

该选项用于设置视图边界的类型。UG 中提供了 4 种边界类型:

• 自动生成矩形:该类型边界可随模型的更改而自动调整视图的矩形边界。

• 手工生成矩形:该类型边界在定义矩形边界时,在选择的视图中可按住鼠标左键并拖动鼠标来生成矩形边界,该边界也可随模型更改而自动调整视图的边界。

• 由对象定义边界:该类型边界是通过选择要包围的对象来定义视图的范围。选择该类型后,系统出现"选择/取消选择要定义边界的对象"的提示信息。此时,用户可以使用对话框中的"包含的点"按钮或"包含的对象"按钮,在视图中选择要包含的点或对象。

• 截断线/局部放大图:该类型使用截断线或局部视图边界线来设置视图边界。选择要定义边界的视图后,接着选择该类型后,系统提示选择曲线定义截断线/局部放大图边界。在提示下选择已有曲线来定义视图边界。用户可以使用"链"按钮来进行成链操作。

3. 锚点

锚点是将视图边界固定在视图中指定对象的相关联的点上,使边界随指定点的位置变化而变化。如果没有指定锚点,当模型修改时,视图边界中的对象部分可能发生位置变化,使得视图边界中所显示的内容不是希望的内容。反之,如果指定与视图对象关联的固定点,则当模型修改时,即使产生了位置变化,视图边界也会跟着指定点进行移动。

4. 链和取消前一次操作

当选择"截断线/局部放大图"方式选项时,激活这两个按钮。单击"链"按钮,弹出"成链"对话框,在提示下选择链的开始曲线和结束曲线,即可完成操作。

5. 边界点

该选项用于指定边界点来改变视图边界。

6. 包含点和包含对象

当选择"由对象定义边界"方式选项时,激活这两个按钮。"包含的点"按钮用于边界要包含的点;"包含的对象"按钮用于选择视图边界要包含的对象。

7. 重置

该按钮用于重新选择要定义边界的视图。

8. 父项上的标签

该选项只有在选择了局部放大视图时才激活。该下拉列表框用于设置局部放大视图的父视图以何种方式显示边界。

四、视图中的截面

单击“编辑”→“视图” →“视图中的截面”命令或在“图纸”工具栏中单击“视图中的截面”按钮,系统将弹出如图 6.34 所示的“视图中的截面”对话框。利用该对话框,在图纸页上的某一个视图中设置装配组件或实体的剖切属性(剖切或非剖切)。

五、更新视图

单击“编辑”→“视图” →“更新视图”命令或在“图纸”工具栏中单击“更新视图”按钮,系统将弹出如图 6.35 所示的“更新视图”对话框,接着选择要更新的视图,单击“应用”按钮即可更新视图。

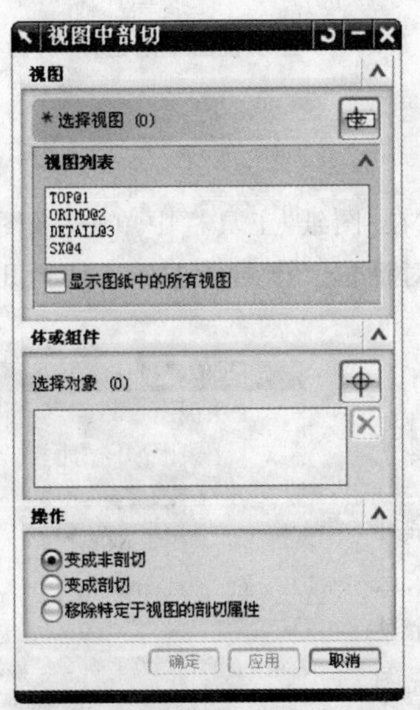

图 6.34 “视图中的截面”对话框

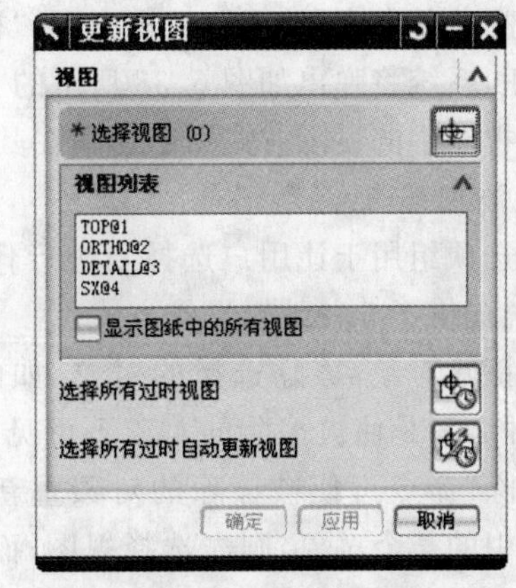

图 6.35 “更新视图”对话框

使用“更新视图”对话框,用户可以选择所有过时视图手动进行更新操作,也可以设置选择自动更新所有过时视图。

六、隐藏或显示视图中的组件

单击“编辑”→“视图” →“隐藏视图中的组件”命令,系统将弹出如图 6.36 所示的“隐藏视图中的组件”对话框,接着选择要隐藏的视图,并在“视图”选项组中单击“选择视图”按钮,选择要在其中隐藏组件的视图,然后单击“应用”按钮即可在该视图中隐藏所选组件。

单击“编辑”→“视图” →“显示视图中的组件”命令,系统将弹出如图 6.37 所示的“显示视图中的组件”对话框,接着选择要在其中显示“隐藏组件”的视图,则在“要显示的组件”列表框中列出了该视图中的隐藏组件,从中选择要显示的隐藏组件,单击“应用”按钮,即可显示视图中选定的隐藏组件。

图 6.36 “隐藏视图中的组件”对话框

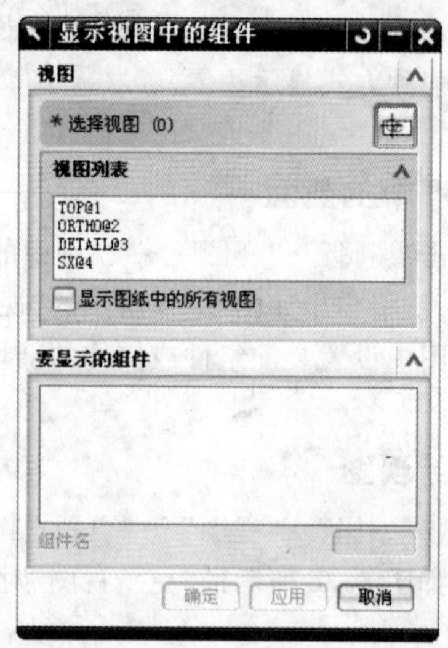

图 6.37 “显示视图中的组件”对话框

七、视图相关编辑

选择菜单命令“编辑”→“视图”→“视图相关编辑”或在“图纸”工具栏中单击“视图相关编辑”按钮，系统将弹出如图 6.38 所示的“视图相关编辑”对话框。该对话框用于编辑几何对象在某一视图中的显示方式而不影响在其他视图中的显示。

1. 添加编辑

该选项组用于让用户选择要进行什么样的视图编辑操作，系统提供了 5 种编辑操作方式。

• 擦除对象：擦除选择的对象，如曲线、边等。擦除并不是删除，只是使被擦除的对象不可见而已。使用“删除选择的擦除”命令可使被擦除的对象重新显示。若要擦除某一视图中的某个对象，则先选择视图；而若要擦除所有视图中的某个对象，则先选择图纸，再选择此功能，然后选择要擦除的对象并单击“确定”按钮，则所选择的对象被擦除。

• 编辑整个对象：编辑整个对象的显示方式，包括颜色、线型和线宽。单击该按钮，设置颜色、线型和线宽，单击“应用”按钮。弹出“类选择”对话框，选择要编辑的对象并单击“确定”按钮，则所选对象按设置的颜色、线型和线宽显示。如要隐藏选择的视图对象，则只用设置选择对象的颜色与视图背景色相同即可。

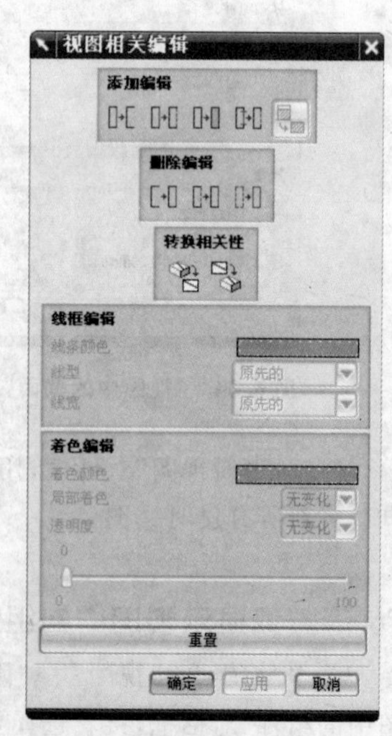

图 6.38 “视图相关编辑”对话框

• 编辑着色对象：编辑着色对象的显示方式。单击该按钮，设置颜色，单击“应用”按钮。弹出“类选择”对话框，选择要编辑的对象并单击“确定”按钮，则所选的着色对象按设置的颜色显示。

• 编辑对象分段：编辑部分对象的显示方式，用法与编辑整个对象相似。在选择编辑对象后,可选择一个或两个边界,则只编辑边界内的部分。

• 编辑截面视图背景:编辑剖视图背景线。在建立剖视图时,可以有选择地保留背景线,而使用背景线编辑功能,不但可以删除已有的背景线,而且还可添加新的背景线。

2. 删除编辑

该选项组用于删除前面所作的某些编辑操作,系统提供了 3 种删除编辑操作的方式。

• 删除选择的擦除:该选项用于删除前面所做的擦除操作,使先前擦除的对象重新显示出来。

• 删除所选的修改:该选项用于删除所选视图先前进行的某些编辑操作,使先前编辑的对象回到原来的显示状态。

• 删除所有修改:该选项用于删除所选视图先前进行的所有编辑操作,所有对象全部回到原来的显示状态。

3. 转换相关性

该选项组用于设置对象在视图与模型间进行转换。

• 模型转换到视图:该选项用于转换模型中存在的单独对象到视图中。

• 视图转换到模型:该选项用于转换视图中存在的单独对象到模型中。

任务六 标注工程图

工程图的标注是反映零件尺寸和公差信息的最重要的方式,在本小节中将介绍如何在工程图中使用标注功能。广义的标注功能包括尺寸标注、插入中心线、文本注释、插入符号、形位公差标注、创建装配明细表和绘制表格等。

一、尺寸标注

尺寸标注用于标识对象的尺寸大小。由于 UG 工程图模块和三维实体造型模块是完全关联的,因此,在工程图中进行标注尺寸就是直接引用三维模型真实的尺寸,具有实际的含义,因此无法像二维软件中的尺寸可以进行改动,如果要改动零件中的某个尺寸参数需要在三维实体中修改。如果三维被模型修改,工程图中的相应尺寸会自动更新,从而保证了工程图与模型的一致性。

在菜单栏单击鼠标右键,选中“尺寸”使其前面出现对钩,弹出“尺寸”工具栏,如图 6.39 所示。

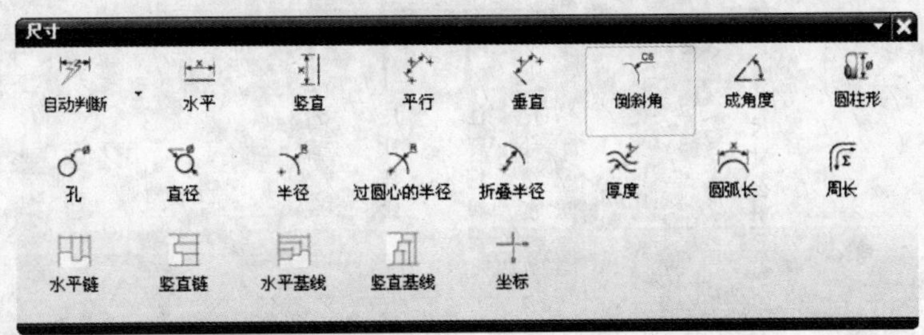

图 6.39 “尺寸”工具栏

工具栏中共包含了 21 种尺寸类型,各种尺寸标注方式的用法如下:

• 自动判断:由系统自动推断出选用哪种尺寸标注类型进行尺寸标注。

• 水平:用于标注工程图中所选对象间的水平尺寸。

• 竖直:用于标注工程图中所选对象间的垂直尺寸。

• 平行:用于标注工程图中所选对象间的平行尺寸。

• 垂直:用于标注工程图中所选点到直线(或中心线)的垂直尺寸。

• 倒斜角:创建一个倒斜角尺寸,其角度为 45 度。

• 成角度:用于标注工程图中所选两直线之间的角度。

• 圆柱形:用于标注工程图中所选圆柱对象之间的直径尺寸。

• 孔:用于标注工程图中所选孔特征的尺寸。

• 直径:用于标注工程图中所选圆或圆弧的直径尺寸。

• 半径:用于标注工程图中所选圆或圆弧的半径尺寸,但标注不过圆心。

• 过圆心的半径:用于标注工程图中所选圆或圆弧的半径尺寸,但标注过圆心。

• 折叠半径:用于标注工程图中所选大圆弧的半径尺寸,并用折线来缩短尺寸线的长度。

• 厚度:创建一个厚度尺寸,测量两条曲线之间的距离。

• 圆弧长:用于标注工程图中所选圆弧的弧长尺寸。

• 周长:创建约束以控制选定直线和圆弧的集体长度。

• 水平链:用来在工程图中生成一个水平方向(XC 轴方向)上的尺寸链,即生成一系列首尾相连的水平尺寸。

• 竖直链:用来在工程图中生成一个垂直方向上(YC 轴方向)上的尺寸链。即生成一系列首尾相连的垂直尺寸。

• 水平基线:用来在工程图中生成一个水平方向(XC 轴方向)上的尺寸系列,该尺寸系列分享同一条基线。

• 竖直基线:用来在工程图中生成一个垂直方向(YC 轴方向)上的尺寸系列,该尺寸系列分享同一条基线。

• 坐标:创建一个坐标尺寸,测量从公共点沿一直坐标基线到某一位置的距离。

当单击某种类型的尺寸按钮时,系统将会弹出"自动判断的尺寸"工具栏,如图 6.40 所示。

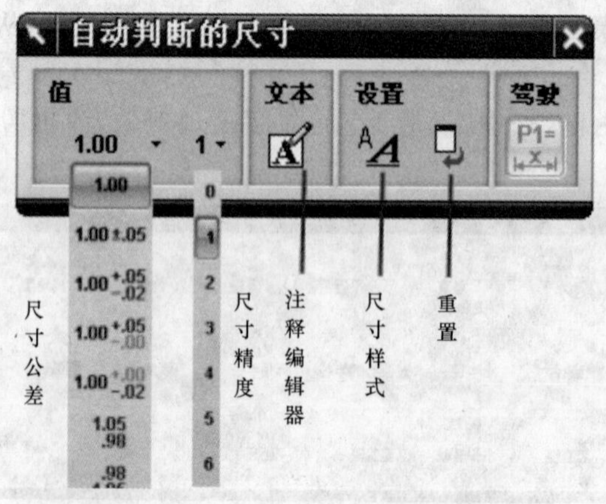

图 6.40 "自动判断的尺寸"工具栏

(1) 尺寸公差:用于设置尺寸标注的公差类型。可以从其下拉列表框中选择所需的公差类型。

(2) 尺寸精度:用于设置尺寸标注的精度值。可以从其下拉列表框中选择所需精度。

(3) 注释编辑器:单击该图标,弹出如图 6.41 所示的"文本编辑器"对话框。该对话框用于设置文本的放置方式、字体大小、字体类型、字体式样和形位公差符号等。

(4) 尺寸样式:单击该图标,弹出如图 6.42 所示的"尺寸样式"对话框。

• 尺寸:用于设置在尺寸标注中各种类型的尺寸位置、精度、公差和倒角标注方式。

• 直线/箭头:用于详细设置各种类型的箭头和引出线的类型、颜色、长短位置等。

• 文字:用于设置标注中的文字位置、对齐方式、大小、颜色、尺寸字母和数字之间、尺寸线之间、尺寸和尺寸线之间的距离等。

• 单位:用于控制尺寸的单位和角度、双精度等尺寸标注的格式及精度。

• 层叠:用于设置尺寸公差的放置和间距大小。

(5) 重置:用于将各个选项重新设置为默认值。

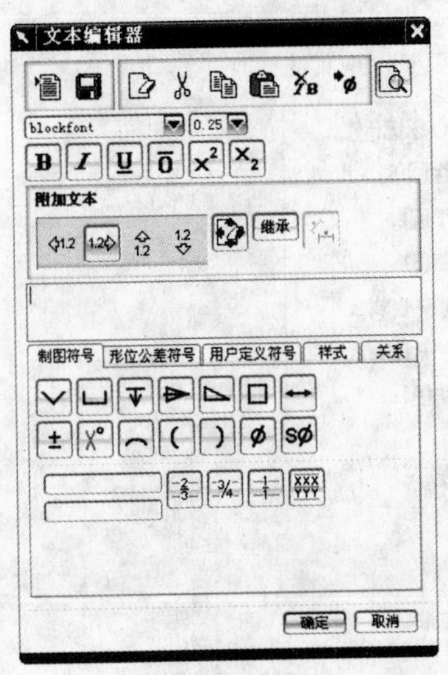

图 6.41 "文本编辑器"对话框

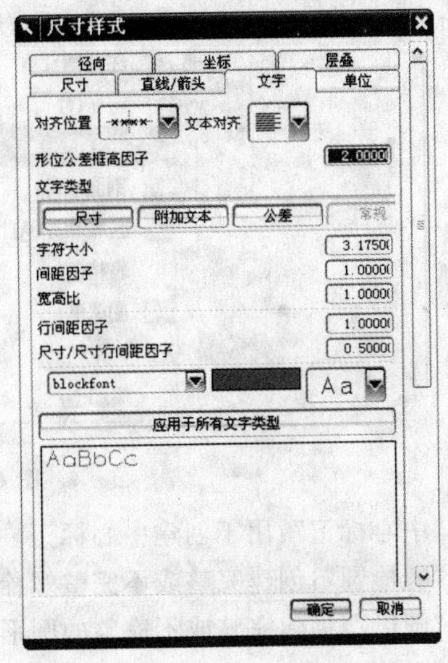

图 6.42 "尺寸样式"对话框

二、尺寸修改

尺寸标注完成后,如果要进行修改,可以直接双击该尺寸,就可以重新出现尺寸标注的环境,修改成为需要的形式即可。

如果需要进行更新修改,首先单击该尺寸。选中以后,单击鼠标右键,弹出如图 6.43 所示的"标注尺寸"快捷菜单。

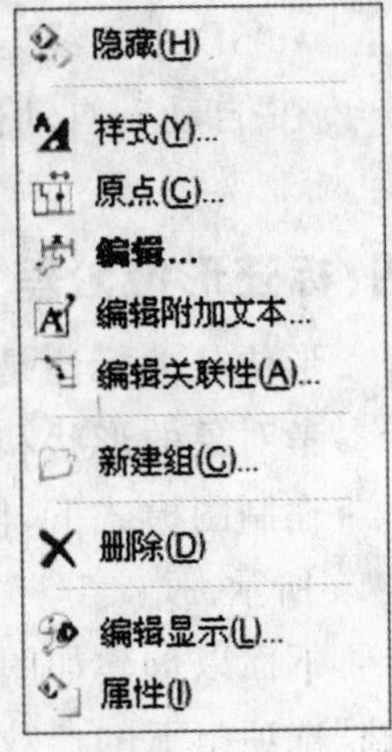

图 6.43 "标注尺寸"快捷菜单

• 原点:用于定义整个尺寸的起始位置和文本摆放位置等。

• 编辑:单击该按钮,系统回到尺寸标注环境,用户可以修改。

• 编辑附加文本:单击该按钮,弹出"注释编辑器"对话框,用于在尺寸上追加详细的文本说明。

• 样式:单击该按钮,弹出"尺寸样式"对话框,可以重新设置尺寸的参考设置。

• 其他:类似于基本软件的操作。还可以进行删除、隐藏、编辑显示线宽等操作。

三、插入中心线

在一些工程图设计中,可能需要为某些图形对象添加中心线。单击菜单栏的"插入"→"中心线"级联菜单中提供以下用于插入中心线的命令,如图 6.44 所示。

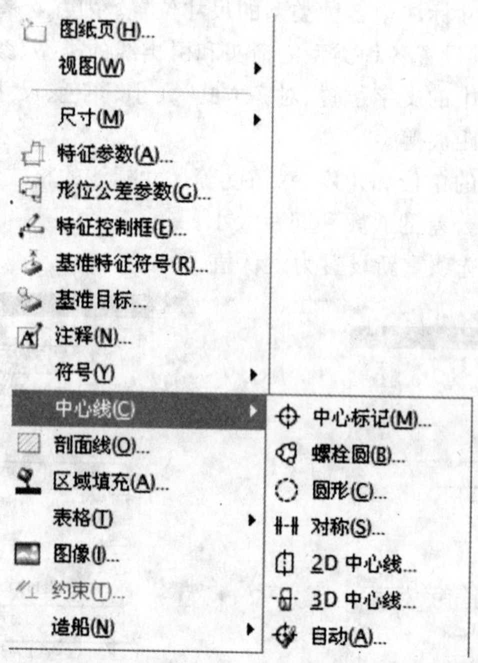

图 6.44 插入中心线

- "中心标记":用于创建中心标记。
- "螺栓圆":创建完整或不完整螺栓圆中心线。
- "圆形":创建完整或不完整的圆形中心线。
- "对称":创建对称中心线。
- "2D 中心线":创建 2D 中心线。
- "3D 中心线":基于面或曲线创建中心线,其中产生的中心线是真实的 3D 中心线。
- "自动":自动创建中心标记、圆形中心线和圆柱中心线。

四、标注形位公差

形位公差标注是将几何、尺寸和公差组合在一起形成的组合标注,用于表示标注对象相对于参考对象的形状和位置关系,通过选择形位公差框架、符号和字符,指出引出点和基准即可。

在制图模式下,使用"插入"菜单中的"特征控制框"命令,可以创建形位公差标注,如图 6.45 所示。

下面以创建如图 6.45 所示的形位公差为例,说明创建形位公差标注的一般操作方法。在"帧"选项组下的参数设置如图上所示。接着打开"指引线"选项组,设置指引线的类型及样式。在要创建指引线的对象上选择一点单击,然后移动鼠标,在合适位置处单击,从而放置该特征控制框。生成效果如图 6.46 所示。

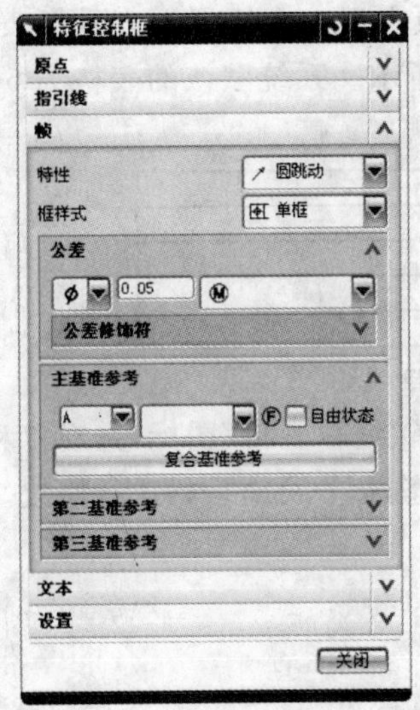

图 6.45　标注形位公差示例

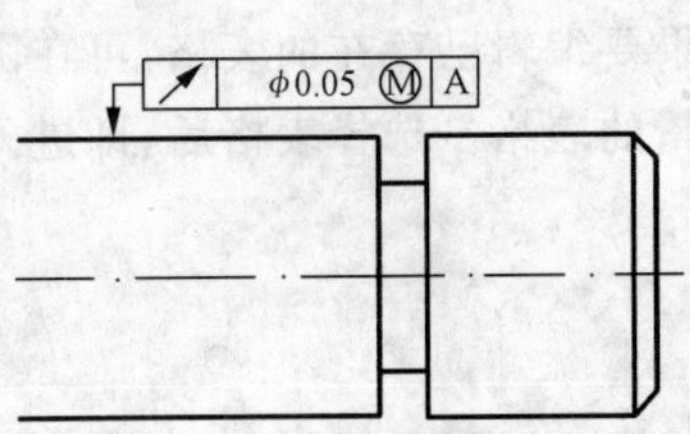

图 6.46　形位公差显示区

五、文本注释

在菜单栏的“插入”菜单中选择“注释”命令，打开如图 6.47 所示的“注释”对话框。

用户可以先在“设置”选项组中单击“样式”按钮，打开如图 6.48 所示的“样式”对话框来设置文本样式；在“设置”选项组中还可以指定是否竖排文本，设置文本角度和字体。

在标注文本注释时，根据标注内容，首先设置这些文本注释的参数选项，如文本的字型、颜色、字体的大小，粗体或斜体的方式、文本角度、文本行距和是否垂直放置文本。然后在文本输入窗口中输入内容，输入的文本会在预览窗口中显示。如果输入的内容不合要求，可再在编辑窗口中对输入的内容进行修改。

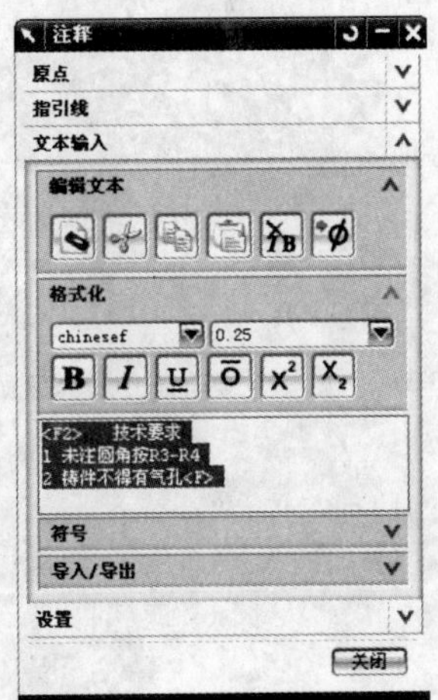

图 6.47　“注释”对话框

六、表格注释

在进行工程图设计时，有时需要插入表格。UG NX 6.0 提供了如图 6.49 所示的“表格”工具栏。用户可以在“制图切换开关”工具栏中单击“表工具条”按钮来打开“表格”工具栏。

下面主要介绍表格注释的应用及其相关编辑操作。

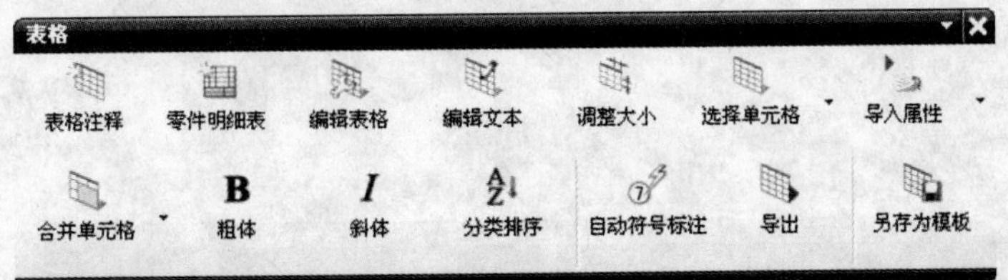

图 6.49　“表格”工具栏

在“表格”工具栏中单击“表格注释”按钮，或者在“插入”→“表格”级联菜单中选择“表格注释”命令,系统提示指明新表格注释的位置,同时在图纸页上以一个矩形框表示新表格注释。在图纸页上单击一点定义新表格注释的位置,如图 6.50 所示。系统默认的表格为 5 行 5 列,用户可以根据实际情况对单元格进行编辑操作等。

图 6.50 插入的新表格注释

如果要编辑已存在的表格,可在图 6.49 工具栏中选择“编辑表格”图标,并在工程图中选择要编辑的表格。选择表格后,即进入 Excel 表格编辑状态,用户可对表格进行修改。

项目七 曲面建模

任务一 由曲线构造曲面
任务二 由曲面构造曲面
任务三 编辑曲面
任务四 曲面的参数化编辑

任务一 由曲线构造曲面

利用曲线构建曲面骨架进而获得曲面是最常用的曲面构造方法，UG NX 软件提供包括直纹面、通过曲线、通过曲线网格、扫掠以及截面体等多种曲线构造曲面工具，所获得的曲面是全参数化，并且曲面与曲线之间有关联性，即当构造曲面的曲线进行编辑、修改后，曲面会自动更新，主要适用于大面积的曲面构造。

一、曲线生成片体

单击"曲面"工具栏的"通过点"按钮，将弹出如图 7.1 所示的对话框。

"通过点"对话框中各选项的含义如下：

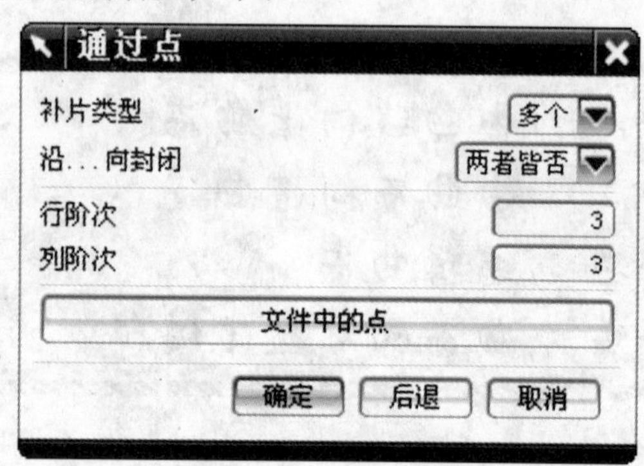

图 7.1 "通过点"对话框

(1) 补片类型

- 单个：创建仅含一个面的片体。
- 多个：创建含有多个面的片体。

(2) 沿…向封闭：用来设置曲面闭合的方式。

- 两者皆否：定义点或控制点的列方向与行方向都不闭合。
- 行、列：这两个选项分别代表点/极点的第一行(列)为最后一行(列)。
- 两者皆是：指两个方向都是封闭的。

(3) 行阶次和列阶次：用于设置曲面上的点的次数。

(4) 文件中的点：用于选择文件中已定义的点作为曲线上的点。

单击"确定"将弹出如图 7.2 所示的"过点"对话框。提供了如图所示的 4 种选点方式。

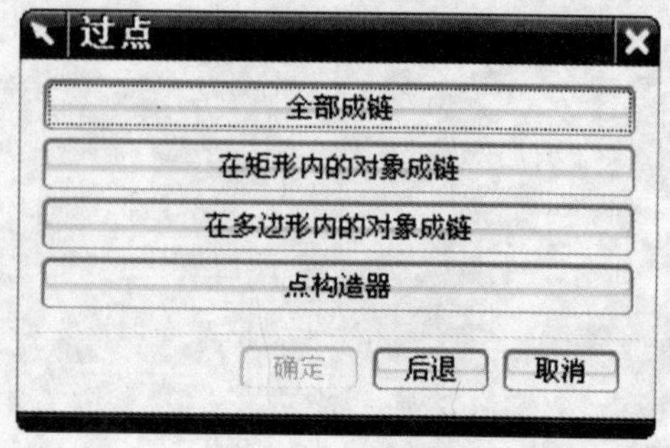

图 7.2 "过点"对话框

"过点"对话框中 4 个选项含义如下：

- 全部成链：用户选取第一个点和最后一个点后，系统会自动选取行中的其他点。
- 在矩形内的对象成链：用一个方框来选取一行点，单击行中第一点和最后一点，系统自动选取行中其他点。

• 在多边形内的对象成链：用一个任意多边形来选取一行点，单击行中第一点和最后一点，系统自动选取行中的其他点。

• 点构造器：逐个选取点。

三、直纹面

直纹面特征是通过两条截面线串而生成的片体或者实体。每条截面线串可以由多条连续的曲线、体边界或者多个体表面组成。

单击"曲面"工具栏中的"直纹面"按钮，系统将弹出如图 7.3 所示的对话框。下面主要介绍"对齐"下拉列表框中，系统提供的 2 种对齐方式。

参数：用于将截面线串要通过的点以相等的参数间隔隔开。目的是让每个曲线的整个长度完全被等分，此时创建的曲面在等分的间隔点处对齐。若整个截面线上包含直线，则用等弧长的方式间隔点。若包含曲线，则用等角度的方式间隔点。

根据点：用于不同形状的截面线的对齐，特别是当截面线有尖角时，应该采用点对齐方式。

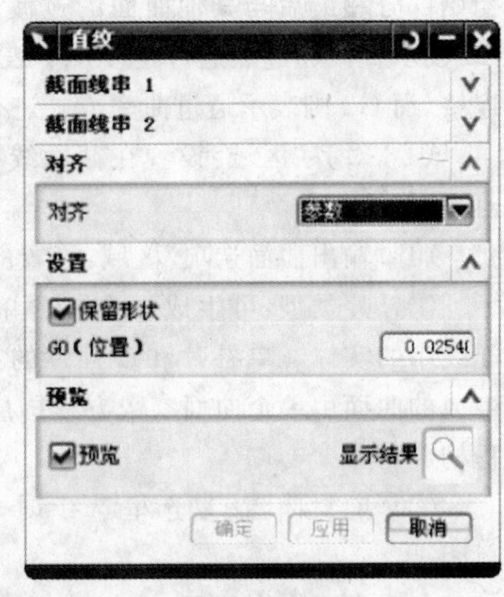

图 7.3 "直纹面"对话框

举例说明"直纹面"的创建，如图 7.4 所示。移动光标选取图 7.4(a)中的两条曲线，分别为直纹面的第一截面线串和第二截面线串。设置相关参数后，单击"确定"按钮，形成如图 7.4(b)所示的"直纹面"。

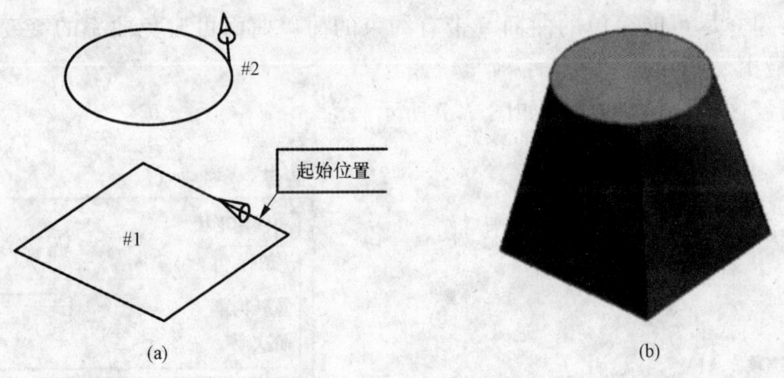

图 7.4 "直纹面"的创建

三、通过曲线组

该方法是指通过一系列轮廓曲线（大致在同一方向）建立曲面或实体。轮廓曲线又叫截面线串。截面线串可以是曲线、实体边界或实体表面等几何体。其生成特征与截面线串相关联，当截面线串编辑修改后，特征会自动更新。

单击"插入"→"网格曲面"→"通过曲线组"命令，将弹出类如图 7.5 所示的对话框。提示你选择截面并设置向量方向，设置完成后单击"确定"将弹出如图 7.5 所示的"通过曲线组"对话框。

其中各项参数说明如下:

(1)“截面”区域:在该区域中选择创建曲面的截面线串。

(2)“连续性”区域:在该区域中可以对生成的曲面的初始部分和最后与其他曲面的过渡部分进行设置。其中G0表示直接通过点进行连接,G1表示通过相切方式进行连接,而G2则表示通过曲率方式进行连接。

(3)“对齐”区域:设置在截面线串之间连接过程中的对齐方式。

(4)“输出曲面选项”区域:设置的参数如图7.6所示。

①补片类型:可生成一个包含单个面片、多个面片匹配线串的实体。单补片和多补片的补片类型方式在于所生成的曲面由单个曲面参数方程构成,还是由多个曲面方程构成。

②V向封闭:该复选框选中时,片体沿列(即V向)封闭。

③垂直于终止截面:该复选框选中时,片体垂直输出至终止截面。

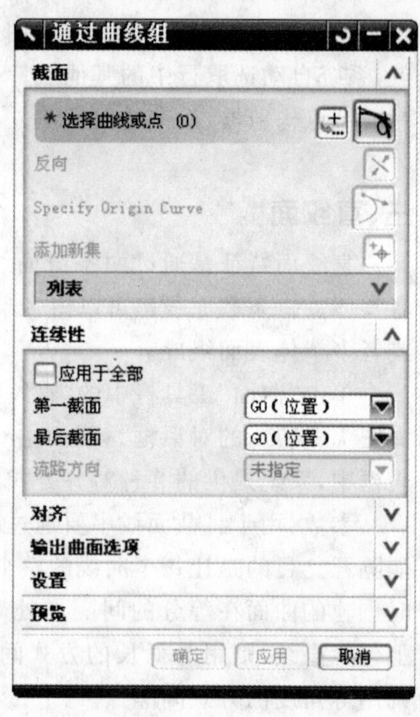

图7.5 “通过曲线组”对话框

④构造:该选项在其下拉列表中,系统提供了3种方式。

• 正常:一般的曲线生成方式。

• 样条点:要求每组截面曲线都为曲线,而且曲线上的点数相同。

• 简单:建立尽可能简单的曲面。带有约束的简单曲面可避免曲率的突变,简单曲面还将面片数降到最少。

(5)“设置”区域:设置的参数如图7.7所示。

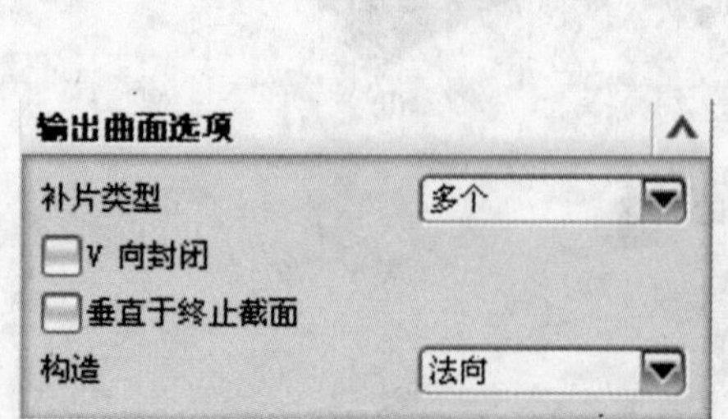

图7.6 “输出曲面选项”参数设置对话框

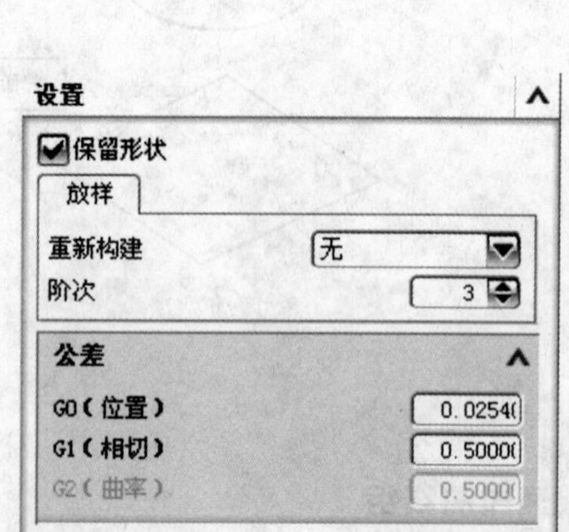

图7.7 “设置”参数对话框

①保留形状:该复选框选中后,除允许理论模线的绘制设置曲面创建方式外,还允许通过“剖面”来设置曲面的创建。

②重新构建:该选项在其下拉列表中提供了3种方式。

• 无:默认设置所创建曲面的阶次为 3,“剖面”方式下,则根据实际选择截面曲线的情况直接生成曲面,在实际设置中,允许设置的阶次范围在 2 至 24 之间。

• 手工:默认的阶次均为 3 次。

• 高级:可以设置最大阶数和最大分段。

③公差:输入几何体和得到的片体之间的最大距离。

(6)预览区域。

举例说明“通过曲线组”创建曲面,如图 7.8 所示。

首先选择第一组截面线串,此时曲线的选择方向由单击鼠标中键完成选择,如图 7.8(a)所示。用同样的方式选择第二组截面线串和第三组截面线串。设置对话框中的参数。在“连续性”参数区域中,在第一条线串和最后截面线串的下拉列表中选择曲面过渡方式,此处选择 G1,即通过相切方式过渡。在各自的下拉列表下方,选择需要相切的面,分别选择第一个曲面和最后一个曲面,参数设置完成,单击“确定”按钮,生成如图 7.8(b)所示的曲面。

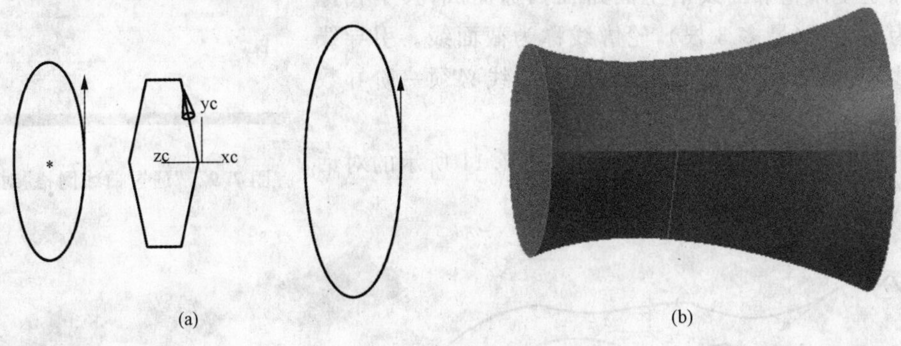

图 7.8 “通过曲线”创建曲面

四、通过网线网格

该方法是指用主曲线和交叉曲线创建曲面的一种方法。其中主曲线是一组同方向的截面线串,而交叉曲线是另一组大致垂直于主曲线的截面线串。通常把第一组曲线线串称为主曲线,把第二组曲线线串称为交叉曲线。由于没有对齐选项,在生成的主曲线上的尖角不会生成锐边。

单击“插入”→“网格曲面”→“通过曲线网格”命令后,将弹出类似图 7.9 所示的对话框。该对话框部分功能同曲线组相同,其他常用选项的功能如下所示:

1. 着重

用于设置系统在生成曲面时更靠近主曲线还是交叉曲线,或者在两者中间只在主曲线和交叉曲线不相交的情况下才有意义,包括 3 种方式。

• 两者皆是:选择此选项,则曲面到主曲线和交叉曲线之间的距离相同。

• 主线串:选择此选项,则所创建的曲面通过主曲线。

• 十字:选择此选项,则所创建的曲面通过交叉线串。

2. 构造

• 法向:利用标准程序创建网格曲面,所创建的曲面比其余两种创建方式所构造的曲面补片数要多。

• 样条点:要求所有的主曲线和交叉曲线都为样条曲线,并且具有相同的定义点。让用户通过为曲线输入使用点和这些点处的斜率值来生成实体。

• 简单:创建尽可能简单的曲面,带有约束的简单曲面可避免可能的特殊成分的插入,从而减少曲率的突变。

下面简述一下创建曲面的过程,如图 7.10 所示。

在工作平面内创建若干条曲线,如图 7.10(a)所示,用于生成网格曲面。选择主曲线,单击鼠标中键,在所选择的曲线上,出现曲线的方向。选择交叉线串,鼠标选中交叉线串,单击鼠标中键,出现交叉线串的曲线方向。单击"确定"按钮,可以生成如图 7.10(b)所示的网格曲面。

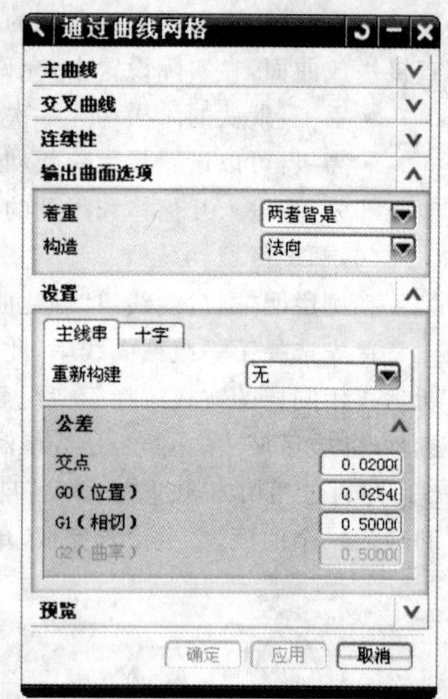

图 7.9 "通过曲线网格"对话框

五、扫掠

扫掠是使用轮廓曲线沿空间路径扫掠而成,其中扫掠路径称为引导线(最多 3 根),轮廓线称为截面线。引导线和截面线均可以由多段曲线组成,但引导线必须一阶导数连续。

单击"插入"→"扫掠"命令,弹出如图 7.11 所示的对话框。该对话框中各选项的含义如下:

图 7.10 "通过曲线网格"创建曲面

(1)截面:提示用户选取截面曲线。

(2)引导线:提示用户在工作平面中最多选择 3 根引导线。一般来看,采用一根引导线时,所生成的扫描曲面相对比较简单,有时不能满足比较复杂的开关;采用两根引导线时,若引导线的选择适当的话,则可以生成比较理想的外形曲面;采用 3 根引导线时,生成的扫描曲面比较理想。

(3)脊线:当采用 2 根以上引导线 ,此标签栏可用,系统使用选择的脊线串的垂直平面来扫描平面。

(4)截面选项:

①截面位置

• 沿引导线任何位置:用于指定剖面位置处于引导线(引导路径)的任意位置。

• 引导线末端:用于指定剖面位置处于引导线(引导路径)末端。

②对齐方法

• 参数:该选项空间点按指定的曲线以等间距参数穿越曲线创建曲面,所选曲线同时被等分。

• 圆弧长:该选项空间点按指定的弧以等弧长参数穿越曲线创建曲面,所选的弧同时被等分。

③定位方法

• 固定：剖面线串沿引导线移动时，保持固定的方位。

• 面的法向：剖面线串沿引导线移动时，剖面线串和基准面之间保持一致关系。

• 矢量方向：在整个引导线串上，局部坐标系的第 2 条轴和指定的向量对齐，指定的向量不能和引导线相切，否则所定义的关系无法确定。

• 另一曲线：若选取该选项，指定另一条曲线或实体的边来控制剖面线串的方位。

• 一个点：方法和“另一曲线”的定位方式相同，只是曲线用点来代替。

• 角度规律：定义或选择一个角度规律来控制剖面线串的方位。

• 强制方向：以选择的矢量方向固定基准轴线的方向，对基准轴线的任何改变都将对扫掠曲面产生影响。

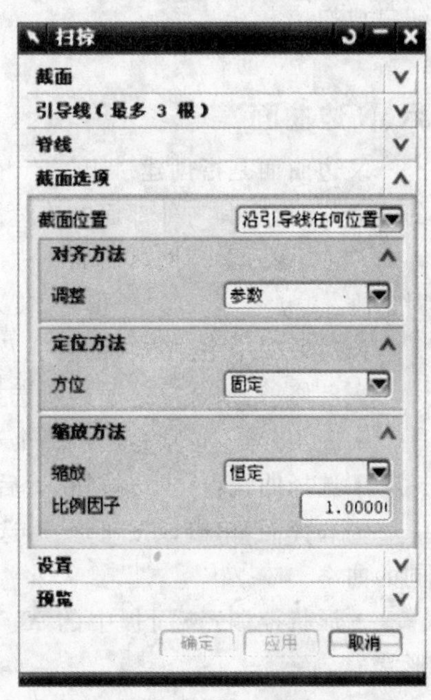

图 7.11　“扫掠”对话框

④缩放方法

• 恒定：沿剖面线串移动方式保持相同的缩放比例，输入系数不等于 1.0 时，则对剖面线串首先进行缩放，然后沿引导线串移动。

• 倒圆函数：设置剖面线串在起始处和终止处的缩放比例系数，剖面线串在沿引导线扫描过程中，按照所设定的线性函数或三次函数规律来计算。

• 另一曲线：此处给定的任一点的比例系数基于引导线串和另一组线串之间的连线长度来确定。

• 一个点：和“另一曲线”中的比例系数的设置相同，但此处通过点和引导线串之间的连线长度来确定。

• 面积规律：该选项可用法则曲线定义片体的比例变化方式。

• 周长规律：该选项与面积法则的选项相同，其不同之处仅在于使用周长法则时，曲线 Y 轴定义的终点值为所创建片体的周长，而面积法则定义为面积大小。

下面举例说明“扫掠曲面”的创建过程，如图 7.12 所示。

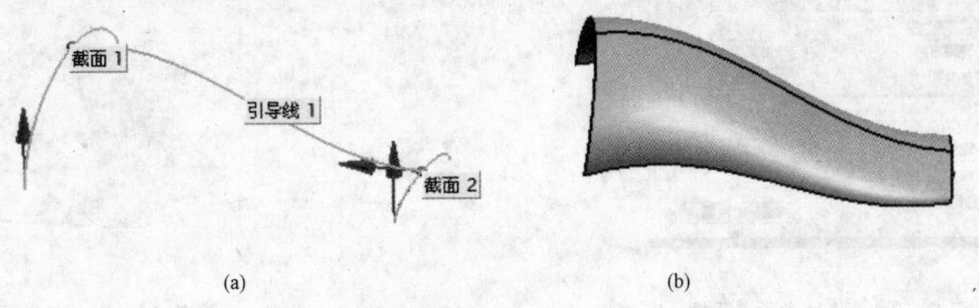

图 7.12　“扫掠曲面”创建

在绘图区单击大的圆弧曲线，再在“截面”标签栏中单击“添加新设置”按钮，单击较小的圆弧曲线，在“引导线”标签栏中单击“选择曲线”按钮，单击绘图区的引导线，最后单击“确定”按钮完成扫掠。

六、N 边曲面

N 边曲面是指创建一组端点相连曲线封闭的曲面。用于创建一组由端点相连曲线封闭的曲面,并指定其与外部面的连续性。

单击“插入”→“网格曲面”→“N 边曲面”命令后,系统将弹出如图 7.13 所示的“N 边曲面”对话框。

该对话框中主要选项的功能及含义如下所述:

• 已修剪:该选项是通过所选择的封闭的边缘或是封闭的曲线生成一个单一的曲面。

• 三角形:该选项是通过每个选择的边和中心点生成一个三角形的片体。

• 选择曲线:单击该按钮,然后选择一个封闭的曲线或是边缘。

• 选择面:单击该按钮,然后选择一个曲面用来限制生成的曲面在边缘上相切或是具有相同的曲率。

• 形状控制:该面板中的 X、Y、Z 滑块分别用来控制生成 N 边曲线的 X、Y、Z 方向的形状。

下面举例说明这种曲面的生成过程:

以“三角形”方式为例介绍其操作方法。选择该选项并在绘图区选取一封闭的曲线的约束面。最后,手动“形状控制”面板中的 Z 向滑块,单击“确定”即可,最终效果如图 7.14 所示。

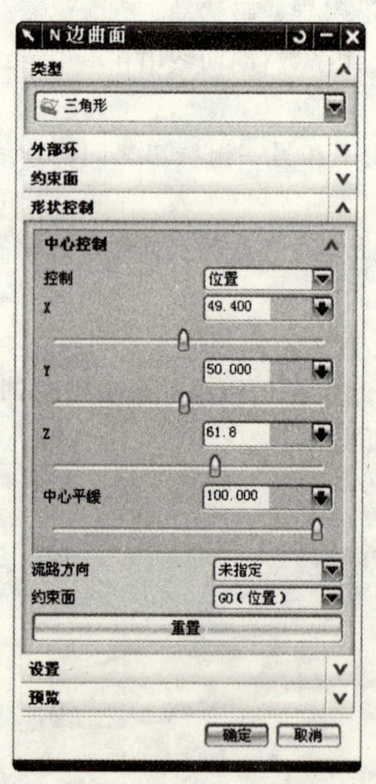

图 7.13 “N 边曲面”话框

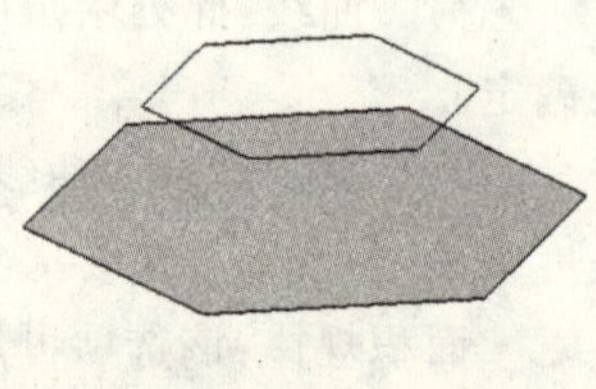

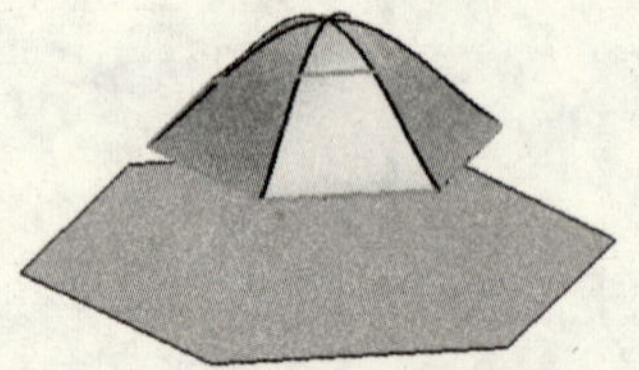

图 7.14 “N 边曲面”示例

任务二 由曲面构造曲面

由曲面构造曲面是在其他片体或曲面的基础上进行构造曲面。它是将已有的面作为基面,通过各种曲面操作再生出一个新的曲面。此类型曲面大部分都是参数化的,通过参数化关联,再生的曲面随着基面改变而改变。

这种方法对于特别复杂的曲面非常有用,这是因为复杂曲面仅仅利用基于曲线的构造方法比较困难,而必须借助于曲面片体的构造方法才能够获得。由曲面构造曲面包括桥接曲面、偏置曲面、延伸曲面、艺术曲面以及整体突变等类型。

一、桥接曲面

桥接用于在两个曲面之间创建一个结合两曲面的过渡曲面。它是用一个片体将两个修剪过或未修剪过的表面之间的空隙补足、连接,生成一个连续的曲面,即桥接曲面。

单击“插入”→“细节特征”→“桥接”命令,这时将弹出如图 7.15 所示的“桥接”对话框。

图 7.15 “桥接”对话框

下面对 “桥接”对话框中的按钮进行一一介绍。

• 主面:单击该按钮,可以选择两个需要连接的曲面,在选择曲面后,系统将显示表示向量方向的箭头。选择曲面位置不同,所显示的箭头方向也不同,这些箭头控制桥接曲面产生的方向(此方向无法更改,如果选择错误,只能重新选择)。

• 侧面:单击该按钮,可以选择一个或两个导引侧面,系统可以依据导引侧面的限制而产生桥接曲面的外形(此按钮可以不使用)。

• 第一侧面线串:单击该按钮,可以选择曲线或边缘,用作桥接曲面的导引线,以决定连接片体的外形(此按钮可以不使用)。

• 第二侧面线串:单击该按钮,可以选择另一个曲线或边缘,与上一个按钮配合,作为曲面产生的导引线,以决定桥接曲面的外形。

• 相切:选择该单选按钮,桥接曲面与原表面相切的切线。

• 曲率:单击该按钮,桥接曲面与原曲面具有相同的曲率。

下面举例说明桥接曲面的创建过程。依照对话框中的选择步骤,依次选择将要作桥接的两个片体,并定义导引侧面及导引弧(可以不定义),再以连续形式或拖动等功能,以产生不同外形的片体,生成的桥接曲面如图 7.16 所示。

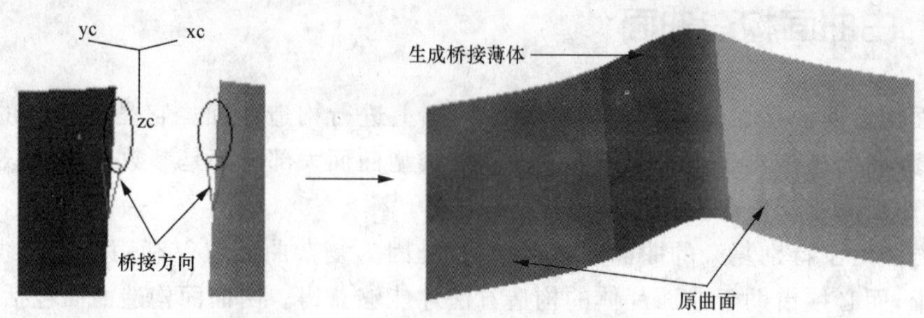

图 7.16　生成桥接曲面

二、延伸曲面

延伸主要用于扩大曲面片体。该选项用于在已经存在的片体(或面)上建立延伸片体。延伸通常采用近似方法建立,但是如果原始面是 B—曲面,则延伸结果可能与原来曲面相同,也是 B—曲面。

在“曲面”工具栏中单击“延伸”按钮,打开“延伸”对话框,如图 7.17 所示。在该对话框中包括了如下 4 种延伸方式:

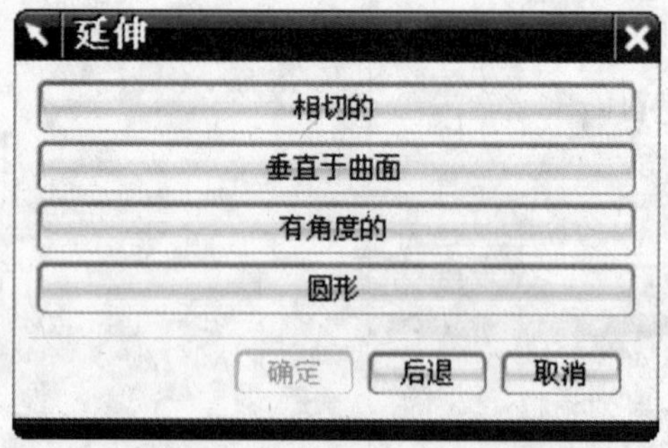

图 7.17　“延伸”对话框

图 7.18　“相切延伸”对话框

1. 相切的

单击该按钮,弹出如图 7.18 所示的“相切延伸”对话框。该对话框用于执行相切延伸功能。相切延伸功能只能选取片体的原始边或两条原始边交汇的交点进行延伸,生成的是直纹面。

- 固定长度:直接输入延伸片体的长度值。该方式不能选取原始片体的角作延伸。
- 百分比:输入百分数。延伸曲面的长度等于原始片体长度乘以百分比。该方式除了可以由“边缘延伸”指定延伸原始片体的边之外,还可以由“拐角延伸”指定原始片体的角进行延伸,角部延伸需要输入两个方向的百分比数。

2. 垂直于曲面

执行法向延伸。法向延伸可以选取任何表面上的任何部位的曲线(不能选边),沿表面的法线方向以指定的长度进行延伸,生成的是直纹面。

3. 有角度的

直线角度延伸。角度延伸可以选取任何表面上的任何部位的曲线(不能选边),相对于基础表面以指定的角度和长度倾斜延伸。生成的是直纹面，与垂直于曲面延伸不同的是，延伸面与基础面之间不是垂直关系。

4. 圆形

执行圆弧延伸。圆弧延伸功能只能选取片体的原始边进行延伸。以原始边上的曲率半径，生成圆弧形延伸面。延伸长度的决定方法与相切延伸相同，只是不能做角部的延伸。

创建"延伸"特征实例示意如图 7.19 所示。

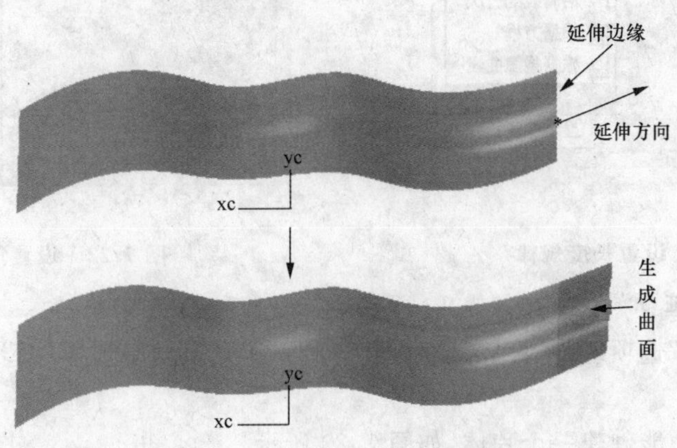

图 7.19 创建"延伸"特征实例

三、规律延伸

规律延伸曲面是指在已有片体或表面上曲线或原始曲面的边，生成基于长度和角度可按指函数规律变化的延伸曲面。其主要用于扩大曲面，通常采用近似方法建立。

选择菜单命令"插入"→"弯边曲面"→"规律延伸"，系统将弹出如图 7.20 所示的"规律延伸"对话框，其中的各个选项说明如下：

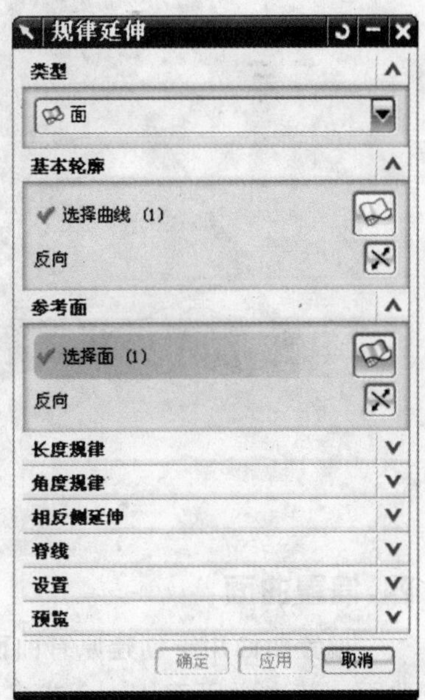

图 7.20 "规律延伸"对话框

1. 规律延伸的类型、基本轮廓及参考面

"基本轮廓"选项组用于选择基本曲线轮廓，该基本轮廓作为始边。在"类型"选项组中可以指定类型为"面"或"矢量"。当选择"面"选项时，之后要选择的参考对象为参考面，此时需要在"参考面"选项组中单击"面"按钮，然后选择参考面；当选择"矢量"选项时，之后要选择的参考对象为参考矢量，此时需要在"参考矢量"选项组中使用矢量构造器来定义参考矢量。

2. 定义长度规律和角度规律

在"长度规律"选项组选择规律类型，如图 7.21 所示，在"角度规律"选项组中选择角度规律选项，如图 7.22 所示。根据所选的规律类型选项，设置相应的参数。

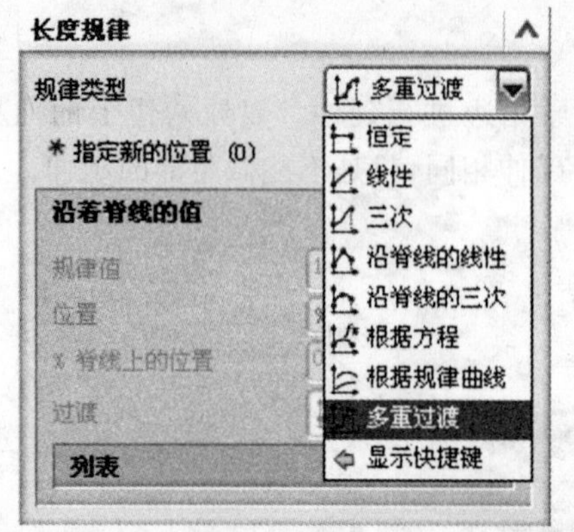

图 7.21 设置长度规律

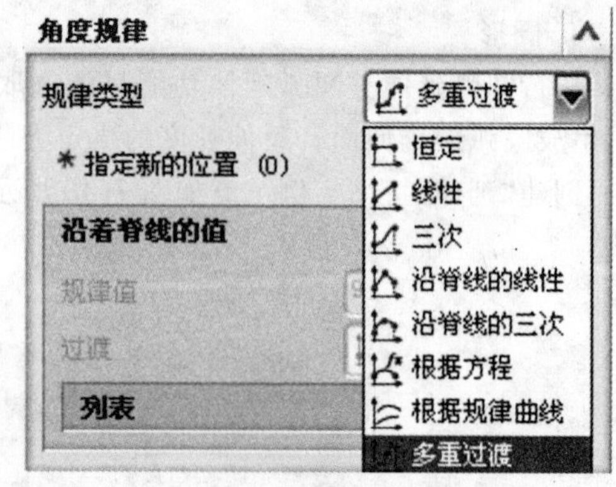

图 7.22 设置角度规律

3. 设置相反侧延伸

在“相反侧延伸”选项组中，可以从“延伸类型”下拉列表框中选择“无”、“对称”或“非对称”选项。

下面利用延伸功能创建一个片体，如图 7.23 所示。

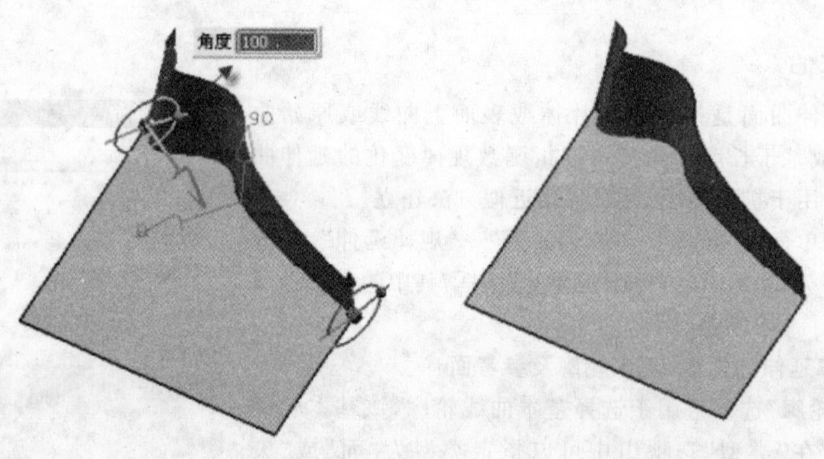

图 7.23 生成延伸片体

四、偏置曲面

偏置曲面用于创建原有曲面的偏置平面，即沿指定平面的法向偏置点来生成用户所需的曲面。其主要用于从一个或多个已有的面生成曲面，已有面称为基面，指定的距离称为偏置距离。

单击“插入”→“偏置\缩放”→“偏置曲面”命令后，弹出如图 7.24 所示的“偏置曲面”对话框，选择一个曲面，在“偏置”文本框中输入偏置距离，或用鼠标手动绿色的方向箭头，拖动到所要求的位置，偏置方向可通过单击“反向”按钮来转换。单击“确定”按钮，即可完成通过偏置距离创建曲面，如图 7.25 所示为偏置曲面效果。

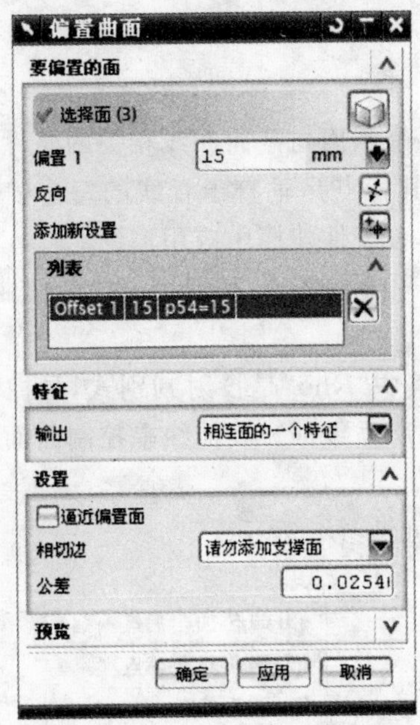

图 7.24 “偏置曲面”对话框

图 7.25 偏置曲面效果

五、大致偏置

大致偏置是从一组面或片体上创建无自相交、陡峭边或拐角等偏置片体。该方式不同于偏置曲面的操作，它可以对多个不平滑过渡的片体同时平衡一定的距离，并生成单一的平滑过渡的片体。

单击“曲面”工具栏中的“大致偏置”按钮，系统将弹出如图 7.26 所示的“大致偏置”对话框。该对话框包含多个单选按钮和其他参数项，各选项的含义及设置方法如下所述。

下面通过实例说明创建粗略偏移片体的过程。

选择如图 7.27 所示的“曲面一”和“曲面二”，将“曲面生成方法”设置为“云点”，将“曲面控制”设置为“系统定义的”。将偏移距离、偏置偏差、步距分别设置为 10、1、2。然后单击“确定”后，即可生成如图 7.27 所示的“生成曲面”。

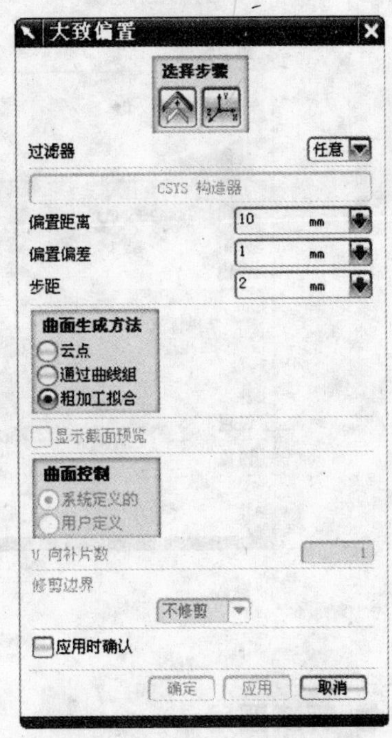

图 7.26 “大致偏置”对话框

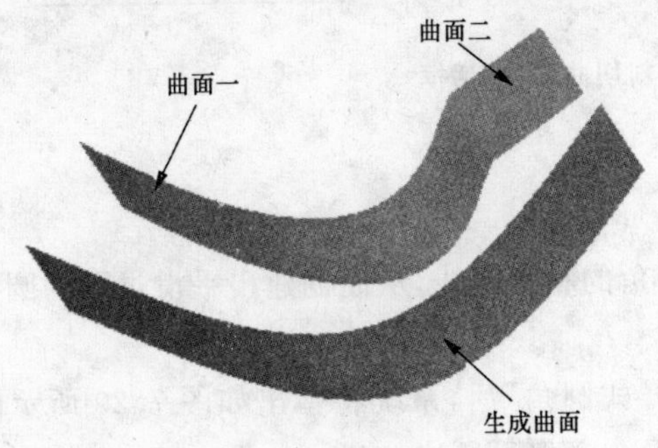

图 7.27 生成大致偏置曲面

六、截面

创建截面可以理解为在截面曲线上创建曲面。主要是利用与截面曲线相关的条件来控制一组连续截面曲线的形状,从而生成一个连续的曲面。其特点是垂直于脊线的每个横截面内均为精确的二次(三次或五次)曲线。在飞机机身和汽车覆盖件建模中应用广泛。

单击“插入”→“网格曲面”→“截面”命令,系统将弹出如图 7.28 所示的“剖切曲面”对话框。

在 UG NX6.0 中系统提供了 21 种截面曲面类型,其中“Rho”是投射判别式,是控制截面线“丰满度”的一个比例值。“顶点线串”完全定义截型体所需数据。其他线串控制曲面的起始和终止边缘以及曲面形状。

下面介绍其中常用的几种截面曲面类型,其余类型可供参考学习。

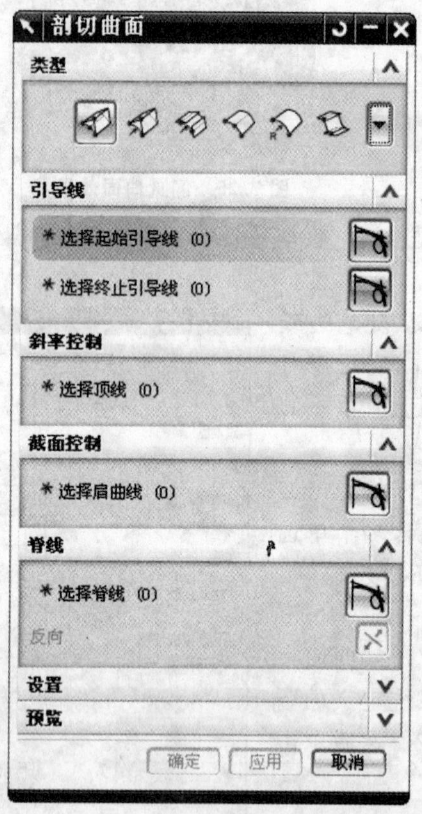

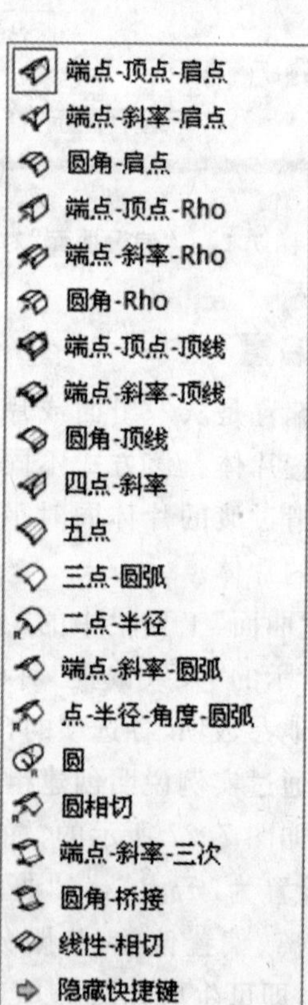

图 7.28 “剖切曲面”对话框

七、样式圆角

样式圆角是将相切或曲率约束应用到圆角的相切曲线,从而创建出平滑过渡的圆角曲面,其中平滑过渡的相邻面为壁。

选择菜单命令“插入”→“细节特征”→“样式圆角”后,系统将弹出如图 7.29 所示的“样式圆角”对话框。该对话框中常用选项的功能及含义如下所述:

• 规律:该选项是通过法则控制相切的方式产生圆角。

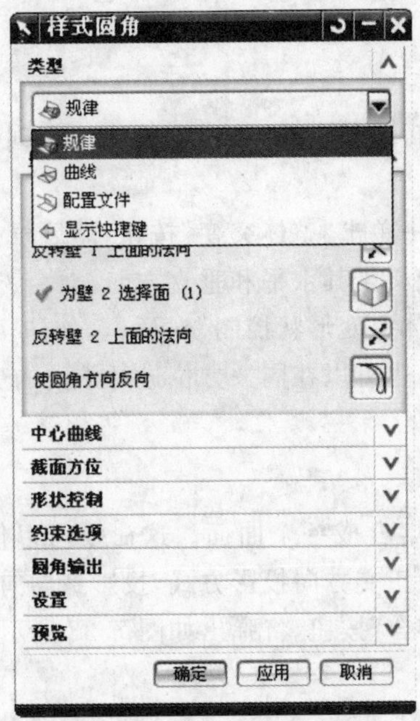

图 7.29 “样式圆角”对话框

• 曲线:该选项是指通过曲线生成风格化的倒角。

• 为壁 1 选择面:单击该按钮,选择倒圆角的第 1 壁面。

• 为壁 2 选择面:单击该按钮,选择倒圆角的第 2 壁面。

• 中心曲线:单击“中心曲线”按钮,选择圆角面所在的中心线即壁面。

• 脊线:单击该按钮,选取圆角面所在的曲面。

要创建圆角曲面,首先选择“规律”选项,然后依次选取第一壁、第二壁、中心曲线和脊线。选取壁面要确定法向方向,选取中疏曲面要确定中心曲线的方向,最后单击“确定”按钮即可完成,其效果如图 7.30 所示。

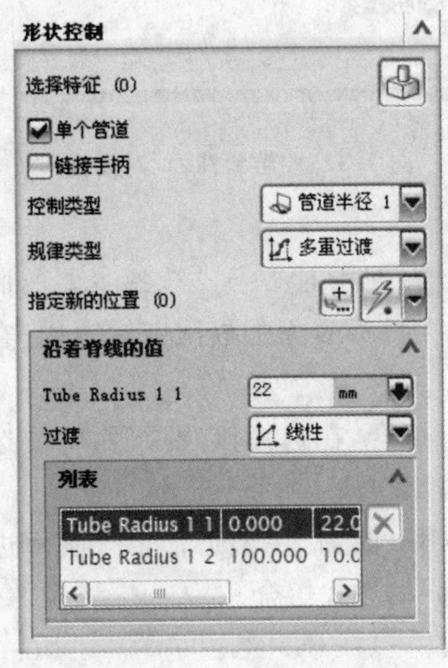

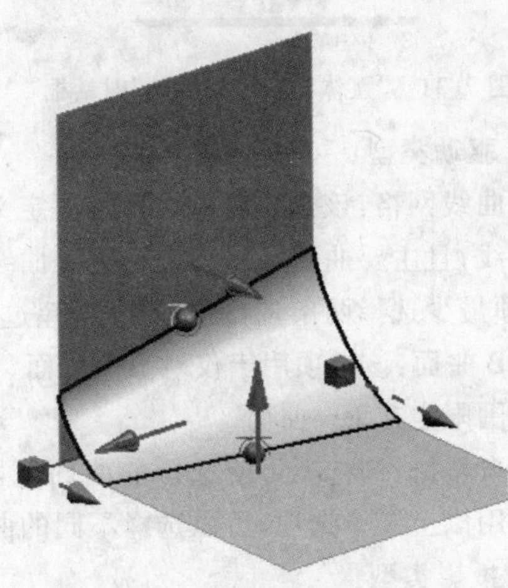

图 7.30 创建样式圆角

八、整体突变

整体突变是通过拉长、折弯、歪斜、扭转和位移操作动态创建曲面。一般在预告平面片体上进行变形操作。

在“自由曲面形状”工具栏中单击“整体突变”按钮，然后根据打开的“点”对话框在绘图区创建一个长方形片体，同时也定义了其水平和垂直方向。

此时，系统将自动打开“整体突变形状控制”对话框，如图 7.31 所示。利用该对话框可以在不同的方位变换长方形片体，也可以在同一方位进行不同的变换操作。

九、熔合曲面

熔合曲面是指将多个曲面熔合成一个曲面。这命令可以使多个薄体熔合在同一个表面上，系统将以沿固定向量或曲面正交方向投影方式，投影到导向曲面上，以达到熔合目的。

单击“曲面”工具条中的“熔合”按钮，将弹出如图 7.32 所示的对话框。该对话框中主要选项的功能及含义如下所述：

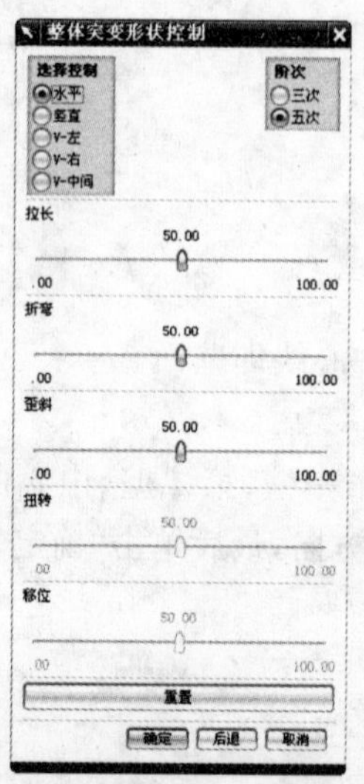

图 7.31 “整体突变形状控制”对话框

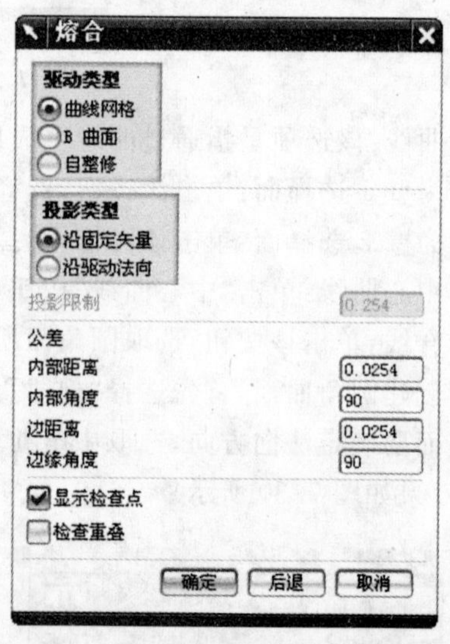

图 7.32 “熔合曲面”对话框

1. 驱动类型

• 曲线网格：该选项可使选择范围定义在曲线网格。在使用时必须先选择主要的曲线及交叉曲线，且主要曲线必须相交于交叉曲线，同时也必须在目标表面的界限范围之内，在选择时，必须最少选择两条，但是最多不得超过 50 条曲线。

• B 曲面：该选项用于仅对 B－曲面(贝氏曲面)进行熔合，在选择该选项后，将使选择曲面的范围限定在 B－曲面。

• 自整修：该选项可使选择的曲面范围定义在近似 B－曲面，用于近似 B－曲面进行熔合。利用以上 3 个选项，可以选择不同的曲面类型，以不同的方式熔合。

2. 投影类型

• 沿固定矢量：该选项用于将导向表面投影到目标表面的投影形式，定义为沿固定向量，在选择该选项后，系统将显示“向量副功能”对话框，以定义投影向量。

• 沿驱动法向：该选项用于将导向表面沿着向量投影到目标表面上，当使用该选项时，可以指定投影的范围，而系统的默认值为公差值的 10 倍。当投影形式定义在沿固定向量时，投影范围将呈现灰白色，不能输入任何值。

3. 公差

该选项用于决定内侧和边缘的距离公差及角度公差，公差值将影响熔合和完成时的准确度，其中所有的公差值都不能小于或等于 0，而角度公差值不能大于 90，否则系统将无法进行熔合。

• 内部距离：该选项用于设置内侧表面的距离公差。
• 内部角度：该选项用于设置内侧表面的角度公差。
• 边距离：该选项用于设置表面上 4 个边缘的距离公差。
• 边缘角度：该选项用于设置表面上 4 个边缘的角度公差。

4. 显示检测点

该选项用于指定系统于投影片体显示投影点。选择该复选框，在产生熔合面的过程中，将显示投影点，这些投影点表示熔合面的范围。

5. 检查重叠

该选项用于指定系统检查熔合面与目标表面是否重叠。如不选择该复选框，系统将略过中间的目标表面，只投影在最下层的目标表面；选择该复选框，系统将确定检查是否重叠，但将会延长运算时间。

十、圆角曲面

圆角曲面是用于在两个面之间创建恒定半径或可变半径的圆角片体。可以在实体或片体的面之间创建圆角。圆角可以在 4 个可能的象限中创建，通过使两个面的法向指向想要的象限来为圆角指定象限。

单击“曲面”工具条中的“圆角曲面”按钮，将弹出如图 7.34 所示的对话框提示选择第一个面。

选择第一个面后，系统将生成一个法线方向，并弹出如图 7.35 所示的“选择法线方向”对话框，如果选择“是”即是接受系统的法线方向；选择“否”即是选择系统法线方向的反方向为新的法线方向。

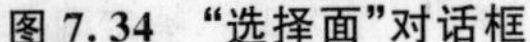
图 7.34 “选择面”对话框

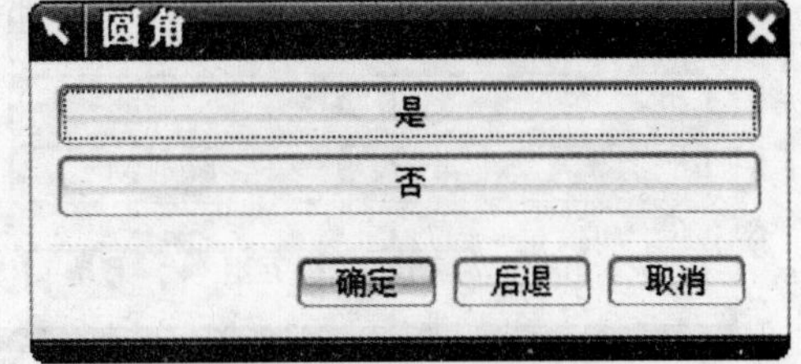

图 7.35 “选择法线方向”对话框

当选择了两个面和法线方向后，系统将要求选择脊线，选择后将弹出如图 7.36 所示的“选择创建对象”对话框，要求选择要建构的对象，在此将决定完成倒圆角的各项设置后，指定系统产生圆角或曲线。在该对话框中，至少需要设置一个选项为“是”，否则系统将停留在此对话框，要求重新定义。

该对话框有两个选项:“创建圆角”,该选项将指定系统在完成各项设置后是否产生圆角,如设置为“是”,在完成一切步骤后,系统将产生圆角,如设置为“否”,系统将不产生圆角;“创建曲线”,该选项将指定系统在完成各项设置后,是否产生将圆角的圆心连接成一条曲线,如设置为“是”,在完成一切步骤后,系统将产生曲线,如设置为“否”,在完成一切步骤后,系统将不产生曲线。

在决定创建对象后,系统将显示如图 7.37 所示的“选择横截面类型”对话框,其截面类型包括“圆形”和“二次曲线”两种,在选择这两个选项后,系统将会显示同样的对话框,而之前是否选择脊线,将改变对话框中的选项,以下将逐一说明。

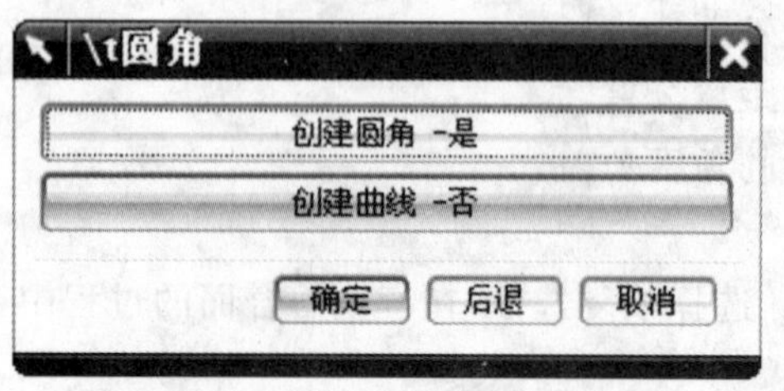

图 7.36 “选择创建对象”对话框

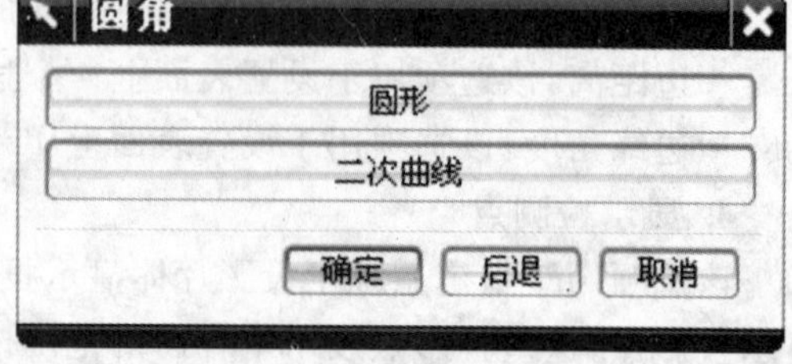

图 7.37 “选择横截面类型”对话框

下面以圆形截面为例,在选择该选项后,系统将要求选择圆角类型,对话框如图 7.38 所示,可依照所需的外形选择不同的圆角类型。

其圆角类型包括恒定、线性、S 型和常规等 4 个选项。

• 恒定:以固定的数值定义倒圆角的圆角半径。从起点到终点的半径都是固定的值。

• 线性:以起点和终点的圆角半径连成一条直线,作为圆角的外形。在选择该选项后,系统所显示的对话框与常数相同,以相同的步骤产生圆角。

• S 型:以 S 型的曲率定义圆角外形,系统将以 S 型连接圆角的起点和终点。

• 常规:用于重复设置圆角半径,在起始点和终点之间多次定义圆角半径值。

选择恒定圆角类型,并依据需要设置限制方式,生成的效果如图 7.39 所示。

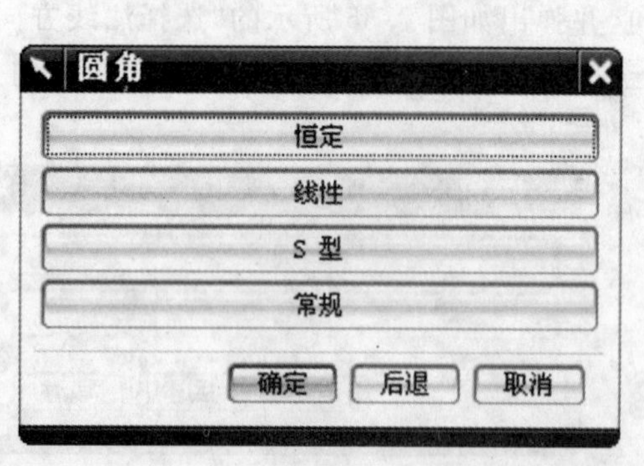

图 7.38 “选择圆角类型”对话框

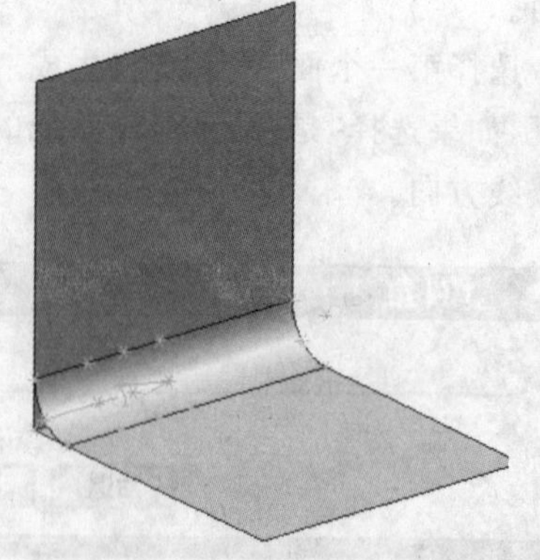

图 7.39 恒定圆角

任务三　编辑曲面

对于创建的曲面,往往需要通过一些编辑操作才能满足设计要求。曲面编辑操作作为一种高效的曲面修改方式，在整个建模过程中起着非常重要的作用。可以利用编辑功能重新定义曲面特征的参数，也可以通过变形和再生工具对曲面直接进行编辑操作。

一、修剪的片体

该命令利用将几何边界通过投影边界轮廓的方式对曲面进行修剪，以生成修剪曲面。系统根据指定的投影方向，将一边界(可以是曲线、实体或曲面边界、基准平面等)投影到目标曲面上，修剪出相应的轮廓。

单击"插入"→"修剪"→"修剪的片体"命令后，将弹出如图 7.40 所示的"修剪的片体"对话框。该对话框中的各选项含义如下：

(1)"目标"区域：选择目标曲面体。

(2)"边界对象"区域：可以选择正在修剪的对象，该对象可以是面、边、曲线和基准平面。

(3)"投影方向"区域：下拉列表中，系统提供了垂直于面、垂直于曲线平面和沿矢量 3 种方式。

(4)"区域"区域：设定在曲面修剪时将保持或舍弃。

(5)"设置"区域：在该区域中的"输出精确的几何体"复选框是用于产生相交边作为标记边，除非当投影面沿法向各边或曲线被用于修剪对象时。当使用"输出精确的几何体"选项时弹出警告信息"结果将不是精确的几何体"。"公差"文本框可用在当修剪边在目标体上作标记时使用。

下面举例说明修剪片体的过程。首先选择要进行修剪的目标片体，再选择对目标片体定义修剪的边界对象。然后在"投影方向"区域设置边界对象对目标片体的投影方向，并在"区域"选项中选择要保持或舍弃的区域，即可完成操作。

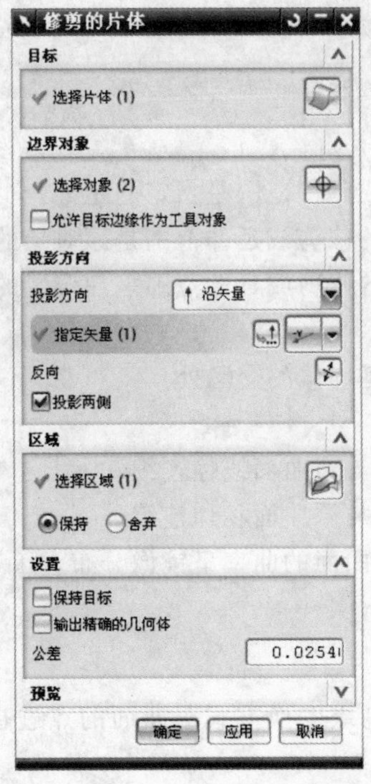

图 7.40 "修剪的片体"对话框

二、修剪和延伸

修剪和延伸操作可以按距离或与另一组面的交点修剪或延伸一组面,它不仅可以对曲面进行相切延伸,还可以进行C2连续延伸。延伸后的曲面既可以独立存在,也可以依附于原曲面,并与原曲面合并成一个整体。

单击"插入"→"修剪"→"修剪和延伸"命令后,这时将弹出如图7.41所示的"修剪和延伸"对话框。该对话框中的各选项含义如下:

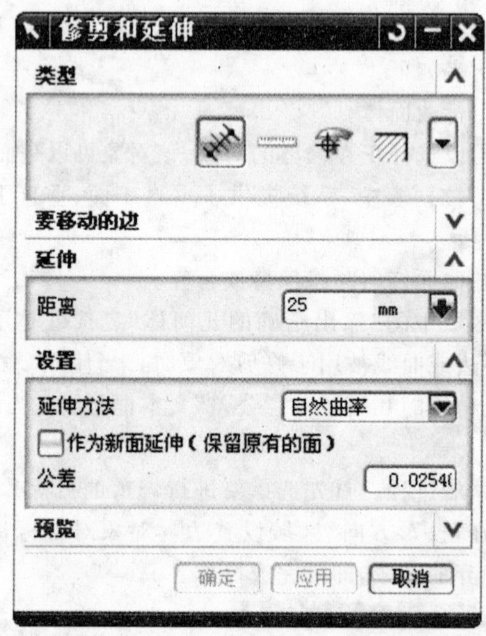

图7.41 "修剪和延伸"对话框

(1)类型

• 按距离:选择此项时,选定对象的修剪或延伸范围是指定的距离。

• 已测量百分比:选择此项时,选定对象的修剪或延伸范围是原对象的百分比。

• 直到选定对象:选择此项时,选定对象的修剪或延伸范围是在设置的矢量方向上至所选对象。

• 制作拐角:选择此项时,指定基片体和延伸体的交叉处。

(2)延伸方法

• 自然曲率:此选项用来控制曲面延伸后与原曲面线性连续。

• 自然相切:此选项用来控制曲面延伸后与原曲面相切连续。

• 镜像:此选项用来控制曲面延伸后与原曲面的曲率呈镜像分布。

三、X成形

该方法是指通过一系列的变换类型以及高级变换方式对曲面的点进行编辑,从而改变原曲面。

单击"自由曲面成形"工具栏中的"X成形"按钮,系统将弹出如图7.42所示的"X成形"对话框。

打开对话框选取需要进行编辑的曲面后，显示该曲面极点及其连线。

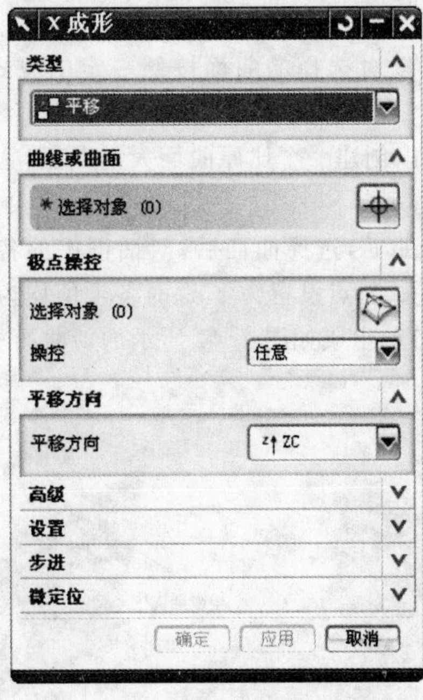

图 7.42 “X 成形”对话框

四、扩大曲面

扩大曲面命令是用于在选取的被修剪的或原始的表面基础上生成一个扩大或缩小的曲面。

单击“编辑曲面”工具栏的“扩大”按钮，系统将弹出如图 7.43 所示的“扩大”对话框。

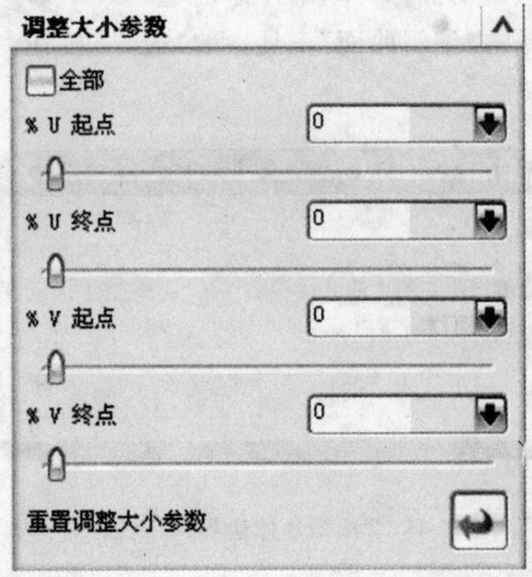

图 7.43 “扩大”对话框

1. 调整大小参数

全部：选择该选项后，U 起点、U 终点、V 起点、V 终点 4 个输入文本框将同时增加（或减少)同样的比例。

2. 模式

• 线性:选择该选项,只可以对选择的曲面按照一定的方式进行扩大,不能进行缩小的操作。

• 自然:选择该选项,既可以创建一个比原曲面大的曲面,也可以创建一个小于该曲面的片体。

下面举例说明"扩大"编辑曲面,选择曲面后,对话框中的各项将被亮显。将模式设置为"自然",选择"全部"复选框,将U起点设置为2,这时各项值均为2。

单击"确定"按钮,系统将自动生成如图7.44所示的新曲面。

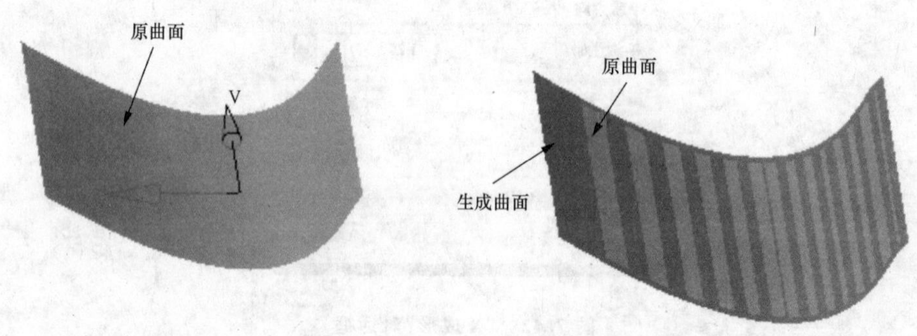

图7.44　生成新曲面过程

五、片体边界

片体边界命令是去除曲面的修剪边,用以恢复曲面原始形状或改变曲面边缘的位置和开关。被编辑面称为基础片体。

单击"编辑曲面"工具栏的"边界"按钮,系统将弹出如图7.45所示的"编辑片体边界"对话框。

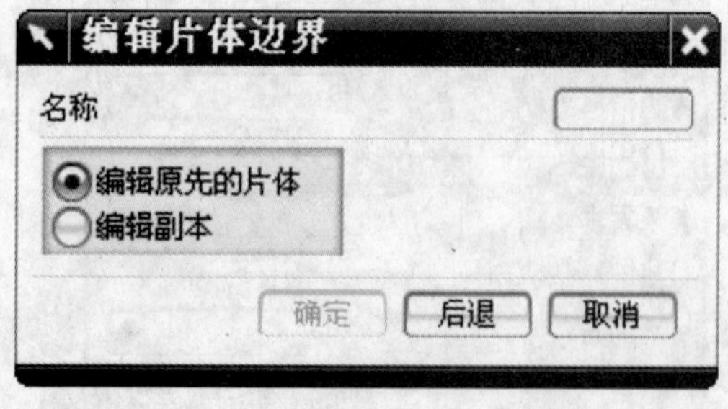

图7.45　"编辑片体边界"对话框

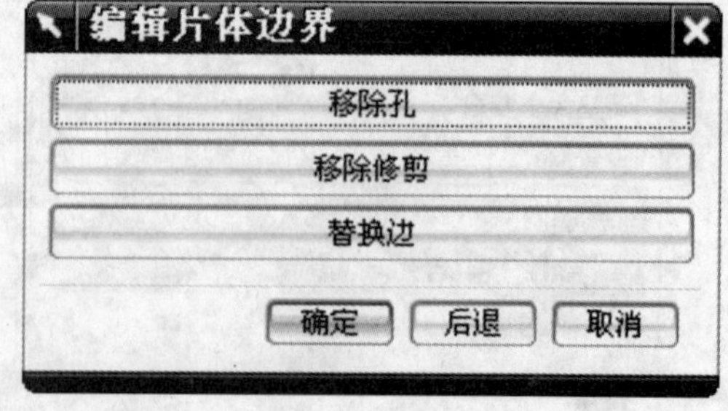

图7.46　"编辑片体边界"对话框

选择一个曲面后,系统将弹出如图7.46所示的"编辑片体边界"对话框。

下面对各个选项进行说明:

(1)移除孔:去除曲面中的孔,只有指定的孔被移除。

(2)移除修剪:去除曲面上所有的修剪边,使曲面恢复形状。

(3)替换边:延伸曲面或修剪曲面。

六、更改阶次

更改阶次命令用于修改曲面 U 和 V 方向的阶次，曲面形状维持不变。

单击“编辑曲面”工具栏的“更改阶次”按钮，系统将弹出如图 7.47 所示的“更改阶次”对话框。

在视图区选择要操作的曲面后，弹出“确认”对话框，提示用户该操作将会移除特征参数，是否继续执行。单击“确定”按钮，弹出如图 7.48 所示的“更改阶次”参数对话框。

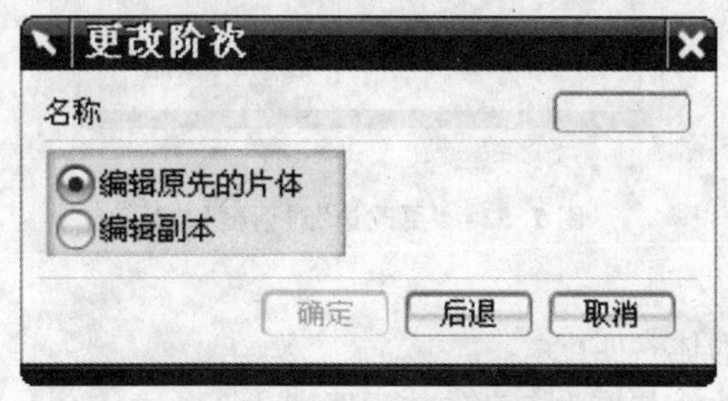

图 7.47 “更改阶次”对话框

7.48 “更改阶次”参数对话框

在文本框中输入合适的阶次后，单击“确定”即可对阶次进行更改。调整阶次后的曲面具有更好的控制性。

七、更改刚度

更改刚度命令是改变曲面 U 和 V 方向参数线的阶次，曲面的形状有所变化。

单击“编辑曲面”工具栏的“更改刚度”按钮，系统将弹出如图 7.49 所示的“更改刚度”对话框(一)。

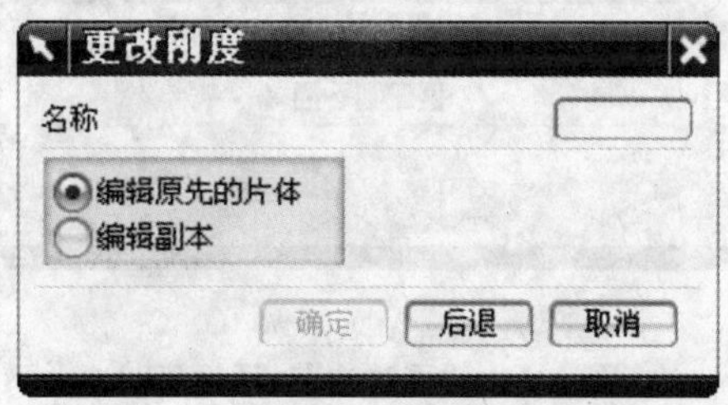

图 7.49 “更改刚度”对话框(一)

图 7.50 “更改刚度”对话框(二)

此时，系统提示选取要更改刚度的曲面，便打开如图 7.50 所示的“更改刚度”对话框(二)，然后在该对话框中设置 U 向和 V 向的阶次参数并单击“确定”按钮即可完成操作。

八、更改边

更改边是通过修改曲面的边缘来生成新的曲面。它可以使曲面的边缘与选取的曲线或实体边缘重合，来进行边缘匹配，也可以使曲面的边缘位于一个平面内，还可以直接编辑边缘的法向、曲率和横向切线。

单击“编辑曲面”工具栏的“更改边”按钮，系统将弹出如图 7.51 所示的“更改边”对话框

(一)。提示选取要编辑的曲面及曲面的边缘,此时将打开如图 7.52 所示的“更改边”对话框(二)和如图 7.53 所示的“更改边”对话框(三)。该对话框用来选择更改边缘的方式,包括如下 5 种:

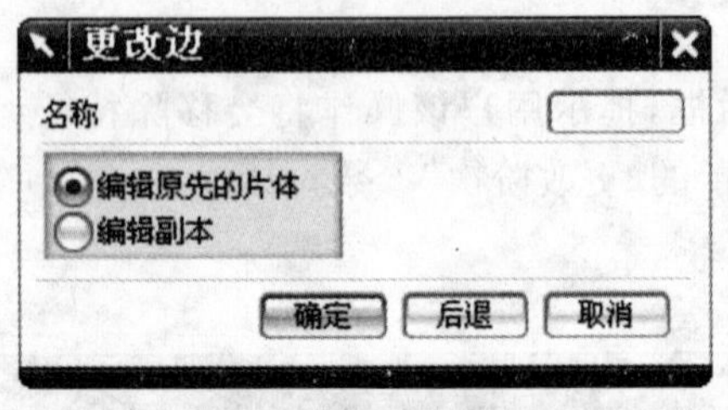

图 7.51 “更改边”对话框(一)

图 7.52 “更改边”对话框(二)

- 仅边:仅将待调整的边缘与某个作为参考的体素匹配。
- 边和法向:待调整的边缘及其在各个点的法线与作为参考的体素匹配。
- 边和交叉切线:待调整的边缘及其在各个点的切线与作为参考的体素匹配。
- 边和曲率:待调整的边缘及其在各个点的曲率与作为参考的体素匹配。
- 检查偏差一不:设置是否进行偏离检查,单击该按钮,该选项将在“检查偏差一不”和“检查偏差一是”间转换。

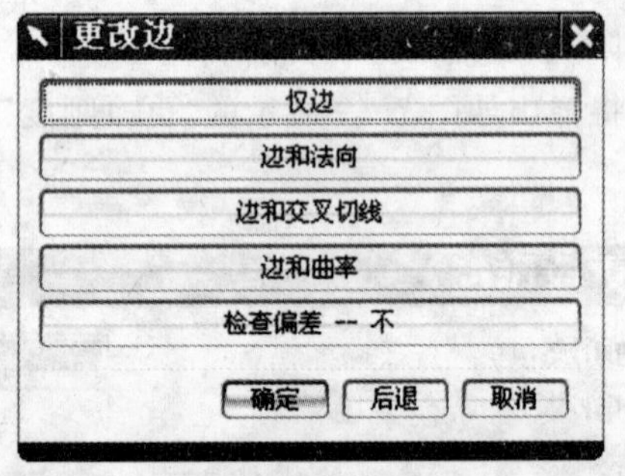

图 7.53 “更改边”对话框(三)

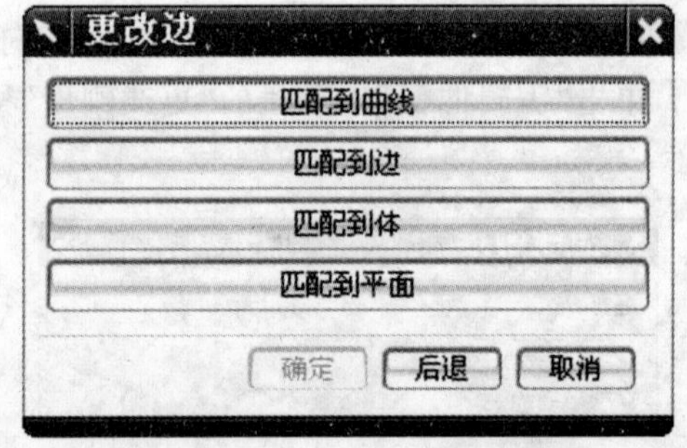

图 7.54 “更改边”对话框(四)

要进行更改边操作,首先在“更改边”对话框(三)中选择“仅边”选项,然后在打开如图 7.54 所示的“更改边”对话框(四)中选择“匹配到边”选项,并选取图中的曲线即可。

九、法向反向

法向反向命令是用于创建曲面的反法向特征。

单击“编辑曲面”工具栏的“移动定义点”按钮,这时系统将弹出如图 7.55 所示的“法向反向”对话框,该命令可以将曲面的整体法向反转 180 度。

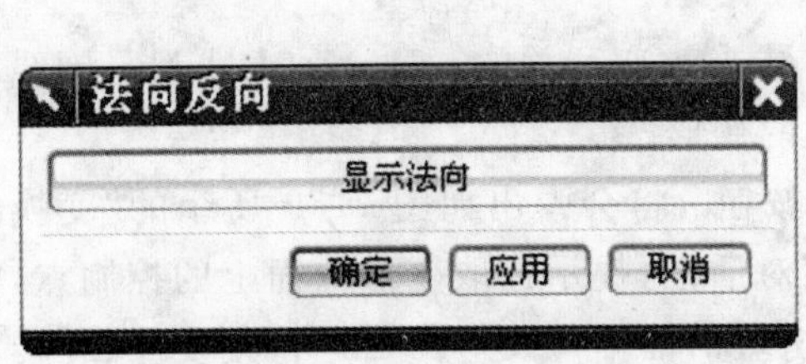

图 7.55 “法向反向”对话框

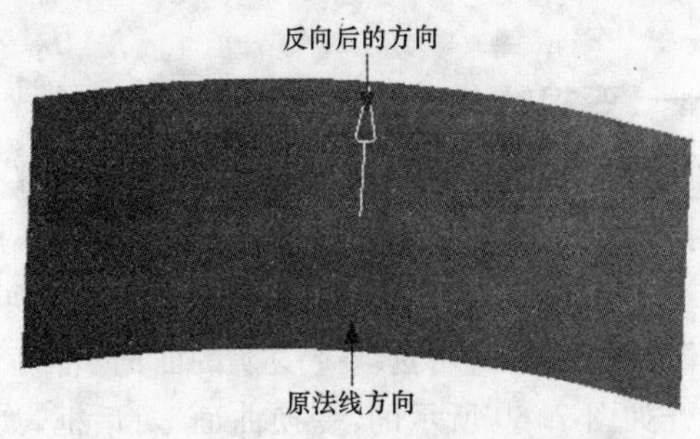

图 7.56 法向反向效果

该对话框仅有一个按钮,用来显示当前选中的曲面的法线方向。弹出如图 7.55 所示对话框的同时,选择片体后系统将显示出片体当前的法向方向,单击“确定”后将会完成反转,其前后效果如图 7.56 所示。

十、片体变形

曲面变形是通过手动控制 U 向和 V 向的参数,利用鼠标拖动滑杆来改变曲面形状。

单击“自由曲面成形”工具栏上的“曲面变形”按钮 ,将会弹出如图 7.57 所示的“选择要编辑的面”对话框,选择要编辑的面,将会弹出“片体变形”对话框,如图 7.58 所示。通过该对话框,可以实现中心点的控制,对曲面进行 U 向或 V 向的拉长、折弯、歪斜、扭转和移位操作,通过鼠标拖动滑杆上的移动按钮,来改变曲面形状,最后单击“确定”按钮,即可完成曲面的变形操作。

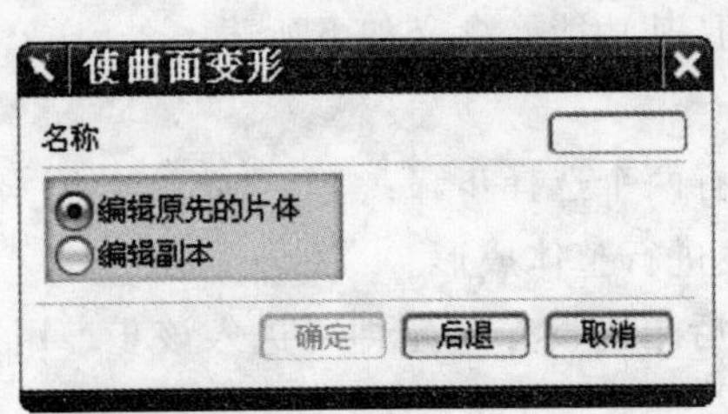

图 7.57 “选择要编辑的面”对话框

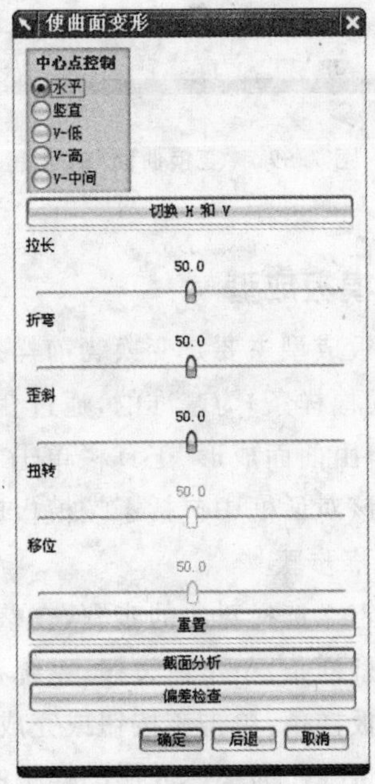

图 7.58 “片体变形”对话框

十一、变换片体

变换片体是通过动态缩放、旋转或平移 3 种方式来改变开关的。这 3 种方式都是围绕控制点沿 XC、YC、ZC 轴的一个或多个方向不同程度的变形。

单击“自由曲面成形”工具栏上的“变换片体”按钮，将会弹出如图 7.59 所示的“变换曲面”对话框，此时若选取要变换的曲面，将打开“点”对话框，提示选取变形曲面上的控制点，将打开如图 7.60 所示的“变换曲面”对话框，如图在该对话框中可以对曲面进行刻度尺、旋转和平移 3 种变形操作。

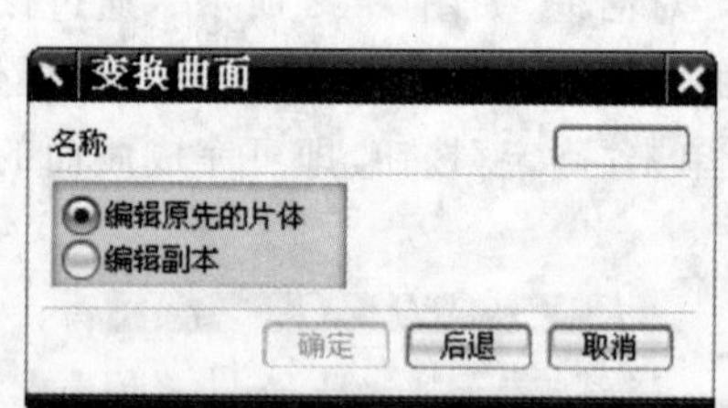

图 7.59 “变换曲面”对话框

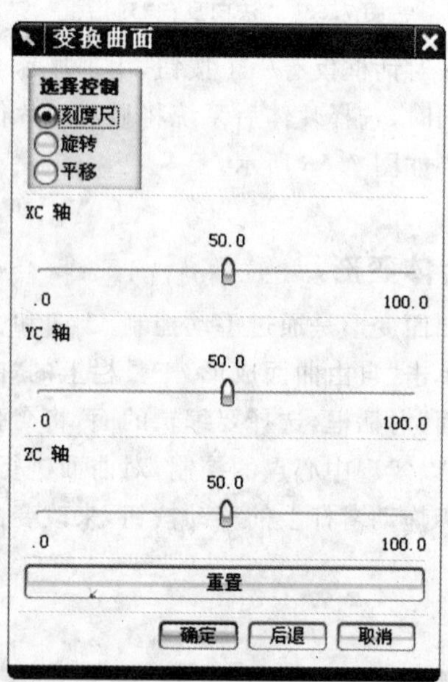

图 7.60 “变换曲面”对话框

十二、按模板成型

按模板成型主要是变换当前样条的形状以匹配模板样条的形状特性。它是以选取的目标样条(或模板样条)为基准的，通过变换样条使其尽可能接近基准样条的形状。

在“自由曲面成形”工具栏单击“按模板成型”按钮，打开“按模板成型”对话框，如图 7.61 所示。在该对话框中包括了按模板成型的选项和按钮，其功能及含义如下所述：

1. 选择步骤

用来定义选择对象的步骤，在整体成形过程中共有两个选择步骤：

• 成型样条：单击该按钮，系统将提示选择样条线进行整体成形。

• 模板样条：单击该按钮或完成了上一步的选择后单击回车确定即可进入该步。用来选择一条样条线作为整体成形的样板曲线。

2. 滑块

该滑块用来控制样板曲线在整体成形过程中对生成的曲线形状的影响程度，滑块处于最左端时整体变形的曲线与原曲线完全重合，随着滑块的右移，样板曲线的作用越来越大。当滑块滑至最右端时样板曲线的作用最大。

3. 整修曲线

选中该复选框后，系统要求生成的曲线必须与样板曲线具有相同的阶数和段数。

4. 编辑副本

选中该复选框后，系统将生成一个新的曲线。如果不选中该对话框，则系统将对整体成形的曲线进行修改。

5. 偏差分析

该项功能可以检查一个曲线或是曲面偏离其他几何元素的程度，并可以及时地生成图形和数字化的反馈信息。通过对该对话框中参数的设置，可以生成一种适合于自己需求的图形及数字输出方式。

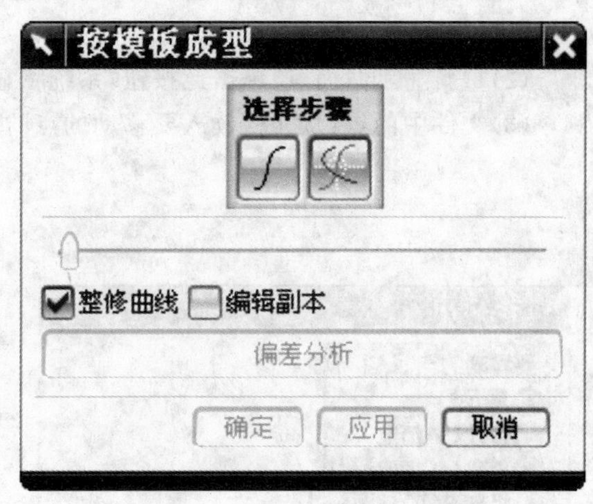

图 7.61 “按模板成型”对话框

任务四 曲面的参数化编辑

曲面的参数化编辑包括两部分：一部分是重定义具有参数化特征的曲面，另一部分是对于由极点(控制点)或定义点构成的曲面，或者由非参数化曲线构成的曲面，可以通过调整其定义点或控制点的位置来编辑修改曲面。采用曲面的参数化编辑方法编辑片体或是实体可以保留所有建立特征的参数。

一、移动定义点

移动定义点命令是通过移动曲面的定义点，达到修改曲面的目的。

单击“编辑曲面”工具栏的“移动定义点”按钮，这时将弹出如图 7.62 所示的“移动定义点”对话框。

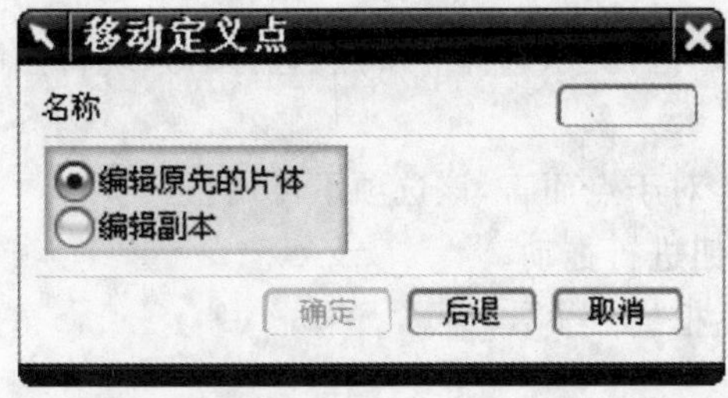

图 7.62 “移动定义点”对话框

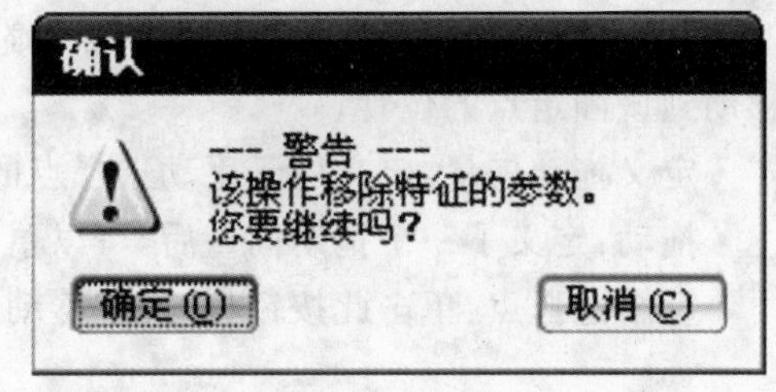

图 7.63 “确认”对话框

选择曲面后，系统将弹出如图 7.63 所示的“确认”对话框。警告用户该操作将移除特征的参数，请求用户选择是否继续进行该项操作。

单击“确定”按钮后，系统将弹出如同 7.64 所示“移动点”对话框，该对话框有 3 个选项分别解释如下：

(1)要移动的点：用来设置待移动点的选择方式：

- 单个点：选择一个控制点进行移动。
- 整行(V 恒定)：选择 V 方向为常数的整行控制点进行移动。

• 整列(U 恒定):选择 U 方向为常数的整列控制点进行移动。

• 矩阵阵列:选择一个矩形区域内的所有点进行移动。

(2)重新显示曲面点:单击此按钮,系统将显示曲面上选择的所有点。

(3)文件中的点:从文件读入要移动的点的坐标。

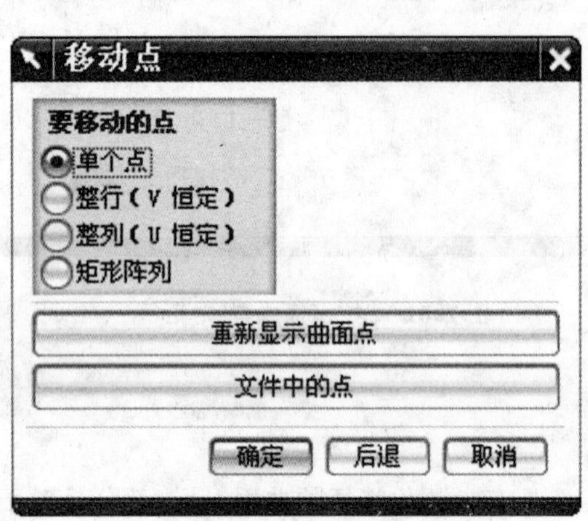

图 7.64 "移动点"对话框

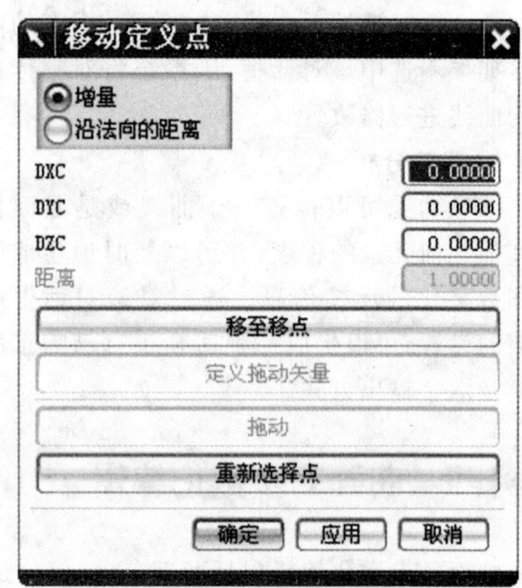

图 7.65 "移动定义点"参数设置对话框

在图 7.64 所示对话框中选取了一种移动点的方式后,在曲面上选取被编辑的定义点,弹出如图 7.65 所示的"移动定义点"参数设置对话框,下面介绍各选项。

• 增量:对选中的控制点进行当前坐标系下的坐标偏移,即是将点的坐标变换为原坐标加偏移量,当选中这种移动方式后,下面的 DXC、DYC、DZC 三个文本框被激活,分别输入 X、Y、Z 方向上的位移增量。

• 沿法向的距离:选中这种移动方式后,系统将定义被选控制点所在的曲面处的法线方向为该控制点的移动方向。

• 移至移点:单击该按钮,将弹出"点构造器"对话框,提示选择一个点,选择后系统将控制点移动到该固定点的位置。

• 定义拖动矢量:定义用于手动选择点的矢量。对于点而言,该选项不可用。

• 拖动:定义了一个拖动向量后,可以单击该按钮进行拖动。

• 重新选择点:单击此按钮将返回"移动点"对话框。

二、移动极点

移动极点是通过移动曲面的极点,达到修改曲面的目的。

单击"编辑曲面"工具栏的"移动极点"按钮,系统将弹出如图 7.66 所示的"移动极点"对话框。

弹出该对话框的同时,系统将要求选择片体。选择一种编辑片体的方式后,选择待编辑的片体,这时系统将弹出如图 7.67 所示的"确认"对话框。单击"确定"后,系统将弹出如图 7.68 所示的"移动极点"对话框。

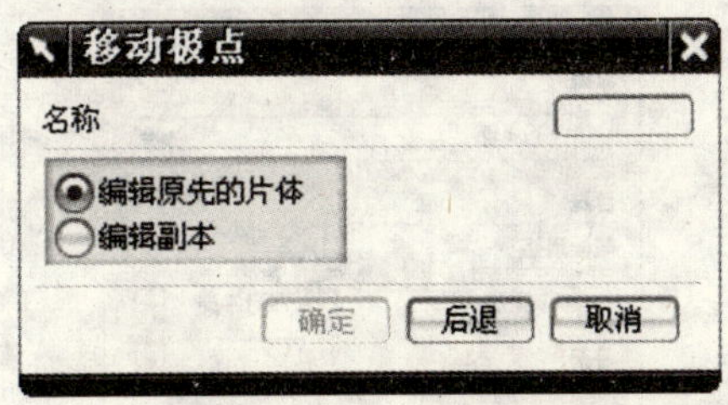

图 7.66 “移动极点”对话框

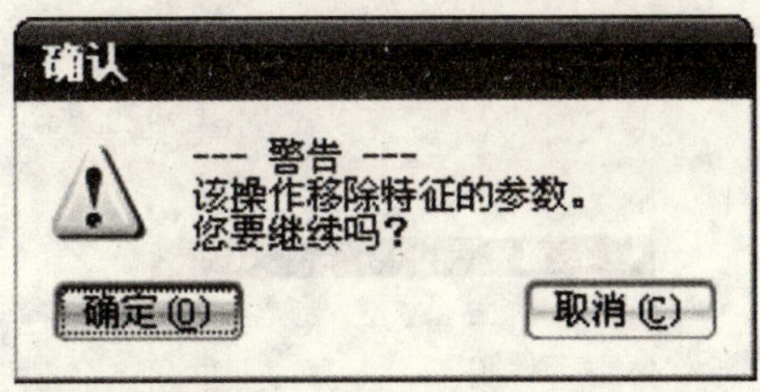

图 7.67 “确认”对话框

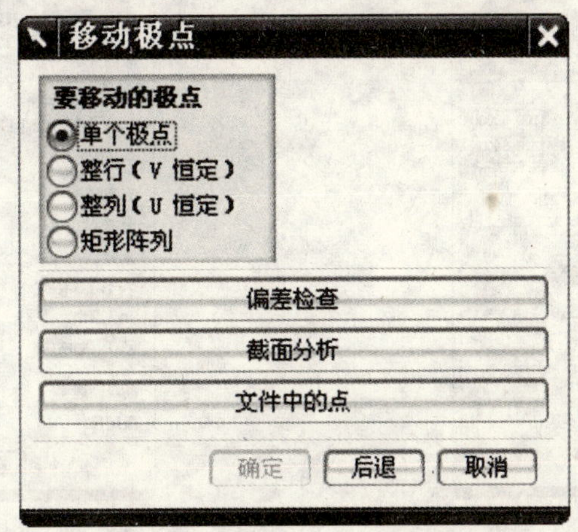

图 7.68 “移动极点”对话框

该对话框共有 4 个选项，下面分别进行说明：

1. 要移动的极点

- 单个极点：选择一个控制点进行移动。
- 整行(V 恒定)：选择 V 方向为常数的整行控制点进行移动。
- 整列(U 恒定)：选择 U 方向为常数的整列控制点进行移动。
- 矩形阵列：选择一个矩形区域内的所有点进行移动。

2. 偏差检查

单击该按钮，弹出如图 7.69 所示的对话框。该项功能可以检查一个曲线或是曲面偏离其他几何元素的程度，并可以随时生成图形和数字化的反馈信息。通过对该对话框中参数的设置，可以生成一种适合于自己需求的图形及数字输出方式。

3. 截面分析

单击该按钮，弹出如图 7.70 所示的对话框。该项功能用来分析生成的曲面的形状和质量，比如是否光滑或曲率是否连续等等，分析结果同偏差检查一样，通过图形的方式表现出来。

4. 文件中的点

单击该按钮，系统将弹出“点文件”对话框，选择数据文件后，系统将根据点的数据文件完成极点的选择。

三、等参数修剪/分割

等参数修剪/分割命令，就是按照一定的百分比在曲面的 U 方向和 V 方向进行等参数的

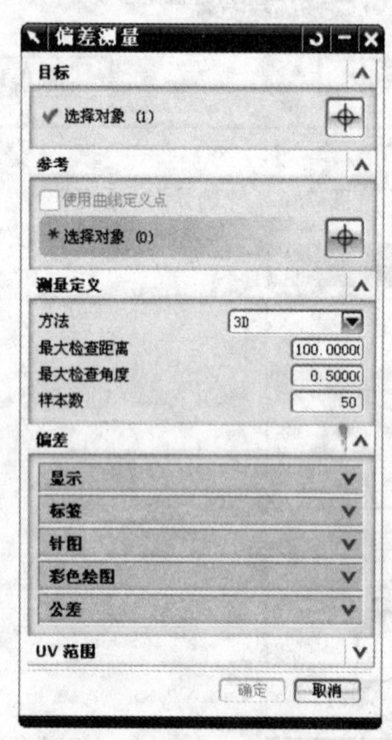

图 7.69 “偏差测量”对话框

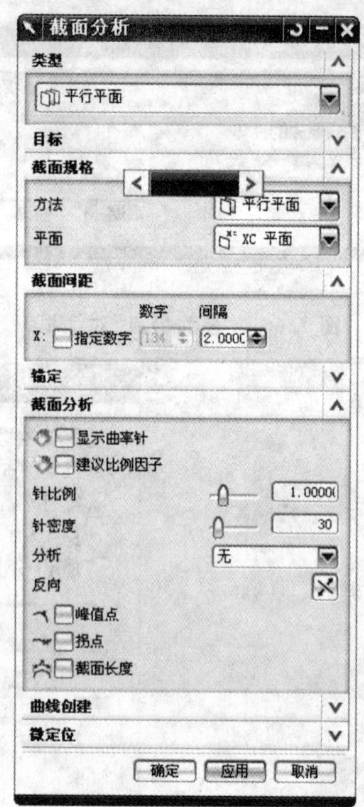

图 7.70 “截面分析”对话框

修剪和分割。

单击“编辑曲面”工具栏的“等参数修剪/分割”按钮，系统将弹出如图 7.71 所示的“修剪/分割”对话框。

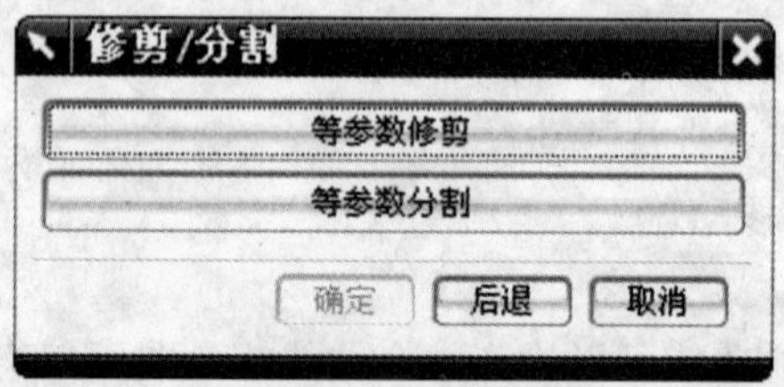

图 7.71 “修剪/分割”对话框

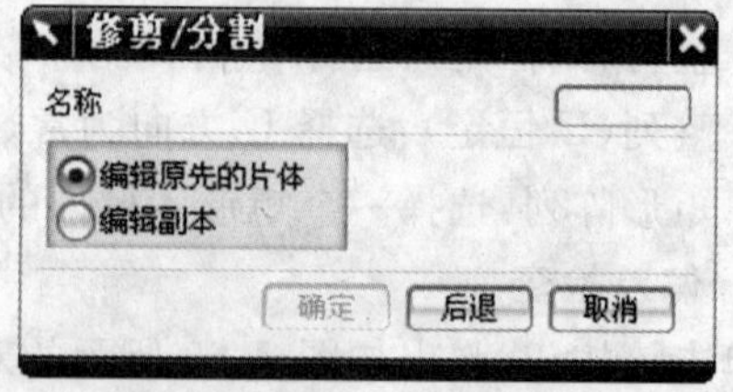

图 7.72 “修剪/分割”对话框

无论选择“等参数修剪”还是“等参数分割”按钮，系统均将弹出如图 7.72 所示的对话框。

当选择了“等参数修剪”按钮，系统将弹出如图 7.72 所示对话框，选择曲面后，系统将弹出如图 7.73 所示的“等参数修剪”对话框。

该对话框中共有 4 个文本框，分别用来输入修剪后曲面 U 向和 V 向占原片体的百分比，其数值范围为 0—100。

另外该对话框中还有一个“使用对角点”按钮，单击该按钮，系统将要求指定两个曲面上的点，通过两点的连线对曲面进行修剪。

当选择“等参数分割”按钮，选择曲面后，系统将弹出如图 7.74 所示的“等参数分割”对话框。

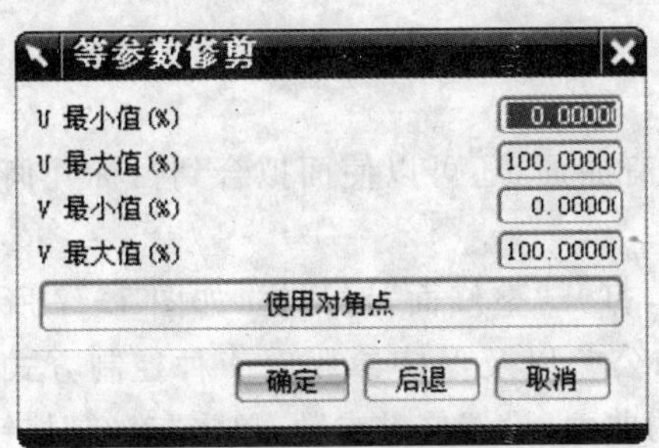

图 7.73 “等参数修剪”对话框

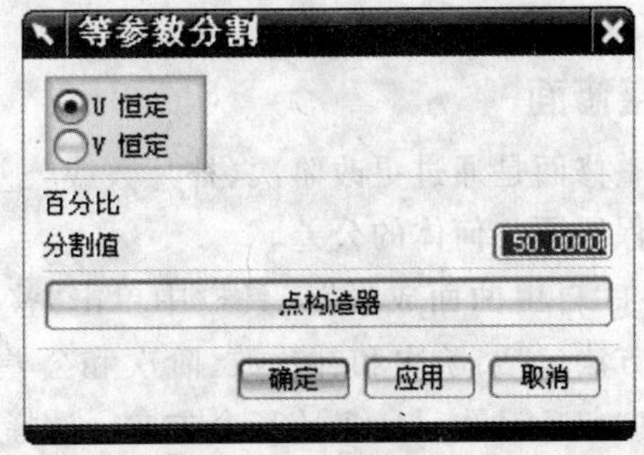

图 7.74 “等参数分割”对话框

- U 恒定：选择该复选框，系统将在 U 向上按照百分比进行划分。
- V 恒定：选择该复选框，系统将在 V 向上按照百分比进行划分。
- 百分比分割值：该文本框用来输入划分时的百分比值。
- 点构造器：单击该按钮，系统将弹出点构造器，要求输入一个点的位置或是在视图中选择合适的点，系统将点的位置在 U 向或是 V 向的投影作为划分的边界。

四、剪断曲面

剪断曲面用于在指定点分割曲面或剪断曲面中不需要的部分。剪断曲面在一定程度上可以替代修剪曲面的功能。

在“自由曲面成形”工具栏中单击“剪断曲面”按钮，打开“剪断曲面”对话框，如图 7.75 所示。该对话框中“整修控制”主要有如下 4 个选项：

- 按原先的：表示根据原来的曲面特征来整修剪断后的曲面。
- 阶次和补片数：表示根据阶次和补片数来整修剪断后的曲面。
- 阶次和公差：表示根据阶次和公差来整修剪断后的曲面。
- 补片数和公差：表示根据补片数和公差来整修剪断后的曲面。

要创建剪断曲面，首先选择剪断曲面的整个控制方式，然后再选择要剪断的曲面，并指定裁剪曲线，即可预览剪断效果，如图 7.76 所示。

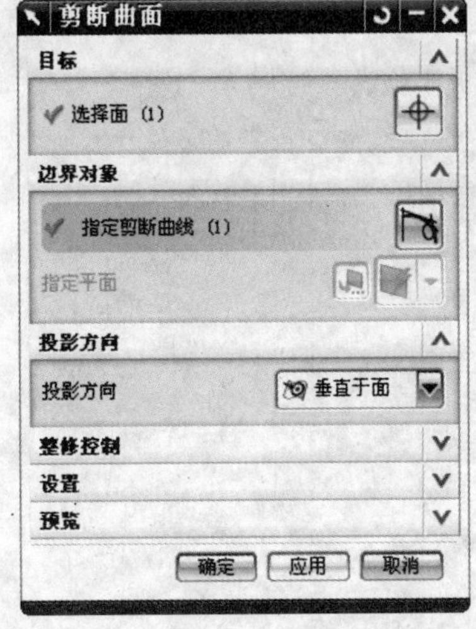

图 7.75 “剪断曲面”对话框

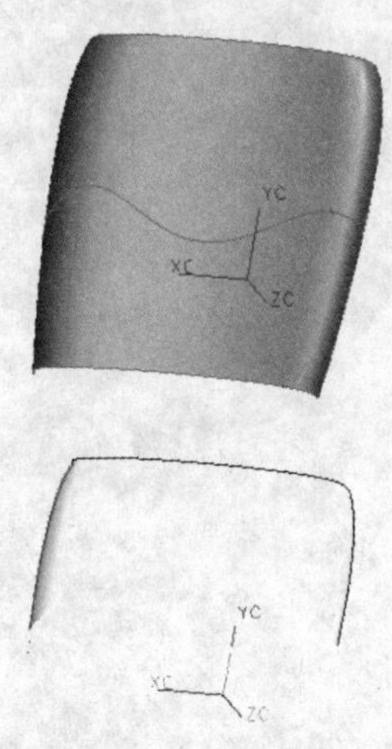

图 7.76 剪断曲面示例

五、整修面

整修面是通过更改阶次、补片数或公差来修改现有曲面,还可以使面拟合到目标几何体,同时保留原几何体的公差。

在"自由曲面成形"工具栏中单击"整修面"按钮,打开"整修面"对话框,如图 7.77 所示。整修方法包括:阶次和补片数、阶次和公差、补片数和公差以及保持参数化 4 种控制方式;修整方向包括:UV、U 和 V 三个方向。选择需要修整的曲面,设置修整参数,单击"确定"按钮即可。

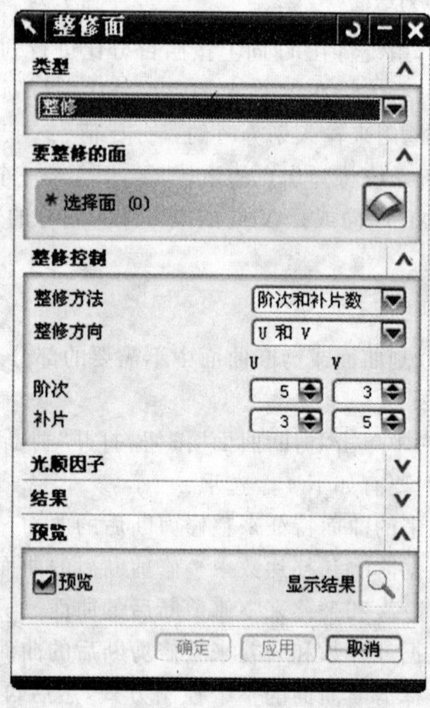

图 7.77 "整修面"对话框

项目八 装配建模

任务一 装配概述

任务二 装配结构操作

任务三 爆炸视图

任务一 装配概述

一、装配介绍

UG NX 6.0 装配模块经快速组合零部件成为产品,同时还能根据装配信息自动生成零件明细表,明细表的内容可随装配信息的变化而更新。装配模型生成后,可建立爆炸视图,并可将其引入到装配工程中,同时还能对轴测图进行局部挖剖。

UG NX 6.0 为满足不同的装配要求,系统提供了 3 种方法建立装配模型。

1. 自底向上装配

该方法是在装配之前,先设计好零件,再将其添加至装配件上。是我们比较习惯的一种装配方法,也是实际装配过程的再现。

2. 自顶向下装配

该方法是在装配过程中建立一个新的组件,给产品带来了极大的方便,设计者可以根据自己的设计思路去完成所需的装配、子装配和组件,验证设计的可靠性。

3. 混合装配

混合装配是将自顶向下装配和自底向上装配结合在一起的装配方法。例如先创建几个主要部件模型,再将其装配在一起,然后在装配中设计其他部件,即为混合装配。在实际设计中,可根据需要在两种模式下切换,以减少产品的开发设计时间。

二、装配建模环境

可通过 3 种方式进入装配环境,现分别介绍如下:

1. 由菜单进入

启动 UG NX 6.0 系统,从"装配"菜单中选择相应的菜单命令即可进行与装配相关的操作。

2. 由"装配"工具栏进入

单击"应用"→"装配"命令,系统将弹出"装配"工具栏,如图 8.1 所示。

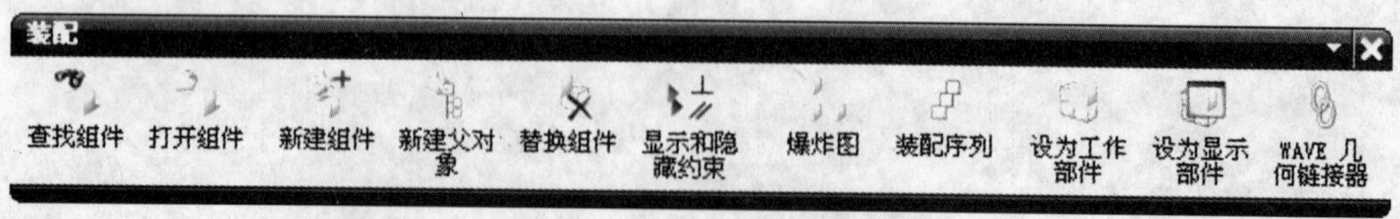

图 8.1 "装配"工具栏

3. 由"装配导航器"进入

"装配导航器"是装配结构的图形化显示界面,它是一个树形的结构。在这种结构中,每一个装配组件用一个节点显示,它不仅能非常清楚地表示各个组件的装配关系,而且在需要时可方便快速地选取和编辑各个组件部件。

"装配导航器"位于绘图工作区的右侧,如图 8.2 所示。

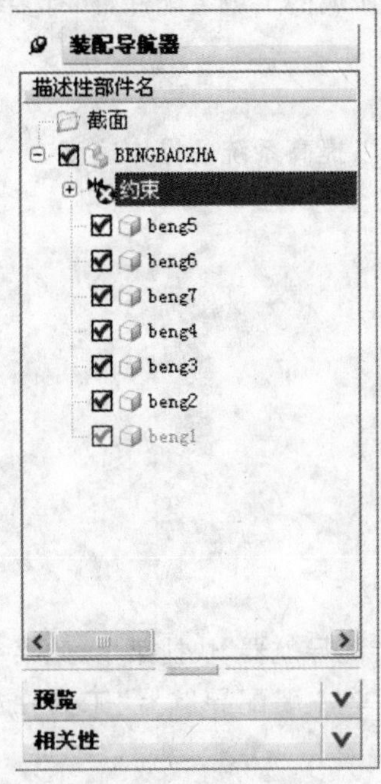

图 8.2　装配导航器

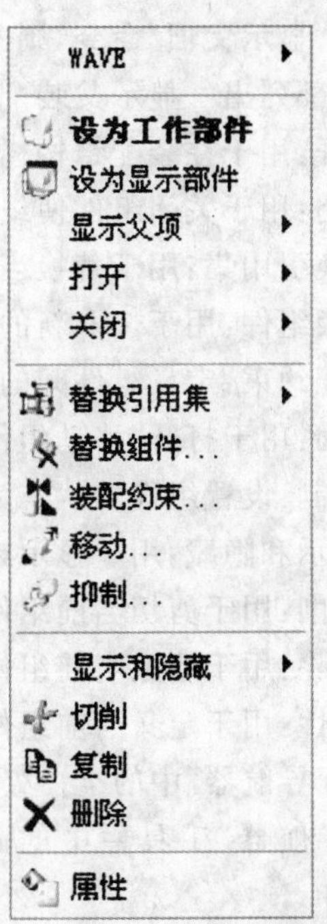

图 8.3　“装配导航器”快捷菜单

导航器中图标说明：

:装配件或子装配件。如果图标为“黄色”，表示该装配件在工作部件内；如果图标为“灰色”，并有“黑色”的实线框，表示该装配件不在工作部件内；如果图标为“灰色”，并有虚线框，表示该装配件被关闭。

:组件图标。如果图标为“黄色”，表示该组件在工作部件内；如果图标为“灰色”，并有“黑色”的实线框，表示该组件不在工作部件内；如果图标为“灰色”，并有虚线框，表示该组件被关闭。

:展开图标。单击可展开该装配或子装配体的装配树。

:隐藏图标。单击可将装配体或某子装配的装配树隐藏起来。

:显示图标。如果图标中的“√”为“红色”，表示该组件被显示，单击图标后，“√”变为“灰色”，该组件被隐藏。

在“装配导航器”中的任意组件上单击鼠标右键，将弹出“装配导航器”快捷菜单，如图 8.3 所示。

快捷菜单各命令介绍如下：

(1)设为工作部件：将当前组件置为工作组件。在不是工作部件的节点上右击，在弹出的快捷菜单中单击“设为工作部件”命令，则选择的部件成为工作部件。此时其他组件变暗，高亮度显示的组件就是当前工作部件，而显示部件不变。另外，在节点上双击，也可使选择部件成为工作部件。

(2)设为显示部件：将当前组件置为显示组件。在不是当前显示部件的节点上右击，在弹出的菜单中单击“设为显示部件”命令，则选择的全为显示部件。

(3)显示父项：显示当前组件上的父组件。在具有上组装配的组件节点上右击，在弹出的菜单中单击“显示父项”命令,则改变显示部件到所选组件所属的上级装配件,如有多级装配则自底向上全部列出。显示父装配时,工作部件保持不变。

(4)打开:用于在装配结构树中打开组件。

(5)关闭:用于关闭组件使组件数据不出现在装配中,以提高系统的操作速度。

(6)替换引用集:用于替换当前所选组件的引用集。

(7)替换组件:用于选取新的部件替换当前所选的组件。

(8)装配约束:定义组件间的配对关系。

(9)移动:用于打开“移动组件”对话框。

(10)抑制:设置组件的状态为不加载状态。

(11)显示和隐藏:用于显示或隐藏选取组件。

(12)切削:用于剪切当前组件。

(13)删除:用于删除当前组件。

(14)属性:用于定义当前组件的属性。

在“装配导航器”中的空白处单击鼠标右键,将弹出“装配导航器”快捷菜单,此菜单中的命令与“装配导航器”工具栏中的命令按钮相对应,快捷菜单、“装配导航器”工具栏如图 8.4 所示。

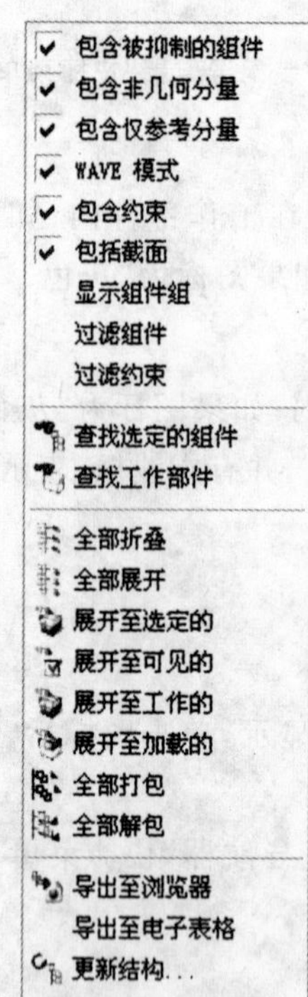

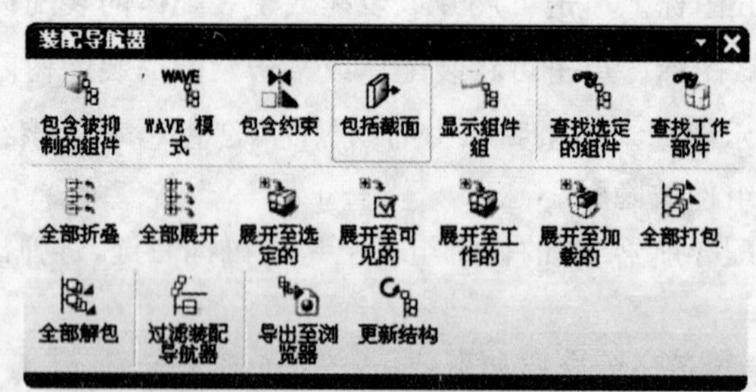

图 8.4 “装配导航器”快捷菜单和“装配导航器”工具栏

快捷菜单中各命令介绍如下:

• 包含被抑制的组件:允许用户选择是否在“装配导航器”窗口中显示已被抑制的组件。

• WAVE 模式:WAVE 模式的开关。单击该按钮时,系统允许产生自顶向下装配和在组件之间建立链接关系,同时右键快捷菜单上会增加 WAVE 功能相关菜单命令。

• 查找选定的组件:用于查找用户选择的组件。

• 查找工作部件:用于查找当前工作部件。

• 全部折叠:用于折叠各级子装配节点。

• 全部展开:用于将装配树中全部的装配节点展开。

• 展开至选定的:用于展开所有包含选定组件的节点。

• 展开至可见的:用于展开所有包含可见组件的节点。

• 展开至工作的:用于展开所有包含工作组件的节点。

• 展开至加载的:用于展开所有完全或部分载入组件的节点。

• 全部打包:用于将同级装配中的所有相同组件打包,用一个节点表示,后面的数字表示打包数量。

• 全部解包:用于在装配树中将打包组件的节点展开,用不同节点表示。

• 导出至浏览器:用于将当前"装配导航器"窗口中的所有信息输出到网页浏览器中。

• 更新结构 :用于更新整个装配结构。

三、装配术语

1. 装配部件

装配部件是由零件和子装配构成的部件。在 UG 中允许向任何一个 .prt 文件中添加部件构成装配,因此任何一个 .prt 文件都可以作为装配部件。在 UG 中,零件和部件不必严格区分。需要注意的是,当存储一个装配时,各部件的实际几何数据并不是存储在装配部件文件中,而是存储在相应的部件(即零件文件)中。

2. 子装配

子装配是在高一级装配中被用作组件的装配,子装配也拥有自己的组件。子装配是一个相对的概念,任何一个装配部件可在更高级装配中用作子装配。

3. 组件对象

组件对象是一个从装配部件链接到部件主模型的指针实体。一个组件对象记录的信息有:部件名称、层、颜色、线型、线宽、引用集和配对条件等。

4. 组件

组件是装配中由组件对象所指的部件文件。组件可以是单个部件(即零件)也可以是一个子装配。组件是由装配部件引用而不是复制到装配部件中。

5. 单个零件

单个零件是指在装配外存在的零件几何模型,它可以添加到一个装配中去,但它本身不能含有下级组件。

6. 自顶向下装配

自顶向下装配,是指在装配级中创建与其他部件相关的部件模型,是在装配部件的顶级向下产生子装配和部件(即零件)的装配方法。

7. 自底向上装配

自底向上装配是先创建部件几何模型,再组合成子装配,最后生成装配部件的装配方法。

8. 混合装配

混合装配是将自顶向下装配和自底向上装配结合在一起的装配方法。例如先创建几个主要部件模型,再将其装配在一起,然后在装配中设计其他部件,即为混合装配。在实际设计中,可根据需要在 2 种模式下切换。

9. 主模型

主模型是供 UG 模块共同引用的部件模型。同一主模型,可同时被工程图、装配、加工、机构分析和有限元分析等模块引用,当主模型修改时,相关应用自动更新。当主模型修改时,有限元分析、工程图、装配和加工等应用都根据部件主模型的改变自动更新。

四、装配引用集

在 UG NX 6.0 装配设计中,引用集是一个较为重要的基础概念,它是要装入到装配体中的部分几何对象。引用集的应用使装配更新时的速度快,内在占用少。引用集包含了零件模型的部分数据,包括模型信息(如模型名称)、图形信息(如几何图形等)等。值得注意的是,在同一个模型文件中可以建立多个类型不同的引用集,引用集属于当前的模型部件,其中系统默认提供的引用集有两个。

在装配设计模式下,从菜单栏的"格式"菜单中选择"引用集"命令,可以创建或编辑引用集,这些应用集控制从每个组件加载并在装配环境中查看的数据量。

从菜单栏的"格式"菜单中选择"引用集"命令,打开如图 8.5 所示的"引用集"对话框。从该对话框中可以看出,新建的装配部件中包含两个默认的引用集,分别为"Entire Part"引用集和"Empty"引用集。

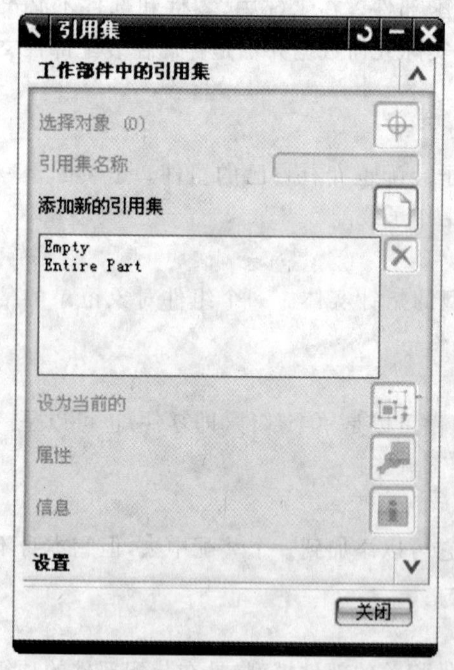

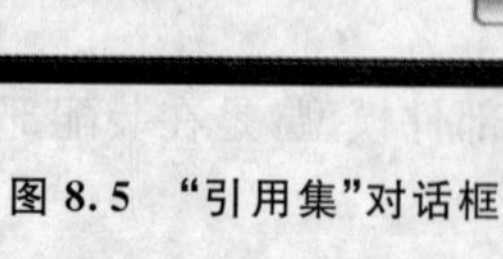

图 8.5 "引用集"对话框

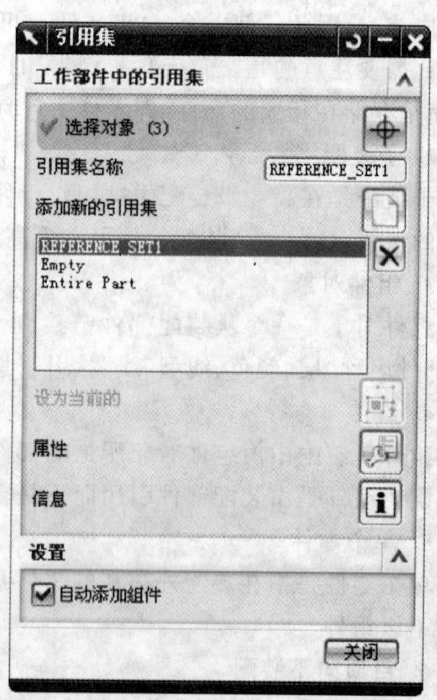

图 8.6 输入新引用集名称

1. Entire Part

该缺省引用集表示整个部件,即引用部件的全部几何数据。在添加部件到装配中时,如果不选择其他引用集,缺省是使用该引用集。

2. Empty

该缺省引用集为空的引用集。空的引用集是不含任何几何对象的引用集,当部件以空的引用集形式添加到装配中时,在装配中看不到该部件。

如果部件几何对象不需要在装配模型中显示，可使用空的引用集，以提高显示速度。

在“引用集”对话框中单击“添加新的引用集”按钮，此时激活“引用集名称”文本框和其他一些元素，如图 8.6 所示，在该文本框中输入引用集名称，确认输入后，新引用集名称显示在引用集列表中。此时系统提示：选择要回到的对象，取消选择要从引用集移除的对象。用户可以选择要添加到引用集的是，并可以在“设置”选项组中设置选中“自动添加组件”复选框。如果清除该复选框，则系统弹出一个“警报”对话框，在该 “警报”对话框中提示：添加到此部件的新组件将不会自动添加到此引用表。

3. 引用集操作

单击“格式” →“引用集”命令，系统将弹出“引用集”对话框。通过该对话框可进行引用集的建立、删除、更名、查看、指定引用集属性以及修改引用集的内容等操作。对话框各个选项介绍如下。

如果要删除不需要的引用集(不能移除系统的默认的“Entire Part”引用集和“Empty”引用集)，那么在“引用集”对话框的引用集列表中选择该引用集，然后单击“移除”按钮即可。

另外，单击“属性”按钮，打开如图 8.7 所示的“引用集属性”对话框，从中可以查看编辑指定引用集对象属性。而单击“信息”按钮，则可以打开如图 8.8 所示的“信息”窗口来查看当前选定的引用集的信息。

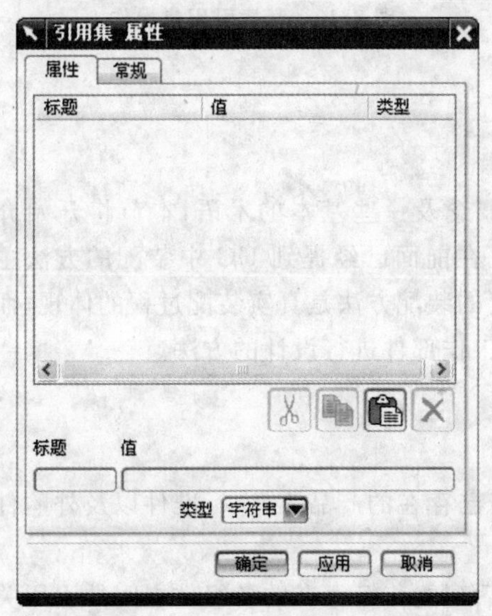

图 8.7 “引用集属性”对话框

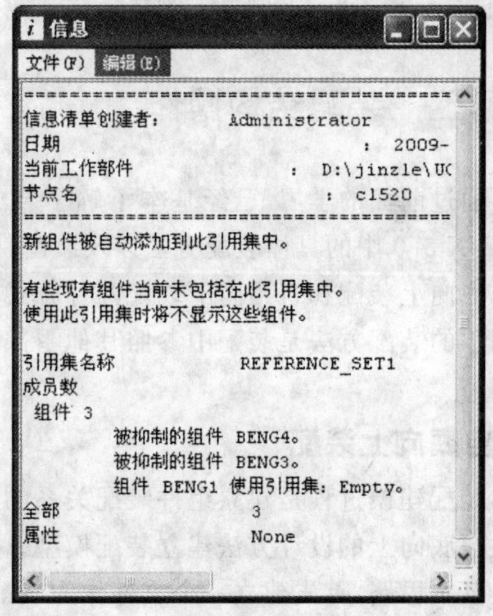

图 8.8 “信息”窗口

下面再简单地介绍一下引用集的使用和替换方法。

(1)引用集的使用：在菜单栏中选择“装配” →“组件”→“添加组件”命令，打开“添加组件”对话框。在“设置”选项组的 Reference Set 下拉列表中选择所需的一个引用集，如图 8.9 所示。

(2)引用集的替换：引用集的替换是指在装配设计中进行部件引用集之间的替换。替换引用集较为快捷的方法是在“装配导航器”窗口中，选择相应的组件(零部件)右击，如图 8.10 所示，从弹出的快捷菜单中展开“替换引用集”命令，从中选择一个替换引用集。

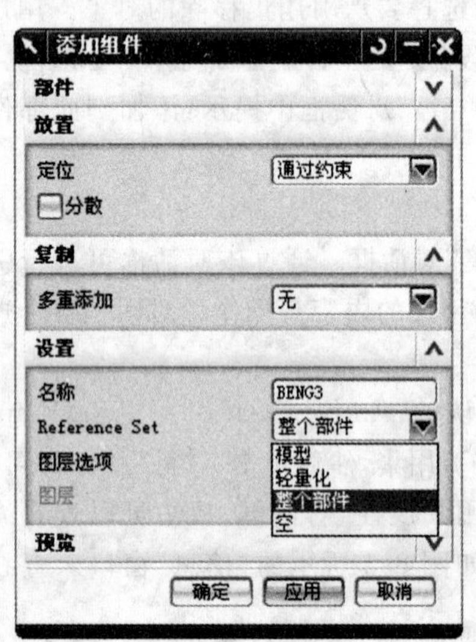

图 8.9 “添加组件”对话框

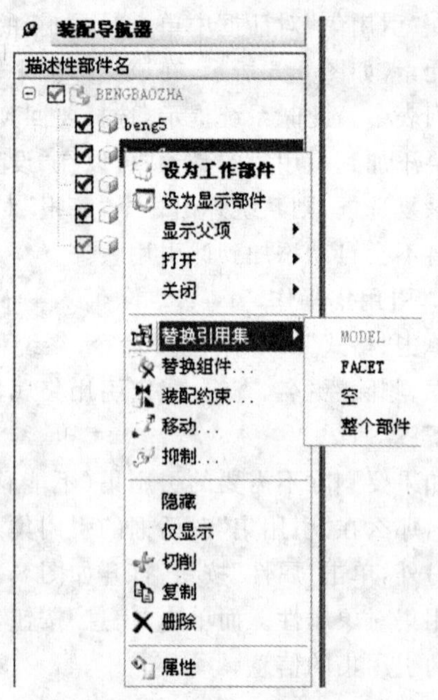

图 8.10 替换引用集操作

任务二 装配结构操作

通过前面的学习,已经基本了解了装配设计的概念及一些基本的术语,本节将开始介绍UG NX 6.0中的具体装配方法以及装配件的编辑。在前面已经提到UG中装配的方法主要有自底向上装配和自顶向下装配两种方式,自底向上的装配方法是真实装配过程的体现,而自顶向下的装配方法是装配中参照其他零部件对当前工作部件进行设计的方法。

一、自底向上装配

装配建模过程是建立组件装配关系的过程,对于已存在的产品零件、标准件以及外购件可通过自底向上的设计方法建立装配模型。

基本思路:首先建立一个文件作为装配文件,然后建立与已存在的各组件之间的引用关系和相对位置关系。

1. 添加组件

建立装配体与零件集合体之间的引用关系,将已设计好的几何组件添加到装配体中。

通过菜单“装配”→“组件”→“添加组件”或单击“装配”工具条上的“添加现有组件”按钮,将会弹出图8.11所示的“添加组件”对话框,所需文件如果已经打开,可以在“选择部件”对话框中的“已加载的部件”下的列表框内选择,如果是最近访问过的文件,可以在“最近访问的部件”下的列表框内选择,或者可单击“打开”后的按钮,查找所需要的零件文件,如图8.12所示,选择文件后将会弹出“组件预览框”,选择某种放置方式,单击“OK”按钮,即可完成组件的添加。

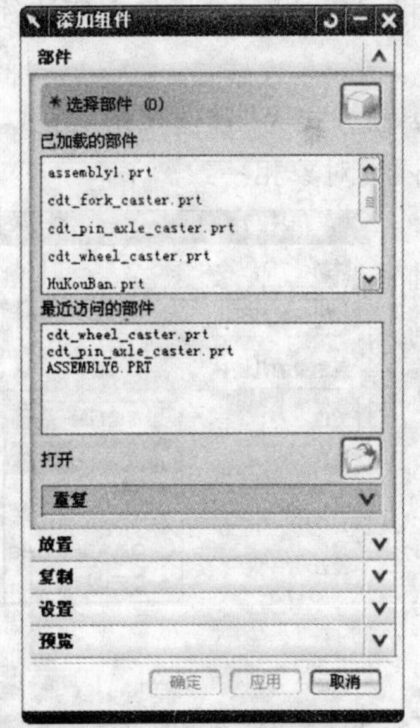

图 8.11 “添加组件”对话框

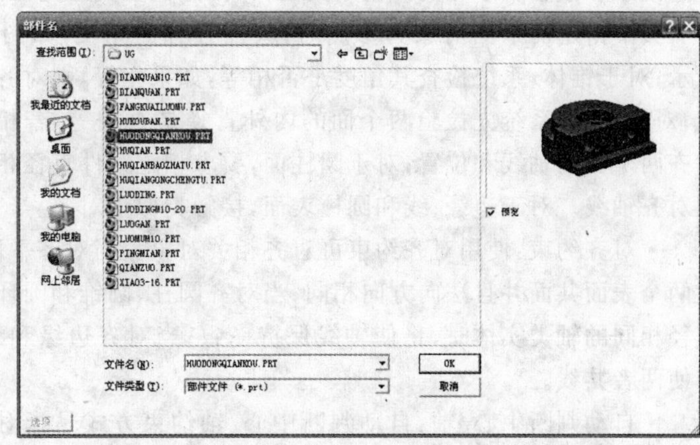

图 8.12 “部件名”对话框

在“添加现有部件”对话框中选项说明：

• 定位：引用零件的几何体在装配体中的位置，有“绝对原点”、“选择原点”、“配对”和“重定位”4 种方式。

(1)“绝对原点”：将零件的设计坐标系与装配体的装配坐标系重合，然后利用“配对组件”将其装配到装配体上；

(2)“选择原点”：选择此项，单击“确定”按钮，将会弹出“点构造器”对话框，利用点构造器选择装配体中的一个点作为引用组件的放置点，组件的坐标系与装配坐标系平行，然后利用“配对组件”将其装配到装配体上；

(3)“配对”：为添加的零件添加定位约束来确定零件在装配体中的位置，即先定位再装配；

(4)“重定位”：选择此项，单击“确定”按钮，将会弹出“点构造器”对话框，利用点构造器选择装配体中的一个点作为引用组件的放置点，单击“确定”后将会弹出“重定位组件”对话框，对装配的组件进行位置的调整，然后利用“配对组件”将其装配到装配体上。

• 图层选项：指定添加的部件图层，有“工作层”、“原先的”和“按指定的”3 种。

(1)“工作层”：将零件添加到当前的工作层；

(2)“原先的”：将零件添加到仍为原零件所创建的图层，如原零件在第 10 层，添加后该零件将被放置在装配文件的第 10 层；

(3)“按指定的”：将添加的零件放在指定图层。

• 复制：将添加的组件进行阵列，参见组件阵列。

• 引用集：选择所添加部件的引用集，参见本章后面的引用集。

2. 配对组件

在装配过程中，无论是自顶向下还是自底向上的装配方法，对现有组件进行定位的方法，都是设置关联条件为组件之间施加约束。关联条件是指组件的装配关系，以确定组件在装配中的相对位置。关联条件由一个或多个关联约束组成，关联约束限制组件在装配中的自由度。

(1)接触对齐约束：在 UG NX 6.0 软件中，将以上版本的对齐约束和接触约束合为一个约束类型,这两个约束方式都可指定关联类型定位两个同类对象相一致,以下将详细介绍该约束类型的 4 种约束方式的具体设置方法,如图 8.13 所示。

• 首选接触和接触:选择“接触对齐”约束类型后,系统默认接触方式为“首选接触”方式,首选接触和接触属于相同的约束类型,即指定关联类型定位两个同类对象相一致。

其中指定两平面对象为参照时,共面且方向相反,如图 8.13 所示;对于锥体,系统检查其角度是否相等,如果相等,则对齐其轴线;对于曲面,系统先检验两个面的内外直径是否相等,若相等则对齐两个面的轴线和位置;对于圆柱面,要求相配组件直径相等才能对齐轴线。对于边缘、线和圆柱表面,接触类似于对齐。

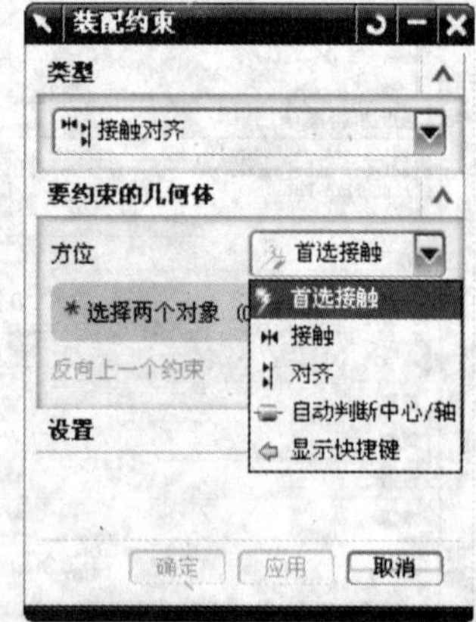

图 8.13 接触约束

• 对齐约束:使用对齐约束可对齐相关对象。当对齐平面时,使两个表面共面并且法向方向相同;当对齐圆柱、圆锥和圆环面等直径相同的轴类实体时,将使轴线保持一致;当对齐边缘和线时,将使两者共线。

• 自动判断中心/轴:自动判断中心/轴约束方式是指对于选取两回转体对象,系统将根据选取的参照自动判断,从而获得接触对齐约束效果。

选择约束方式为“自动判断中心/轴”方式后,依次选取两个组件对应参照,即可获得该约束效果。

(2)角度和垂直约束:在定义组件与组件、组件与部件之间的关联条件时,选取两参照面设置角度约束限制,从而通过面约束直到限制组件移动约束的目的。其中垂直约束是角度约束的一种特殊形式,可单独设置也可以按照角度约束设置。

• 角度约束:该约束类型是在两个对象间定义角度,用于约束相配组件到正确的方位上。角度约束可以在两个具有方向适量的对象间产生,角度是两个方向矢量的夹角,逆时针方向为主。

• 垂直约束:设置垂直约束使两组件的对应参照在矢量方向垂直。

(3)平行和距离约束:在设置组件和部件、组件和组件之间的约束方式时,为定义两个组件保持平行对应的关系,可选取两组件对应参照面,使面与面平行;为更准确显示组件间的关系可定义面与面之间的距离参数,从而显示组件在装配体中的自由度。

• 平行约束:设置平行约束使两组件的装配对象的方向矢量彼此平行。该约束方式与对齐约束相似,不同之处在于:平行装配操作使两平面的法矢量同向,但对齐操作不仅使两平面法矢量同向,并且能够使两平面位于同一个平面上。

• 距离约束:该约束类型用于指定两个组件对应参照面之间的最小距离,距离可以是正值也可以为负值,正负号确定相配组件在基础组件的哪一侧。

(4)中心和同心约束:在设置组件之间的约束时,对于具有回转体特征的组件,可选取各组件的设置中心约束或者同心约束,从而限制组件在整个装配中的相对位置。

• 中心约束:设置中心约束使被装配对象的中心与装配组件对象中心重合。其中相配组件是指需要添加约束进行定位的组件,基础组件是指已经添加约束的组件。该约束方式包括多个子类型,各子类型的含义如下所述:

①1 对 1:选择该约束类型将相配组件中的一个对象中心定位到基础组件中的一个对象中心上,其中两个对象都必须是圆柱体或轴对称实体。

②1 对 2:选择该约束类型将相配组件中的一个对象中心定位到基础组件中的两个对象的对称中心上。

③2 对 1:将相配组件中的两个对象的对称中心定位到基础组件的一个对象中心位置处。

④2 对 2:将相配组件的两个对象和基础组件的两个对象成对称中心布置。

• 同心约束:同心约束是指定两个具有回转体特征的对象,使其在同一条轴线位置。选择约束类型为"同心"类型,然后选取两对象回转体边界轮廓线,即可获得同心约束效果。

二、自顶向下装配

自顶向下装配方法有 2 种:第一种是先在装配中建立一个几何模型,然后创建一个新组件,同时将该几何模型链接到到新建组件中;第二种是先建立一个空的新组件,它不含任何几何对象,然后使其成为工作部件,再在其中建立几何模型。

(1)装配方法 1:这种装配方法是建立一个不包含任何几何对象的空组件再对其进行建模,即首先在装配中建立一个几何模型,然后创建一个新组件,同时将该几何模型链接到新建组件中,具体装配建模方法如下:

• 打开一个文件:执行该装配方法,首先打开的是一个含有组件或装配件的文件,然后在该文件中建立一个或多个组件。

• 新建组件:在主菜单上选择命令"装配"→"组件"→"新建组件",或者是在装配工具栏中点击"新建组件"图标,将打开"新建组件"对话框,如图 8.14 所示。此时如果单击"选择对象"按钮,可选取图形对象为新建组件。但由于该装配方法只创建一个空的组件文件,因此该处不需要选择几何对象。

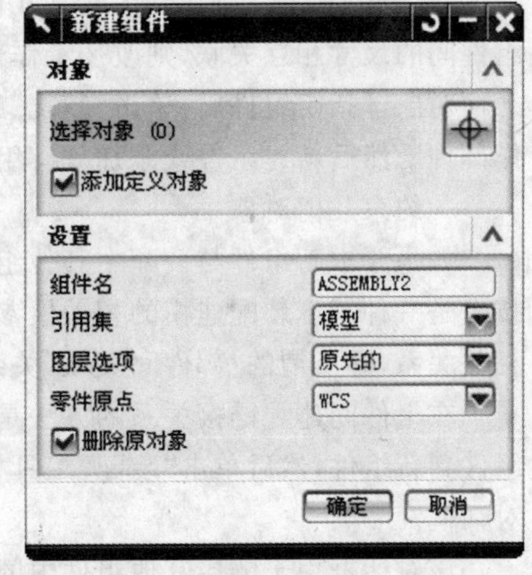

图 8.14 "新建组件"对话框

接着展开该对话框的"设置"面板,该面板中包含多个列表框以及文本框和复选框,其含义和设置方法如下所述:

• 组件名:用于指定组件名称,默认为组件的存盘文件名。如果新建多个组件,可修改该组件名便于区分其他组件。

• 引用集:在该列表框中可指定当前引用集的类型,如果在此之前已经创建了多个引用集,则该列表框中将包括模型、仅整个部件和其他。如果选择"其他"列表项,可指定引用集的名称。

• 图层选项:用于设置产生的组件加到装配部件中的哪一层。选择"工作"项表示新组件加到装配组件的工作层;选择"原先的"项表示新组件保持原来的层位置;选择"按指定的"项表示将新组件加到装配组件的指定层。

• 零件原点:用于指定组件原点采用的坐标系。如果选择 WCS 选项,设置零件原点为工作坐标;如果选择"绝对"选项,将设置零件原点为绝对坐标。

• 删除原对象:启用该复选框,则在装配中删除所选的对象。

设置新组件的相关信息后,单击该对话框中的"确定"按钮,即可在装配中产生一个含所选部件的新组件,并把几何模型加入到新建组件中。然后将该组件设置为工作部件,并在组件环境中添加并定位已有部件,这样在修改该组件时,可任意修改组件中添加部件的数量和分布方式。

(2)装配方法 2:这种装配方法是指先建立一个空的新组件,它不含任何几何对象,然后使其成为工作部件,再在其中建立几何模型。与上一种装配方法不同之处在于:该装配方法打开一个不包含任何部件和组件的新文件,并且使用链接器将对象链接到当前装配环境中,其设置方法如下所述:

1. 打开一个文件并创建新组件

打开一个文件,该文件可以是一个不含任何几何体和组件的新文件,也可以是一个含有几何体或装配部件的文件。然后按照上述创建新组件的方法创建一个新的组件。

新组件产生后,由于其不含任何几何对象,因此装配图形没有什么变化。完成上述步骤以后,类选择器对话框重新出现,再次提示选择对象到新组件中,此时可选择取消对话框。

2. 建立并编辑新组件几何对象

新组件产生后,可在其中建立几何对象。首先必需改变工作部件到新组件中,然后执行建模操作,有以下两种建立几何对象的方法。

• 建立几何对象

新组件产生后,可在其中建立几何对象,首先必需改变工作部件到新组件中。如果不要求组件间的尺寸相互关联,则改变工作部件到新组件,直接在新组件中用建模的方法建立和编辑几何对象。指定组件后,单击“装配”工具栏中的“设为工作部件”按钮,即可将该组件转换为工作部件。然后新建组件或添加现有组件,并将其定位到指定位置。

• 约束几何对象

如果要求新组件与装配中其他组件有几何链接性,则应在组件间建立链接关系。WAVE 技术是一种基于装配建模的相关性参数化设计的技术,允许在不同部件之间建立参数之间的相关关系,即所谓的“部件间关联”关系,实现部件之间的几何对象的相关复制。

在组件间建立链接关系的方法是:保持显示组件不变,按照上述设置组件的方法改变工作组件到新组件,然后单击“装配”工具栏中的“WAVE 几何链接器”按钮,打开如图 8.15 所示的对话框。

该对话框用于链接其他组件中的点、线、面和体等到当前的工作组中。在“类型”列表框中包含链接几何对象的多个类型,选择不同的类型对应的面板各不相同,以下简要介绍这些类型的含义和操作方法:

• 点:链接当前装配模型中一个部件的点或直线到工作部件。

• 复合曲线:链接当前装配模型中一个部件的曲线到工作部件。

• 基准:链接当前装配模型中一个部件的基准面或基准轴到工作部件。

• 面:链接当前装配模型中一个部件的面到工作部件。选择“删除孔”复选框则不链接该表面上的孔。

• 面区域:链接当前装配模型中一个部件表面区域到工作部件,链接表面区域是根据指定的边界所确定的一个区域内所有的面。

• 体:链接当前装配模型中一个部件的实体或片体到工作部件。

• 镜像体:链接当前装配模型中一个部件的实体或片体相对于指定的平面镜像到工作部件。

• 管线布置对象:链接当前装配模型中一个管路对象到工作部件。

注意:若选择“固定于当前时间戳记”复选框,表示链接的特征随后续特征的变化而变化,

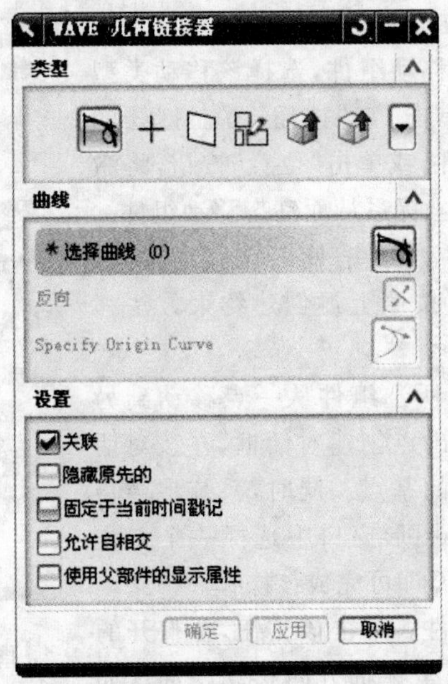

图 8.15 “WAVE 几何链接器”对话框

系统默认是将抽取的特征放在已存在特征之后。

若选择“隐藏原先的”复选框，表示链接后原几何体对象被隐藏。

若选择“关联”复选框，表示仅抽取几何对象，不建立与原几何体的关联。

三、装配组件编辑

组件添加到装配以后，可对其进行删除、属性编辑、抑制、阵列、替换和重新定位等编辑。下面来介绍实现各种编辑的方法和过程。

1. 删除组件

选择命令“编辑”→“删除”，系统将提示用户选取需要进行删除操作的组件，选取相关组件后，系统即可完成组件的删除操作。如果组件的删除操作会引起装配中其他关联条件的错误，系统会弹出“更新失败列表”对话框，列出当前错误的提示。

2. 替换组件

选择命令“装配”→“组件”→“替换组件”，系统将提示用户选取需要进行替换操作的组件，选取相关组件后，系统会给出警告提示，让用户确认替换组件操作是“维持配对关系”或“移除和添加”或“取消”。随后用户可以按照创建组件的方式重新载入一个新的部件来替换选取的组件。

3. 移动组件

在装配过程中或已经执行装配后，如果使用约束条件的方法不能满足设计者的实际装配需要，还可以手动编辑的方式将该组件移动到指定位置处。

选择命令“装配”→“组件”→“移动组件”，系统会弹出如图 8.16 所示的“移动组件”对话框。

对话框上部是组件重新定位方法图标，对话框中部列出距离或角度变化大小的设置，对话框下部是重新定位的其他选项。

各按钮的含义以及使用方法说明如下：

• 动态：使用动态坐标系移动组件，选择该移动类型后选取待移动的对象，然后单击“点”按钮，可在打开的“点”对话框后指定点移动组件，或单击“位置”按钮，将激活坐标系，可通过移动或旋转坐标系从而动态移动组件。

• 通过约束：使用约束移动组件，旋转该移动方式，对话框将增加“约束”面板，可按照上述创建约束方法移动组件。

• 点到点：该图标用于将所选组件从一点移动到另一点。选择该图标后，将会弹出点创建对话框，在该对话框中选择一个点，作为组件上的基点。同时，系统将会自动打开另一点创建对话框，在图形窗口中选择一个点作为组件移动的目标点，单击 OK 即可完成该操作。

• 平移：用于平移所选组件。单击该按钮，在打开的“变换”对话框中设置 X、Y、Z 坐标轴方向移动距离。如果输入值为正，则沿坐标轴正向移动。反之沿负向移动。

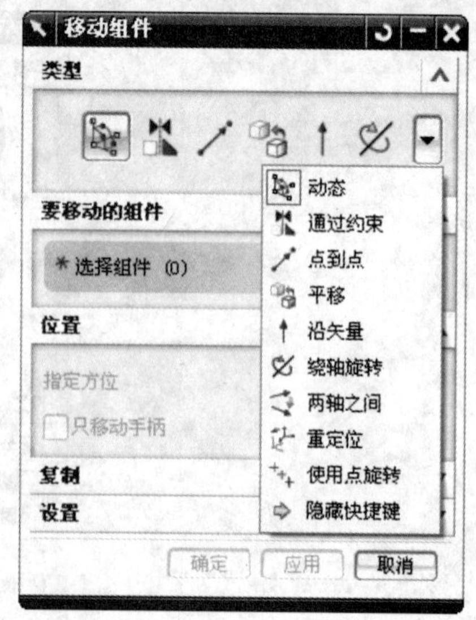

图 8.16 “移动组件”对话框

• 沿矢量：通过定义矢量方向和距离参数达到移动组件的效果，旋转该移动方式后选取待移动的对象，并选取矢量参照和输入移动距离即可获得移动效果。

• 绕轴旋转：用于绕轴线旋转所选组件。选择该按钮，选取点和对应的矢量方向，使该组件沿该旋转轴执行旋转操作。

• 重定位：用于移动坐标方式重新定位所选组件。选择该按钮，打开 CSYS 对话框，通过该对话框指定参考坐标系和目标坐标系。

• 两轴之间：用于在选择的两轴间旋转所选的组件。选择该按钮，通过指定参考点、参考轴和目标轴的方向，并输入旋转角度，即可将组件在所选择的两轴间指定旋转角。

• 使用点旋转：用于在选择的两点之间旋转所选的组件。单击该按钮，通过指定 3 个参考点并输入旋转角度，即可将组件在所选择的两点之间旋转指定的角度。

4. 阵列组件

在 UG NX 装配设计过程中，经常会遇到包含线性或圆周阵列的螺栓、销钉或螺钉定位组件，单独依靠以上章节中介绍的装配方法，很难起到快速装配的效果。而使用“组件阵列”工具可以快速创建和编辑装配中组件的相关阵列，一次创建多个组件并确定位置。

要进行阵列组件操作，可单击“装配”工具栏中的“创建组件阵列”按钮，打开“类选择”对话框，选取要执行阵列的对象，单击“确定”按钮，即可打开“创建组件阵列”对话框，如图 8.17 所示。在该对话框中列出了 3 种组件阵列定义的类型：“从实例特征”、“线性”、“圆形”，用户可以选择不同的阵列方式得到不同的组件阵列效果。

下面分别介绍这 3 种定义类型的含义。

(1)从实例特征阵列：根据模板组件的装配约束，生成各组件的配对关联约束。因此，模板组件必须要有配对关联约束。同时，基础组件上与模板组件相关联的特征，会按指定的阵列参数产生。

“从实例特征”类型是关联的，如果旋转阵列组件的基础组件发生变化，则关联到其上的组件也会改变。例如在基础组件上增加、删除特征的个数，改变特征的位置，都会影响到阵列组件的个数和位置。

(2)线性阵列:设置线性阵列用于创建一个二维组件阵列,即指定参照设置行数和列数创建阵列组件特征,也可以创建正交或非正交的组件阵列。

选择“线性”单选按钮,点击“确定”后弹出如图 8.18 所示的“创建线性阵列”对话框,在该对话框中可创建以下 4 种线性阵列方式:

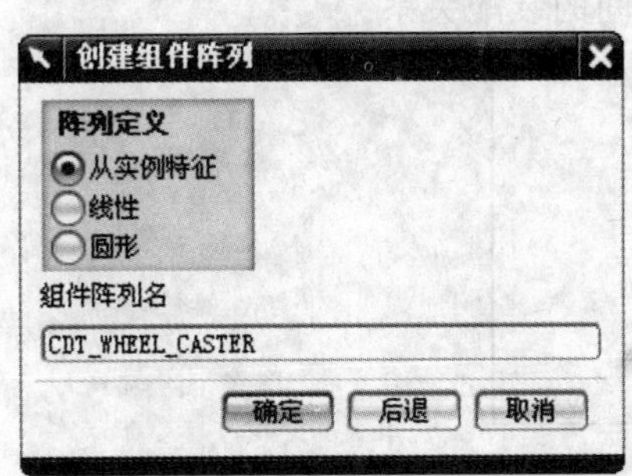

图 8.17 “创建组件阵列”对话框

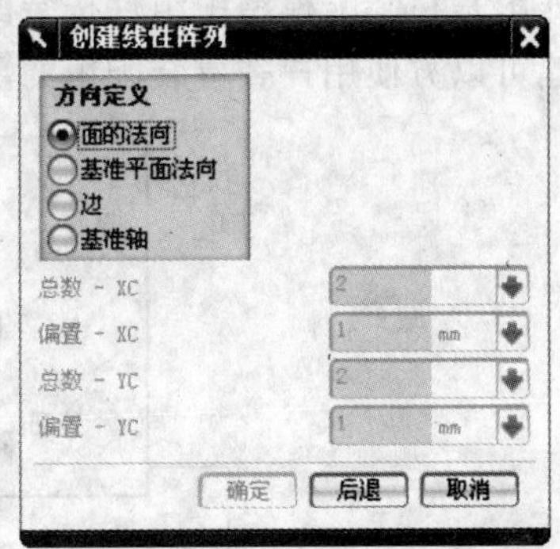

图 8.18 “创建线性阵列”对话框

- 面的法向:使用与所需放置面垂直的面来定义 X 和 Y 参考方向。
- 边:使用与所需放置面共面的边来定义 X 和 Y 参考方向。
- 基准轴:使用与所需放置面共面的基准面来定义 X 和 Y 参考方向。
- 基准平面法向:使用与所需旋转面垂直的基准平面来定义 X 和 Y 参考方向。

用户在操作时,选取一种确定 X、Y 方向的定义方法,再在绘图工作区中选择相应的对象来确定 X、Y 方向。然后分别输入 X 和 Y 方向的阵列数量和偏置距离,则系统即可产生线性阵列。如果只指定一个方向,则系统将产生一维阵列;如果指定了两个方向,则系统会产生二维阵列。

(3)圆形阵列:设置圆周同样可以用于创建一个二维组件阵列,也可以创建正交或非正交的主组件阵列,与线性阵列不同之处在于:圆周阵列是将对象沿轴线执行圆周均匀阵列操作。

要执行该操作,可选中“创建组件阵列”对话框中的“圆形”单选按钮,并单击“确定”按钮,打开如图 8.19 所示的“创建圆形阵列”对话框,可创建以下 3 种圆形阵列特征:

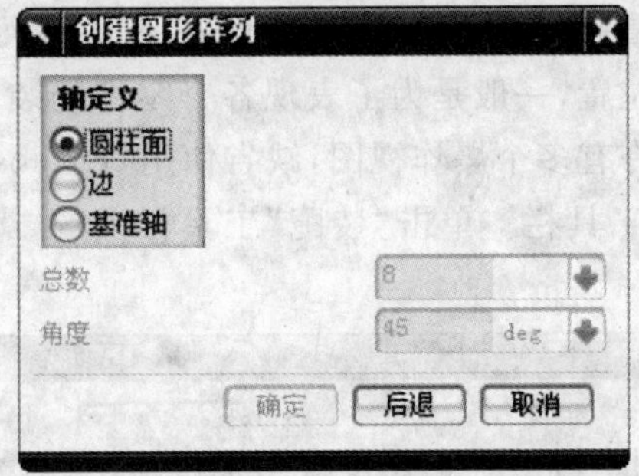

图 8.19 “创建圆形阵列”对话框

- 圆柱面:使用与所需放置面垂直的圆柱面来定义沿该面均匀分布的对象。
- 边:使用与所需放置面上的边线或与之平行的边线来定义沿该面均匀分布的对象。
- 基准轴:使用基准轴来定义对象使其沿该轴线形成均匀分布的阵列对象。

用户操作时,应先选择一种定义阵列中心轴的方法,再在绘图工作区中选择相应的对象确定阵列中心轴,然后指定圆形阵列的组件数量和角度参数,系统即可产生圆形阵列。

任务三 爆炸视图

爆炸图是在装配模型中组件按装配关系偏离原来位置的拆分图形,如图 8.20 所示。爆炸图的创建可以方便用户查看装配中的零件及其相互之间的装配关系。

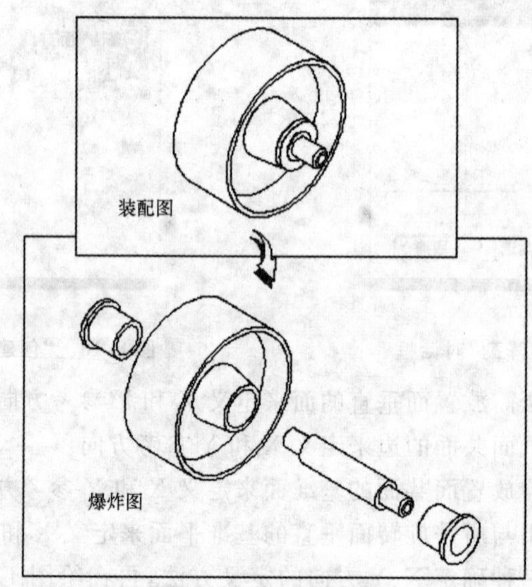

图 8.20 爆炸图

爆炸图在本质上也是一个视图,与其他用户定义的视图一样,一旦定义和命名就可以被添加到其他图形中。爆炸图与显示部件关联,并存储在显示部件中。用户可以在任何视图中显示爆炸图形,并对该图形进行任何 UG 的操作,该操作也将同时影响到非爆炸图中的组件。

一、创建爆炸图

爆炸视图是为了方便查看装配体中各组件之间的装配关系而设置的,在该图形中,组件按照装配关系偏离原来的装配位置,一般是为了表现各个零件的装配过程以及整个部件或是机器的工作原理。一个模型允许有多个爆炸视图,缺省使用"Explosion"加序号作为爆炸视图的名称,如图 8.21 为"爆炸图"工具栏。单击"装配"工具栏上的"爆炸图"按钮 ,可打开或关闭"爆炸图"工具栏。

图 8.21 "爆炸图"编辑工具栏

1. 创建爆炸视图

选择命令"装配"→"爆炸图"→"创建爆炸图"或者在爆炸图编辑工具栏中点击"创建爆炸

图”图标，将会弹出一个“输入爆炸图”对话框。在该对话框中输入爆炸图名称，或接受缺省名称，单击确定就建立了一个新的爆炸图，如图 8.22 所示。

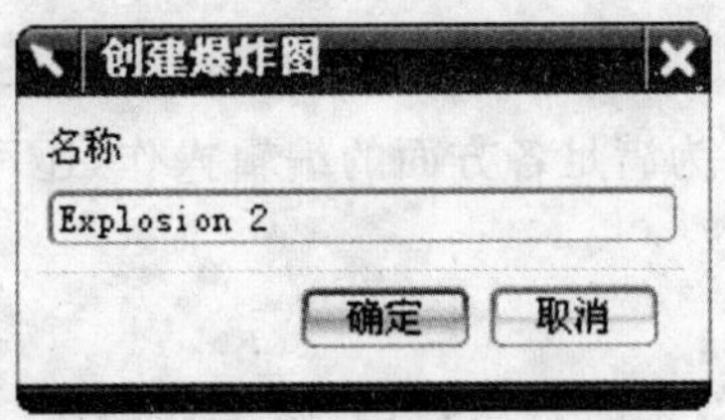

图 8.22 “创建爆炸图”对话框

2. 自动爆炸视图

通过新建一个爆炸视图即可执行以下的组件爆炸操作，UG NX 装配中的组件爆炸的方式为自动爆炸，该操作方式是基于组件之间保持关联的条件，沿表面的正交方向自动爆炸组件。

选择菜单命令“装配”→“爆炸图”→“自动爆炸视图”，或者是在爆炸图编辑工具栏中点击“自动爆炸视图”图标，系统将打开一个类选择对话框，并在绘图区选中要进行爆炸的组件，单击“确定”按钮，打开“爆炸距离”对话框，如图 8.23 所示。

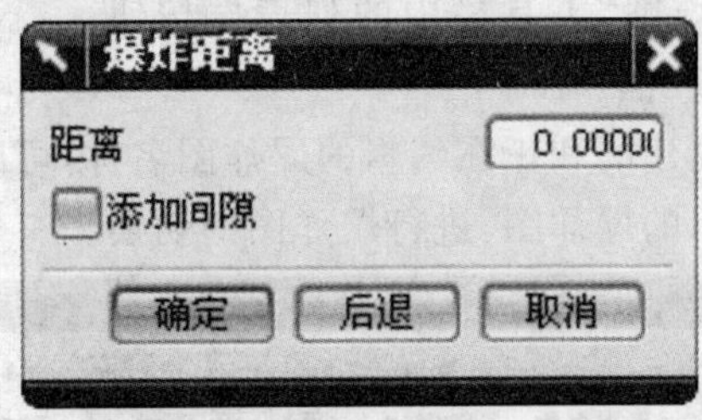

图 8.23 “爆炸距离”对话框

在该对话框的“距离”文本框中输入组件间执行爆炸操作的间隙，启用“添加间隙”复选框，则指定的距离为组件相对于关联组件移动的相对距离；禁用该复选框，则指定的距离为绝对距离，即组件从当前位置移动指定的距离值。

3. 手动创建爆炸视图

在执行自动爆炸操作之后，各组件的相对位置并非按照正确的规律分布，还需要使用“编辑爆炸图”工具将其调整为最佳的位置。

选择命令“装配”→“爆炸图”→“编辑爆炸图”，或者是在爆炸图编辑工具栏中点击“编辑爆炸图”图标，打开“编辑爆炸图”对话框，如图 8.24 所示。

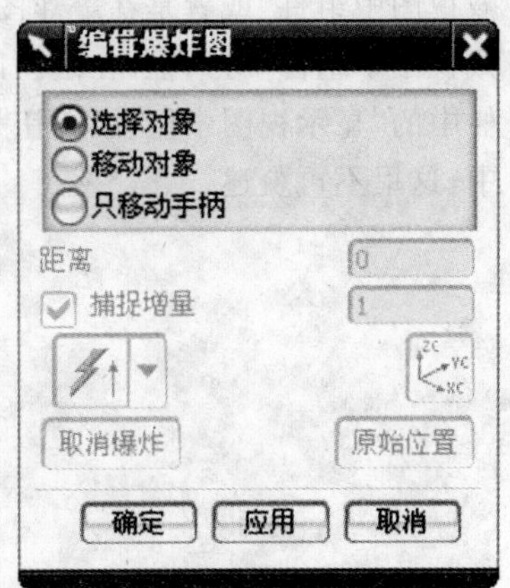

图 8.24 “编辑爆炸图”对话框

首先选中“选择对象”单选按钮，直接在绘图区选取将要移动的组件，选取的对象将以红色显示。选中“移动对象”单选按钮，即可将该组件移动或旋转到适当的位置。选中“只移动手柄”单选按钮，用于移动由标注 X 轴、Y 轴、Z 轴方向的箭头所组成的手柄，以便在组件繁多的爆炸视图中仍然移动组件。

二、编辑爆炸视图

在 UG NX 6.0 装配环境中,执行手动和自动爆炸视图操作,即可获得理想的爆炸效果。为满足各方面的编辑操作,还可对爆炸视图进行位置编辑、复制、删除和切换等操作。

1. 删除爆炸图

当不必显示装配体的爆炸效果时,可执行删除爆炸图操作将其删除,具体的设置方法是:单击“爆炸图”工具栏中的“删除爆炸图”按钮,打开“爆炸图”对话框,如图 8.25 所示。

图 8.25 “爆炸图”对话框

该对话框中列出了所有爆炸图的名称,可在列表框中选择要删除的爆炸图,删除已建立的爆炸图。

注意:在图形窗口中显示的爆炸图不能直接删除。如果要删除它,先要将其复位。

2. 切换爆炸图

在 UG NX 装配过程中,可将多个爆炸图进行切换操作。具体的设置方法是:单击“爆炸图”工具栏中的列表框按钮,打开如图 8.26 所示的下拉列表框。

在该列表框中列出了所创建的和正在编辑的爆炸图名称,可以根据设计需要,在该下拉菜单中选择要在图形窗口中显示的爆炸图,进行爆炸图的切换。

图 8.26 “爆炸图”编辑工具栏

3. 隐藏组件

执行隐藏组件操作是将当前图形窗口中的组件隐藏。选择命令“装配”→“爆炸图”→“隐藏视图中组件”或者是在爆炸图编辑工具栏中点击“隐藏视图中组件”图标,系统将会打开“隐藏视图中组件”对话框,在绘图区选取要隐藏的组件,单击“确定”按钮即可隐藏。此外,该工具栏中的“显示视图中组件”按钮是隐藏组件的逆操作,即将已隐藏的组件重新显示在图形窗口中,这里不再赘述。

项目九　建模实例

任务一　合页建模

任务二　6018 滚动轴承建模

任务一 合页建模

一、绘制合页 1

1. 启动 UG NX6.0,新建一个名称为 HeYe01.prt 的“模型”文件,设置好工作目录。

2. 单击“特征”工具条中的“长方体”按钮,绘制一个长、宽、高分别为“120、60、5”的长方体(图 9.1),在点构造器中分别输入相对坐标“X、Y、Z”三个坐标为 0,单击“确定”按钮,长方体如图 9.2 所示。

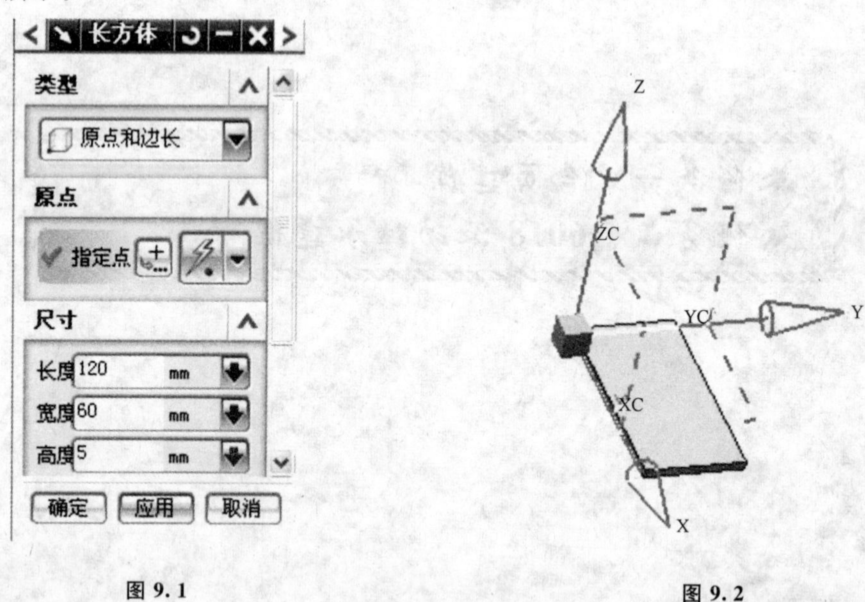

图 9.1　　图 9.2

3. 单击“特征”工具条中的“草图”按钮,以下图所示的平面为基准平面绘制草图(图 9.3)。

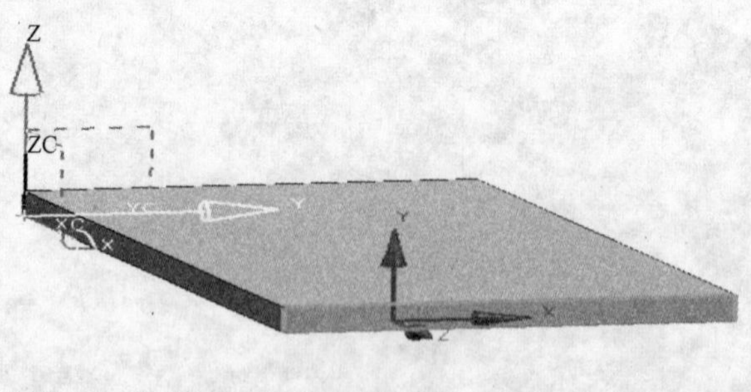

图 9.3

4. 单击“草图曲线”工具条中的“圆”按钮,在下图所示的位置绘制一个“直径”为“10”的圆(如图 9.4)。

5. 单击完成草图按钮退出草图模块,单击“特征”工具条中的按钮,选择草图曲线圆作为拉伸体截面几何图形,设置拉伸距离为 120,然后在“布尔”下拉列表中选择“求和”选项(图 9.5),单击“确定”按钮,拉伸结果如下图所示(图 9.6)。

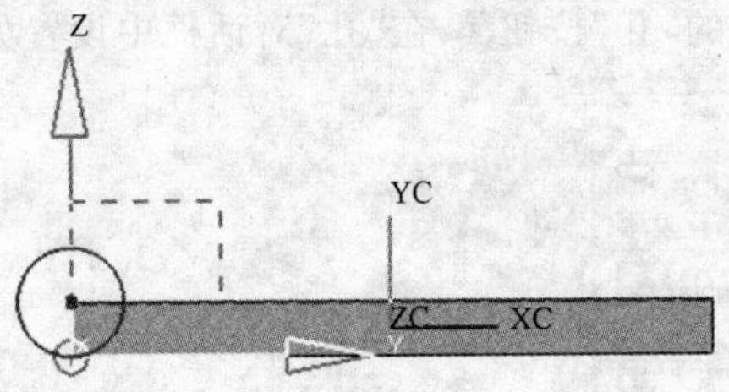

图 9.4

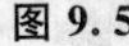

图 9.5

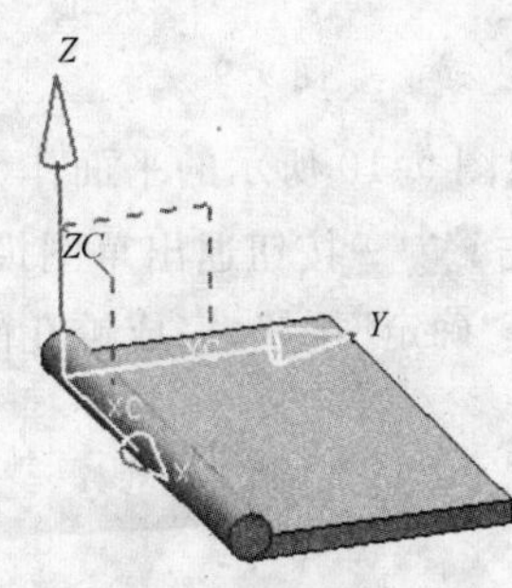

图 9.6

6. 单击“特征”工具条中的“孔”按钮，在下图所示的平面上创建一个直径为“7”的通孔(图 9.7)，参数如(图 9.8)所示，单击“确定”按钮。注意：在选择孔的位置时把光标应放在步骤 5 所建圆柱体的中心位置上，系统会自动捕捉圆柱的中心作为孔的中心。

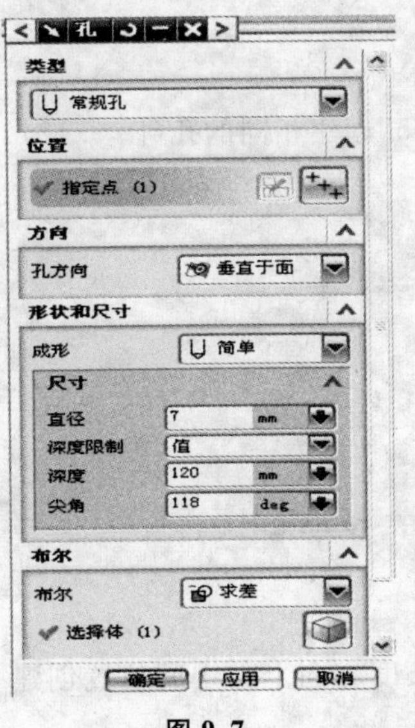

图 9.7

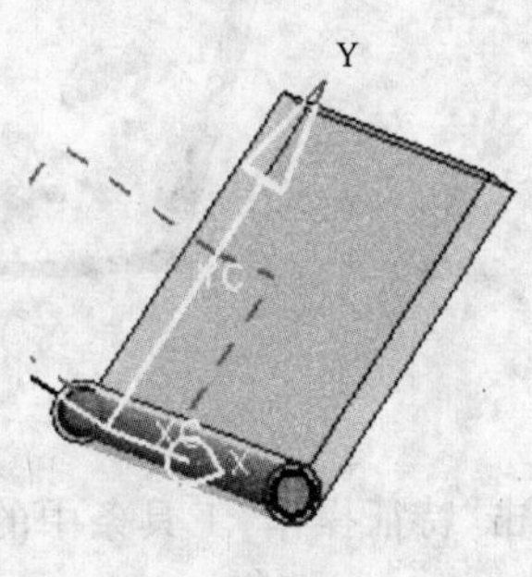

图 9.8

7. 单击“特征”工具条中的“孔”按钮，在“孔”对话框中设置如图 9.9 所示的参数。

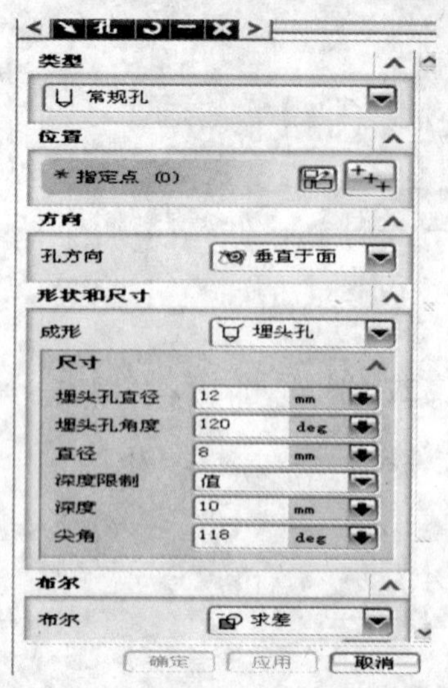

图 9.9

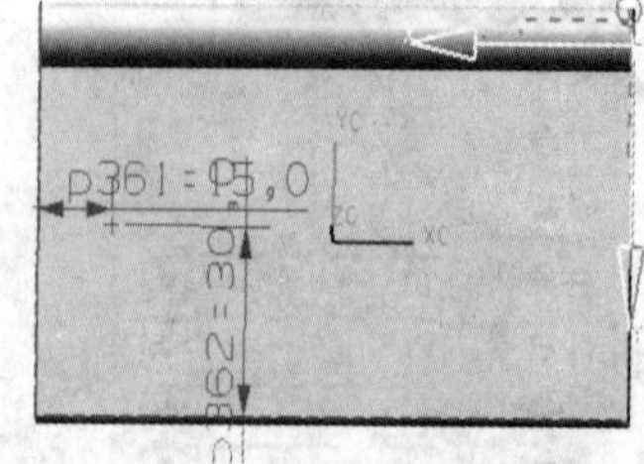

图 9.10

8. 选取图 9.10 所示的平面作为创建孔的平面，并按图 9.10 所示的“X＝15、Y＝30”尺寸创建点，单击完成草图按钮退出草图模块。

9. 单击“确定”按钮，完成锥孔的创建(图 9.11)。

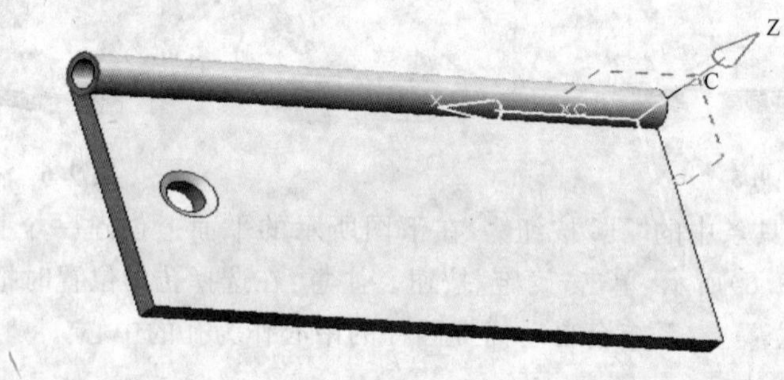

图 9.11

10. 按照上一步的操作方法，定位尺寸“X＝40、Y＝15”创建相同的孔(图 9.12)。

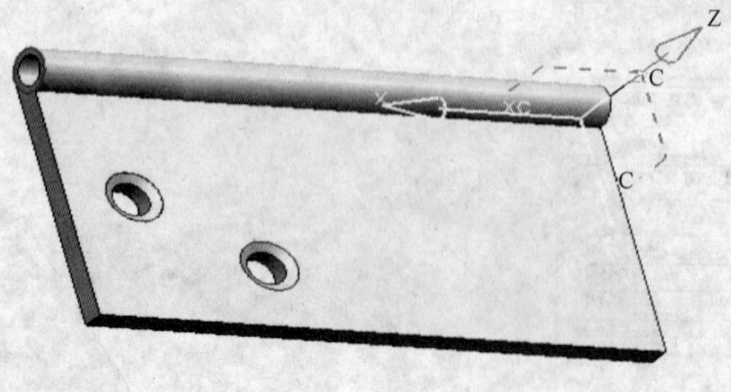

图 9.12

11. 单击“特征操作”工具条中的按钮，在合页的长度方向上的中间位置创建一个基准面(图 9.13)。

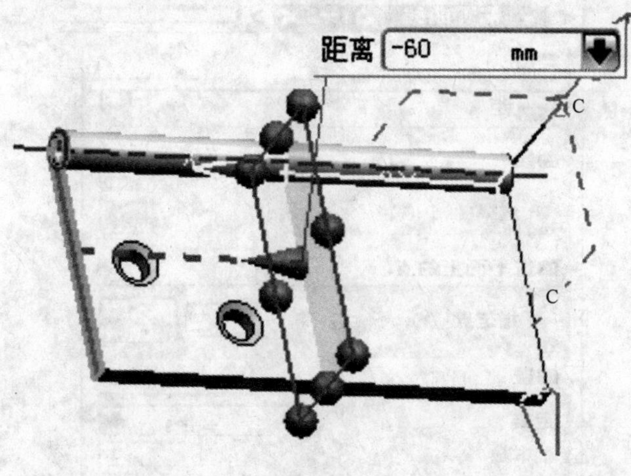

图 9.13

12. 单击“特征操作”工具条中的“镜像特征”按钮，分别选取第 9、10 步创建的两个锥形孔作为镜像特征，再选第 11 步创建的基准平面为中心对称平面镜像两个锥形孔，然后单击“确定”按钮，结果如图 9.14 所示。

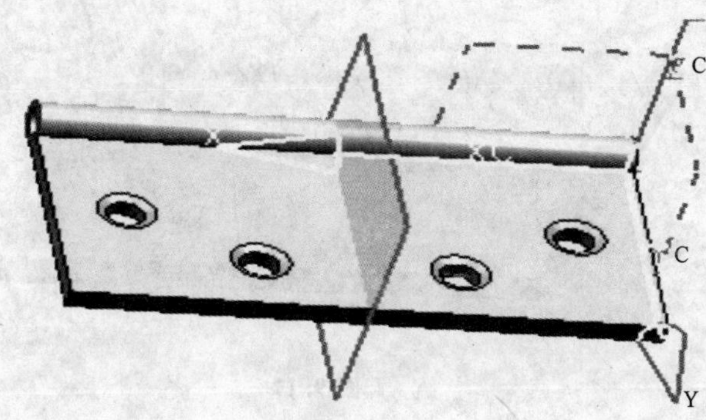

图 9.14

13. 单击“曲线”工具按钮中的“偏置曲线”按钮，选择如下图所示的直线作为要偏置的直线(图 9.15)。

图 9.15

14. 在“偏置曲线”对话框的“类型”下拉列表中选择“距离”选项，然后单击按钮，在下图所示的平面上指定一点(图 9.16)。

15. 偏置方向如图 9.17 所示，并在“偏置曲线”对话框中设置“距离”为 1，“副本数”为 1 (图 9.16)。

16. 偏置结果如图 9.18 所示。

图 9.16

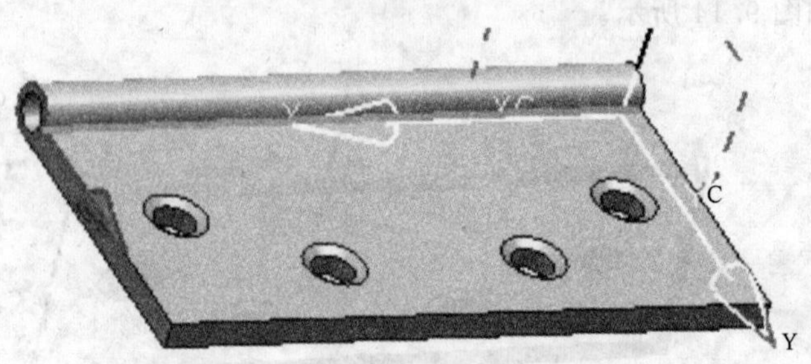

图 9.17

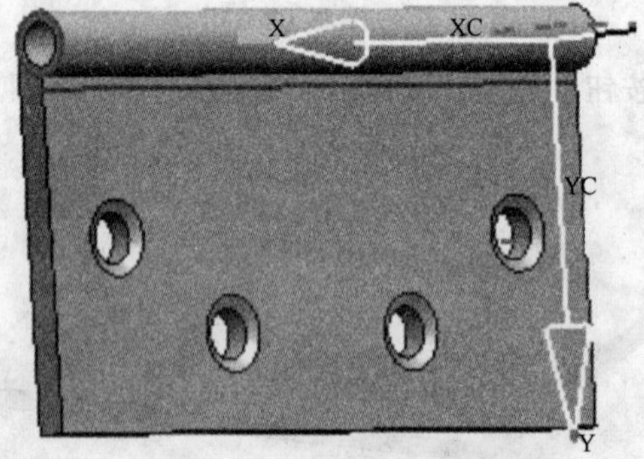

图 9.18

17. 单击“特征”工具条中的“草图”按钮，以 XY 平面为基准平面绘制如图 9.19 所示的草图。

18. 单击完成草图按钮退出草图模块，然后单击“特征”工具条中的“拉伸”按钮弹出“拉伸”对话框，在此对话框中进行如图 9.20 所示的设置，选择如图 9.21 所示的曲线作为拉伸截面几何图形进行拉伸。

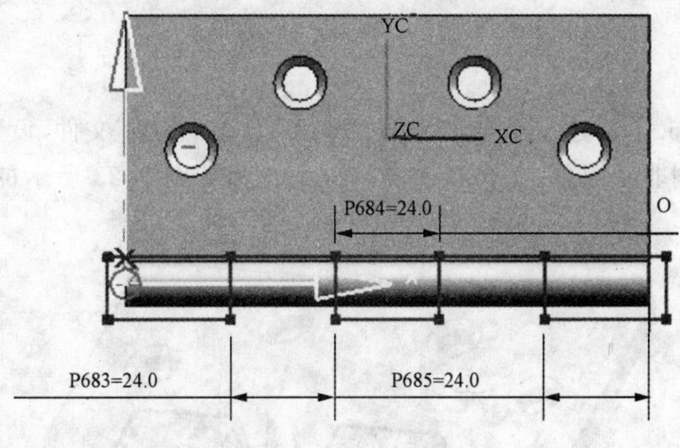

图 9.19

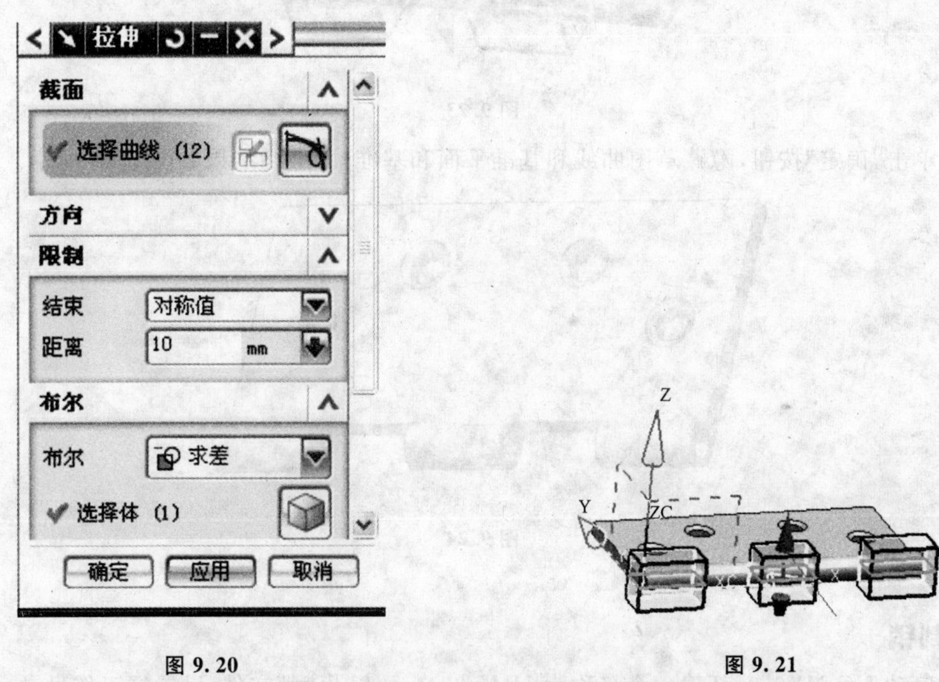

图 9.20　　图 9.21

19. 单击“确定”按钮，隐藏草图曲线和基准平面和基准轴，最终结果如图 9.22 所示。

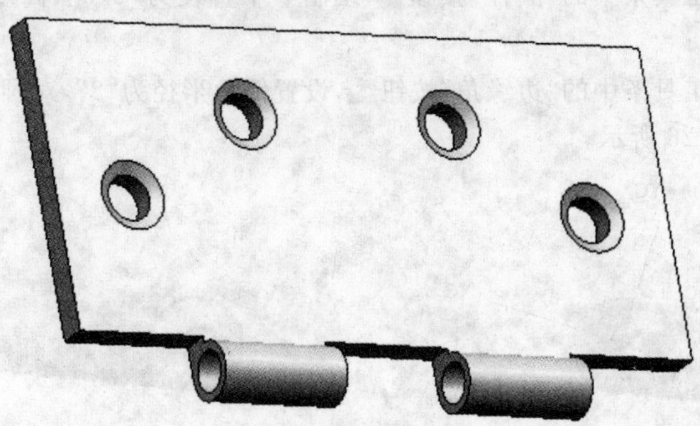

图 9.22

二、绘制合页 2

1. 启动 UG NX6.0,新建一个名称为 HeYe02.prt 的“模型”文件,设置好工作目录。

2. 合页 2 的绘制非常简单,在合页 1 的基础上选择如图 9.23 所示的曲线作为拉伸的截面几何图形。

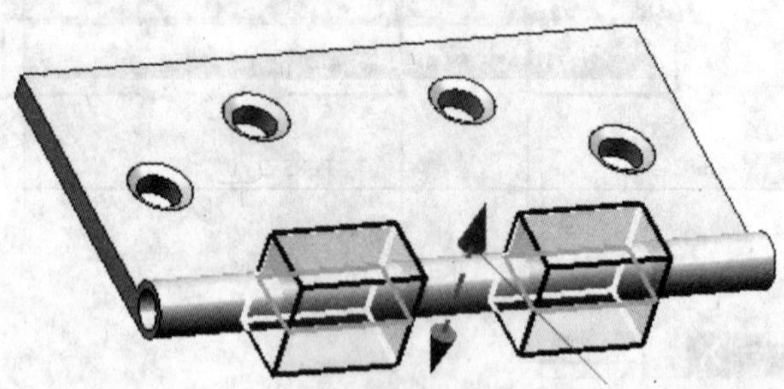

图 9.23

3. 单击“确定”按钮,隐藏草图曲线和基准平面和基准轴,最终结果如图 9.24 所示。

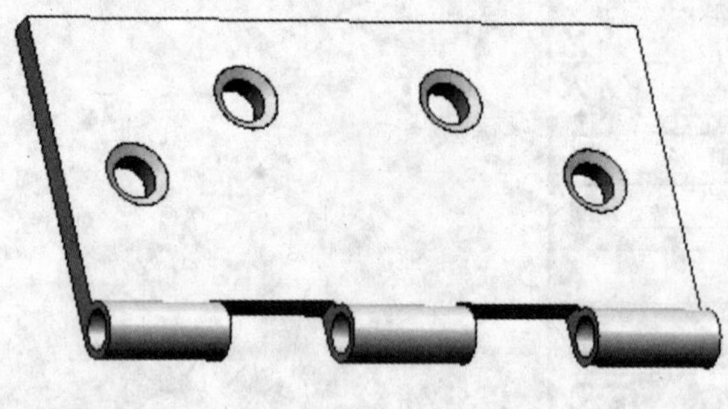

图 9.24

三、绘制销

1. 启动 UG NX6.0,新建一个名称为 HeYe03.prt 的“模型”文件,设置好工作目录。

2. 单击“特征”工具条中的“圆柱”按钮,绘制一个直径为“6.5”、高度为“120”的圆柱销(图 9.25)。

3. 单击“特征”工具条中的“边缘角”按钮,设置倒角半径为“2”,对圆柱销两端进行边倒圆,最终效果如图 9.26 所示。

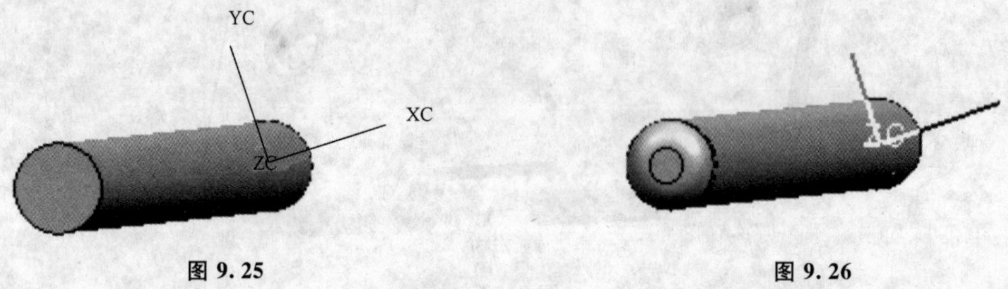

图 9.25　　图 9.26

四、装配

1. 单击“标准”工具条中的“新建”按钮，新建一个名称为 HeYe04. prt 的“装配”文件。

2. 将组件添加到装配模块，如图 9.27 所示。

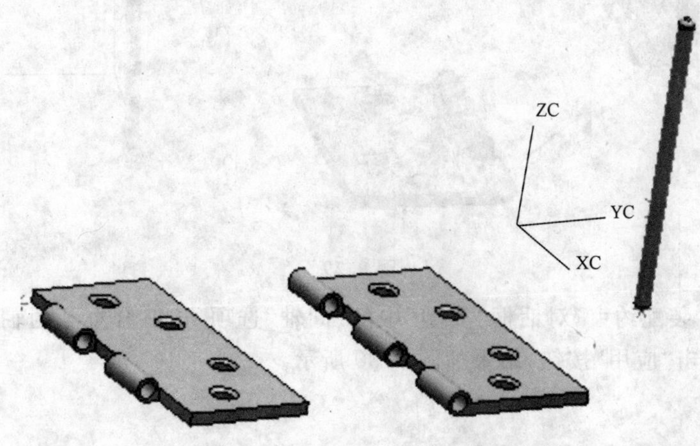

图 9.27

3. 单击“装配”工具条中的“移动组件”按钮，选取合页 2 为对移动对象，在“移动组件”对话框“类型”选项中选取“绕轴旋转”，指定合页 2 的中心孔为旋转轴，“指定矢量”方向向外，“绕轴的角度”中输入角度 60，单击“应用”按钮；然后再次选取合页 2 为对移动对象，在“移动组件”对话框“类型”选项中选取“绕轴旋转”，在“旋转轴”的指定矢量中选取 Z 轴为旋转轴，“绕轴的角度”中输入角度 180，将合页 2 旋转 180°，单击“应用”按钮，效果如图 9.28 所示。

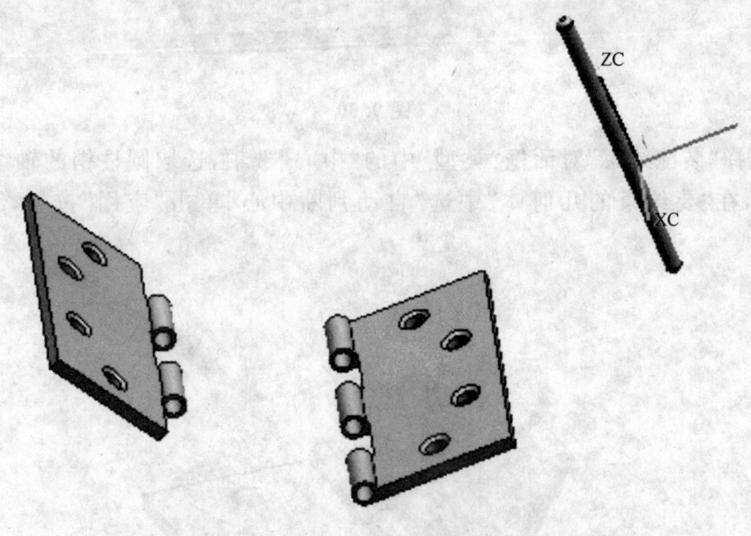

图 9.28

4. 单击“装配”工具条中的“装配约束”按钮，选择“装配约束”对话框“类型”中的“接触对齐”选项，此时要从“被配对的组件上选取对象”，选取合页 2 的侧面，然后再选取合页 1 的侧面(图 9.29)，单击“应用”，结果如图 9.30 所示。

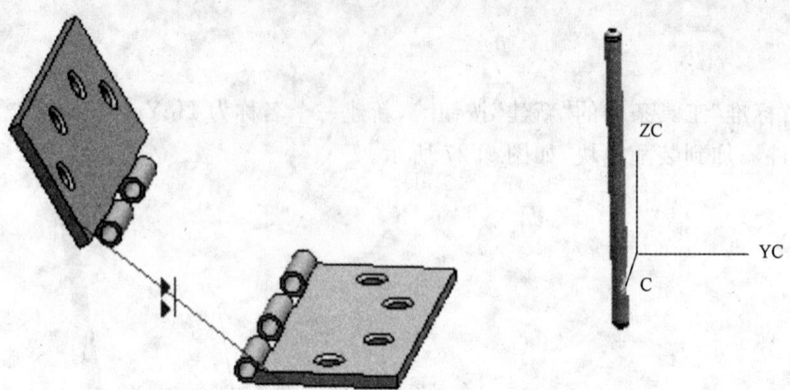

图 9.29

5. 接着选择“装配约束”对话框“类型”中的“同轴”选项,选取合页 2 的轴线,然后再选取合页 1 的轴线,单击“应用”按钮,结果如图 9.30 所示。

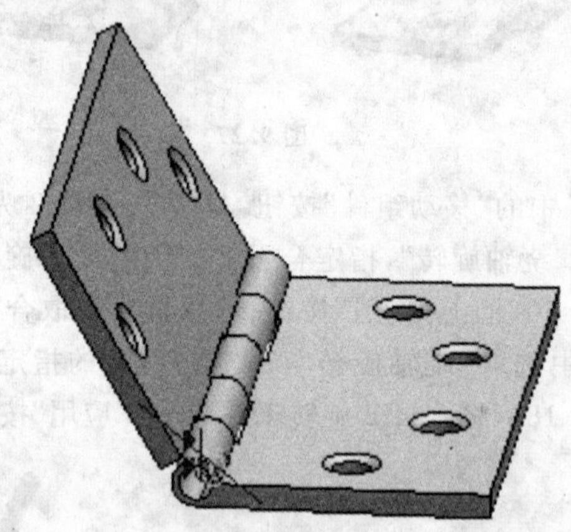

图 9.30

6. 接着选择“装配约束”对话框“类型”中的“中心”选项,选取圆柱销的轴线,然后再选取合页 1 的轴线,在“要约束的几何体”中选“自动判断中心”单击“应用”按钮,结果如图 9.31 所示。

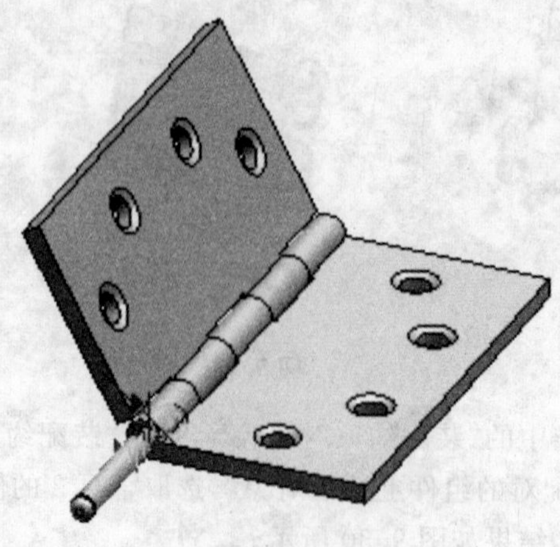

图 9.31

7. 接着选择"装配约束"对话框"类型"中的"距离"选项，选取圆柱销的一个端面，再选取合页 1 的侧面，设置两个面的距离为"0"，然后单击"确定"按钮，配对结果如图 9.32 所示。

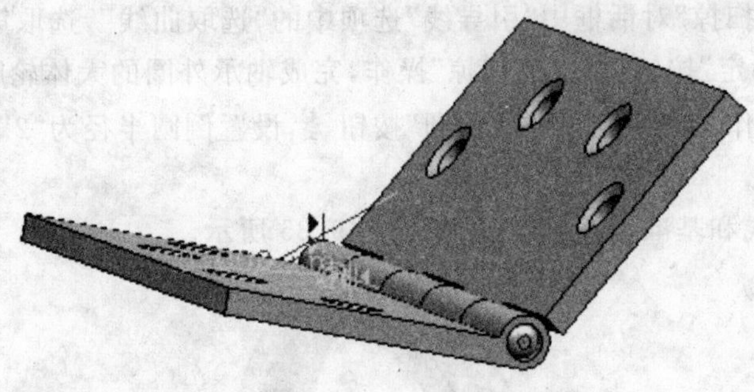

图 9.32

任务二　6018 滚动轴承建模

一、绘制轴承外圈

1. 启动 UG NX6.0，新建一个名称为 zhoucheng01.prt 的"模型"文件，设置好工作目录。

2. 单击"特征"工具条中的按钮，以 XY 平面为基准平面绘制的草图如图 9.33 所示。

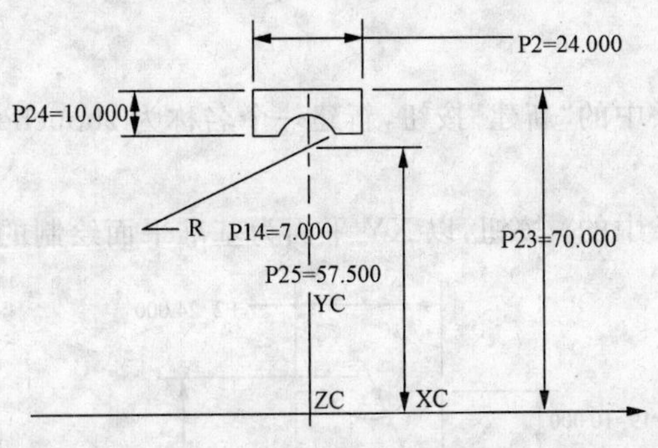

图 9.33

3. 单击完成草图按钮退出草图模块，然后单击"特征"工具条中的"草图"按钮，以 YZ 平面为基准平面绘制 Φ115 的草图如图 9.34 所示。

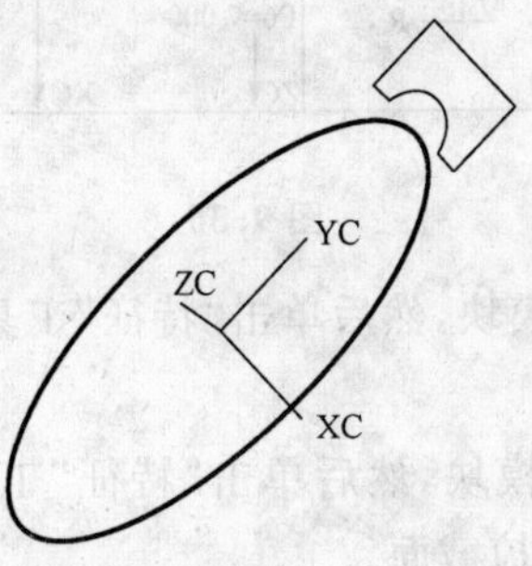

图 9.34

4. 单击完成草图按钮退出草图模块，然后单击“特征”工具条中的扫掠按钮，弹出“扫掠”对话框，选取第2步绘制的草图作为扫掠截面。

5. 用左键点取“扫掠”对话框中“引导线”选项中的“选取曲线”，选取第3步绘制的圆作为引导线，然后单击“确定”按钮选完成“扫掠”操作，完成轴承外圈的大体轮廓。

6. 单击“特征操作”工具条中的“边倒圆”按钮边倒圆，设置倒圆半径为“2”，对轴承外圈棱边进行倒圆操作。

7. 隐藏草绘曲线和基准平面，最终结果如图9.35所示。

图9.35

二、绘制轴承内圈

1. 单击“标准”工具条中的“新建”按钮，新建一个名称为zhoucheng02.prt的“模型”文件，设置好工作目录。

2. 单击“特征”工具条中的草图按钮，以XY平面为基准平面绘制的草图如图9.36所示。

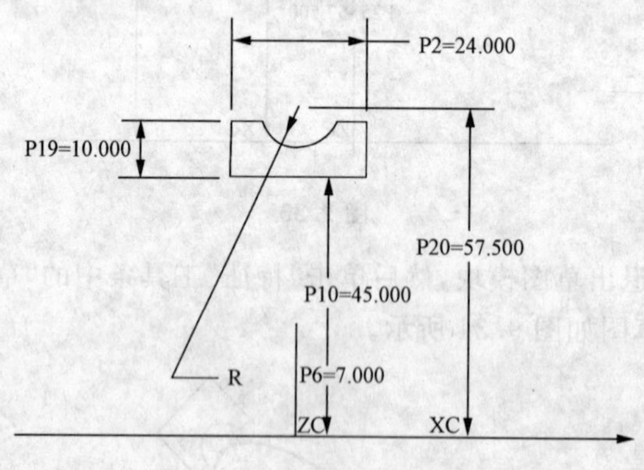

图9.36

3. 单击完成草图按钮退出草图模块，然后单击“特征”工具条中的“草图”按钮，以YZ平面为基准平面绘制Φ115的草图。

4. 单击完成草图按钮退出草图模块，然后单击“特征”工具条中的扫掠按钮，弹出“扫掠”对话框，选取第2步绘制的草图作为扫掠截面。

5. 用左键点取“扫掠”对话框中“引导线”选项中的“选取曲线”，选取第3步绘制的圆作为引导线，然后单击“确定”按钮选完成“扫掠”操作，则完成轴承内圈的大体轮廓。

6. 单击“特征操作”工具条中的“边倒圆”按钮，设置倒圆半径为“2”，对轴承内圈棱边进行倒圆操作。

7. 隐藏草绘曲线和基准平面，结果如图 9.37 所示。

图 9.37

三、绘制滚动体

1. 单击“标准”工具条中的“新建”按钮，新建一个名称为 zhoucheng03.prt 的“模型”文件，设置好工作目录。

2. 单击“特征”工具条中的按钮，以 XY 平面为基准平面绘制点，坐标为(57.5 ,0)的草图，如图 9.38 所示。

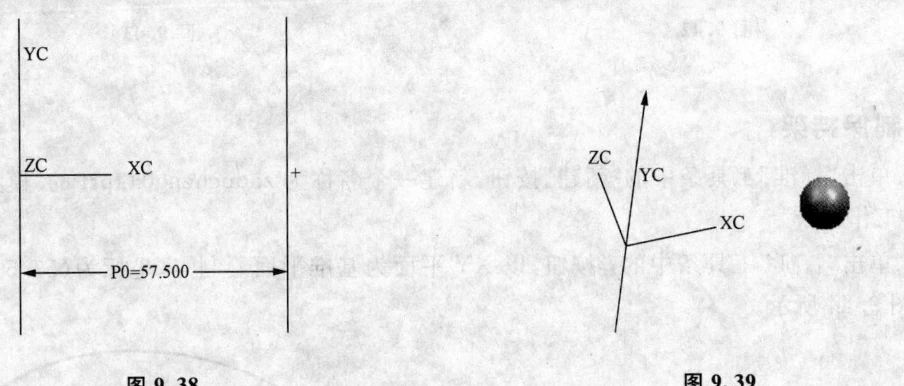

图 9.38　　图 9.39

3. 单击按钮退出草图模块，然后单击“特征”工具条中的“球体”按钮，在弹出“球”对话框中选择“中心点和直径”的方式绘制，设置球体为“14”，选择上步绘制的点为球心创建球体如图 9.39 所示。

4. 选取球体，使之变亮，调出“变换”菜单(Ctrl＋T)，弹出“变换”的对话框。

5. 单击“圆形阵列”按钮，弹出“点”对话框，要求用户指定圆形阵列参考点，然后在“坐标”列表框中进行如图 9.40 所示的设置。

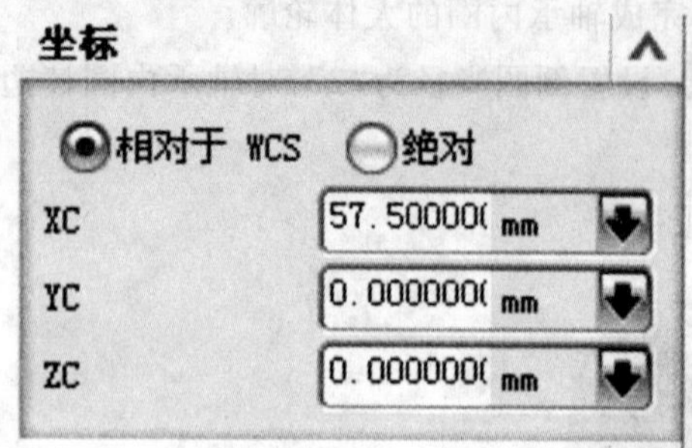

图 9.40

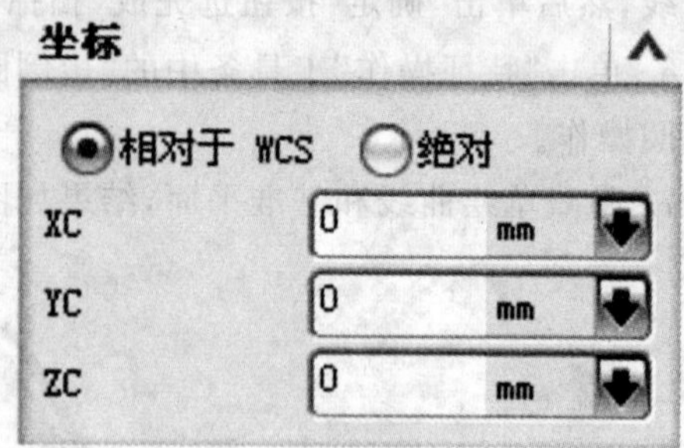

图 9.41

6. 单击"确定"按钮,弹出"点"对话框，要求用户指定旋转中心点，选择坐标原点为旋转点,如图 9.41 所示的设置。

7. 单击"确定"按钮,弹出"变换"参数对话框,在该对话框中进行如图 9.42 所示的设置。

8. 单击"确定"按钮,接着弹出"变换"操作类型对话框，要求用户选择变换操作的类型,然后单击"复制"按钮,绘图区中就会显示变换结果如图 9.43 所示。

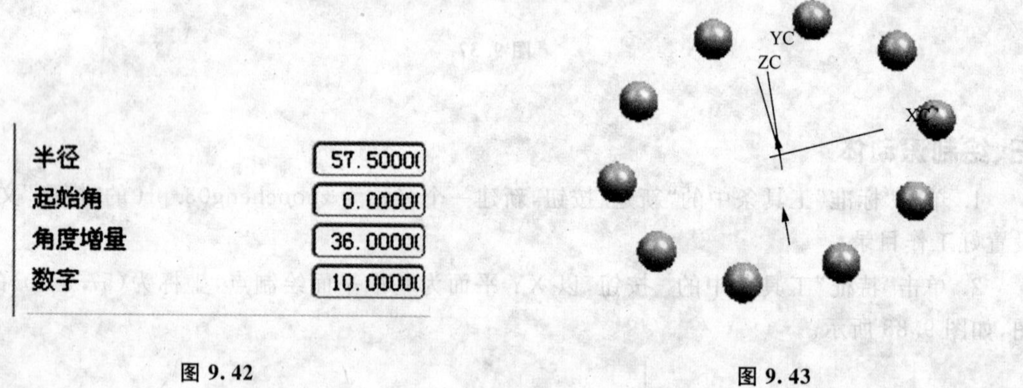

图 9.42

图 9.43

四、绘制保持架

1. 单击"标准"工具条中的"新建"按钮,新建一个名称为 zhoucheng04. prt 的"模型"文件,设置好工作目录。

2. 单击"特征"工具条中的按钮,以 XY 平面为基准平面绘制点,坐标为(57.5 ,0)的草图,如图 9.44 所示。

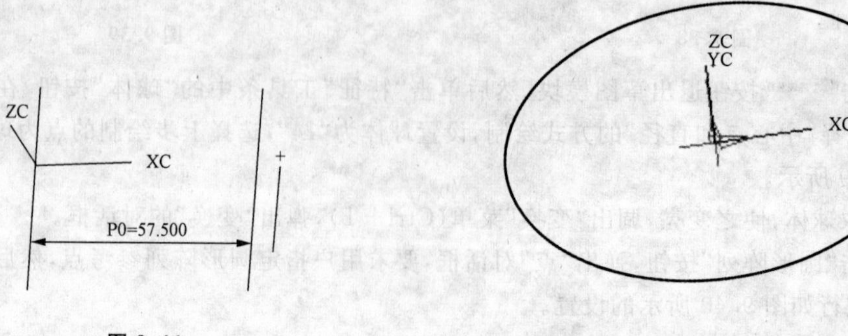

图 9.44

图 9.45

3. 单击「完成草图」按钮退出草图模块，然后单击“特征”工具条中的“球体”按钮，在弹出“球”对话框中选择“中心点和直径”的方式绘制，设置球体为“18”，选择上步绘制的点为球心创建球体如图 9.45 所示。

4. 再次单击“特征”工具条中的“草图”按钮，选择以 XY 平面为基准平面绘制 Φ135 的圆如图 9.45 所示的草图。

5. 单击「完成草图」按钮退出草图模块，然后单击“特征”工具条中的「拉伸」按钮，弹出“拉伸”对话框，选择刚才绘制的 Φ135 大圆形作为拉伸截面几何图形，然后在“开始”选项中选取“对称值”选项，并在其下方的“距离”文本框中输入“4”。

6. 单击“确定”按钮，形成拉伸特征如图 9.46 所示。

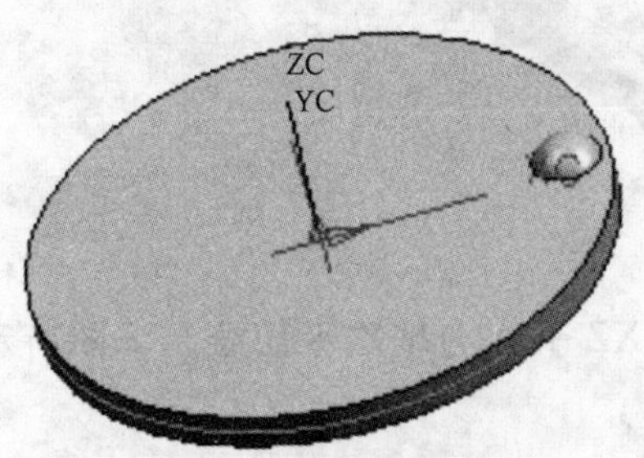

图 9.46

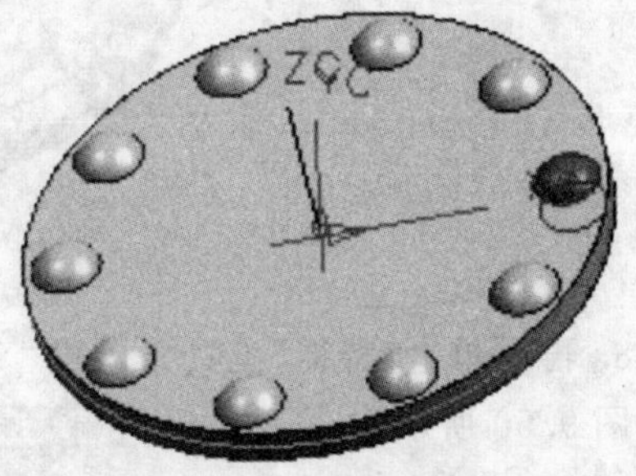
图 9.47

7. 单击“特征操作”工具条中的“求和”按钮，将球体和拉伸实体合二为一。

8. 单击“插入”菜单中的“关联复制”/“实例特征”选项，弹出“实例”对话框。

9. 单击“圆形阵列”按钮，在弹出的对话框选择需要进行阵列操作的实体特征即球体。

10. 单击“确定”按钮，弹出如下图所示的“实例”参数对话框，在“方法”选项中选取“相同的”选项，然后在“数量”文本框中输入阵列的个数“10”，在“角度”文本框中输入两个阵列特征之间的间隔“角度”为“36”。

11. 单击“确定”按钮，接着指定 Z 轴为阵列中心，然后单击“是”按钮创建阵列特征如图 9.47 所示。

12. 单击“特征”工具条中的“草图”按钮，以 XY 平面为基准平面绘制草图。

13. 单击“圆”按钮，以坐标原点为中心绘制一个 Φ117 的圆。

14. 单击「完成草图」按钮退出草图模块，然后单击“特征”工具条中的“拉伸”按钮，选择刚才绘制的 Φ117 圆作为拉伸截面几何图形，然后在“限制”列表框的“开始”和“终点”下拉列表中都选择“贯通”选项，接着“布尔”列表中选择“求交”选项，单击“确定”按钮完成拉伸操作如图 9.48 所示。

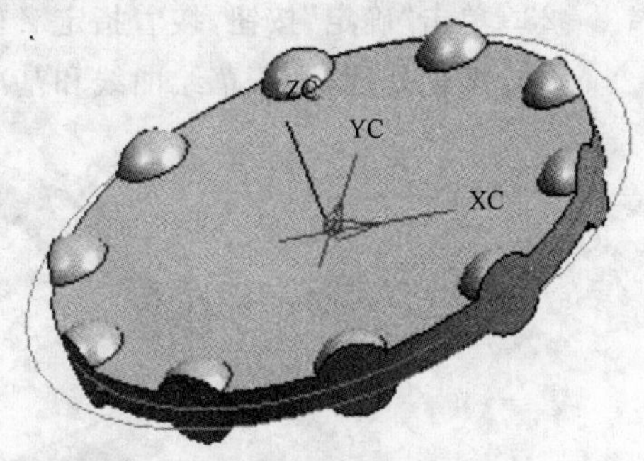

图 9.48

15. 再次单击“特征”工具条中的“草图”按钮，以下图 XY 平面为基准平面绘制草图。

16. 单击“圆”按钮，以坐标原点为中心绘制一个 Φ113 的圆。

17. 单击完成草图按钮退出草图模块，单击“特征”工具条中的“拉伸”按钮，选择刚才绘制的 Φ113 圆作为拉伸截面几何图形，然后在“限制”列表框的“开始”和“终点”下拉列表中都选择“贯通”选项，接着“布尔”下拉列表中选择“求差”选项，单击“确定”按钮完成拉伸操作，如图 9.49 所示。

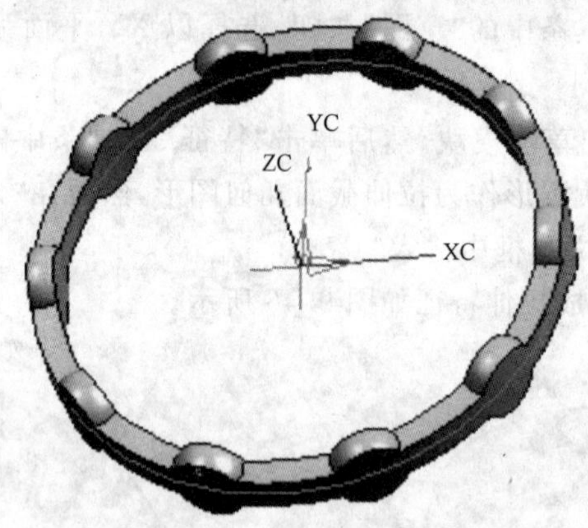

图 9.49

18. 再次单击“特征”工具条中的“草图”按钮，以 XZ 平面为基准平面绘制下图所示的半圆，如图 9.50 所示。

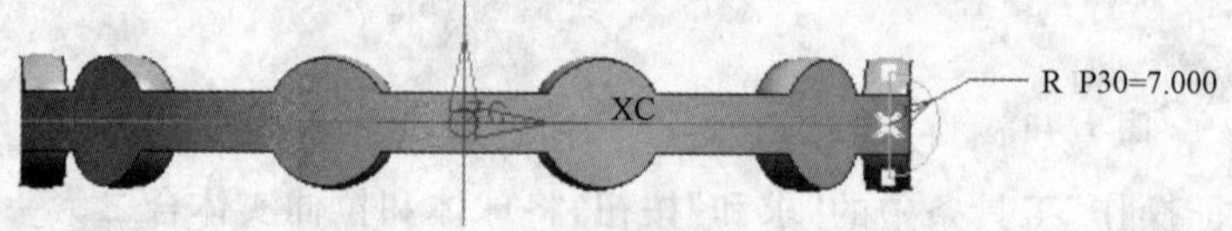

图 9.50

19. 单击完成草图按钮退出草图模块，单击“特征”工具条中的“旋转”按钮，选择刚才绘制的草图曲线作为旋转特征的截面几何图形，在“轴”选项指定草图中的直线作为指定矢量(旋转轴)，在“限制”文本框中输入起始角为“0”，终点角度为“360”，然后在“布尔”下拉列表中选择“求差”选项。

20. 单击“插入”菜单中的“关联复制”/“实例特征”选项，弹出“实例”对话框。

21. 单击“圆形阵列”按钮，弹出对话框，选择需要进行阵列操作的实体特征即旋转孔。

22. 同样设置阵列“数量”为“10”，间隔“角度”为“36”。

23. 单击“确定”按钮，接着指定 Z 轴为阵列中心，然后单击“是”按钮完成创建阵列特征。

24. 细化处理，隐藏草绘曲线和基准平面，结果如图 9.51 所示。

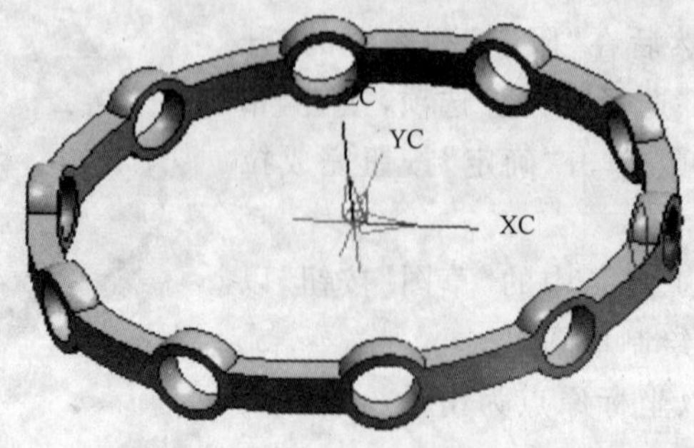

图 9.51

五、轴承的装配

(一)插入组件

1. 单击“标准”工具条中的“新建”按钮，新建一个 zhoucheng. prt 的“装配”文件，系统会弹出默认的“添加组件”对话框。

2. 用户可以在“已加载的部件”列表框中选择需要添加的部件。

3. 指定 zhoucheng01. prt 轴承外圈部件后，单击“应用”按钮，在弹出的“点”对话框中输入部件所需要的点坐标(0,0,0)。

4. 单击“应用”按钮完成添加指定部件，然后使用同样的方法将轴承内圈(坐标为 50,0,0)、滚动体(坐标为 150,0,0)、保持架(坐标为 300,0,0)等全部加入到装配模块下，如图 9.52 所示。

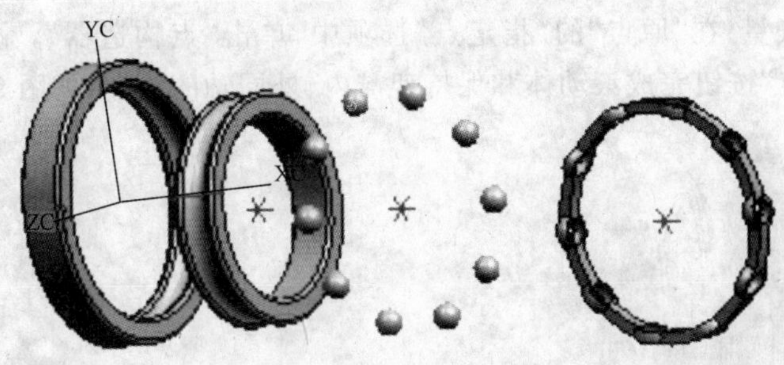

图 9.52

(二)装配滚动体和保持架

1. 在滚动体上单击鼠标右键，在弹出的快捷菜单中选择“移动”菜单项。

2. 弹出“移动组件”对话框，在“类型”选项中选取“点到点”方式。

3. 在“出发点”选项中指定滚动体的现在的坐标位置，单击“指定点”中的点构造器按钮，在“点”对话框中输入坐标(150,0,0)。

4. 单击“确定”按钮，系统提示指定滚动体目标点的位置(即要移动到的终点位置)，在“目标点”选项中指定滚动体的需要移动到的坐标位置，单击“指定点”中的点构造器按钮，在“点”对话框中输入坐标(300,0,20)，这时滚动体就会移动到保持架上方 20mm 的地方[如果滚动体和保持架的基准面和起点相同的话将坐标改为(300,0,0)，滚动体就会直接装入保持架之中]。

5. 单击“确定”按钮完成“移动组件”的配对。

6. 接着单击“装配”工具条中的装配约束按钮，弹出“装配约束”对话框，在“类型”选项中选取“”方式，系统提示要在“要约束的几何体”选项中选取择两个对象，先选取一个滚动体的表面，再选取保持架孔的内表面作为两个配对的对象，这时滚动体会自动的装入保持架中，如图 9.53 所示。

(三)将装配好的滚动体和保持架与轴承内圈进行装配

1. 单击“装配”工具条中的移动组件按钮，在弹出的“移动组件”对话框中的“类型”选项中选取“两轴之间”方式。

2. 单击“要移动的组件”中的“选择组件 (2)”，分别选取图 9.53 中的滚动体和保持架，然后

图 9.53

点中键确定。

3. 系统提示在"从矢量"的"指定矢量"选项中,指定起点矢量,在新出现在坐标系中选取 X 轴为起点矢量;再在"目标矢量"的"指定矢量"选项中,指定矢量的终点,在新出现在坐标系中选取 Z 轴为终点矢量;在"原点"的"指定点"选项中,单击"点构造器",输入(300,0,0)为旋转中心点,单击"确定"按钮完成滚动体和保持架与内、外同轴的旋转,如图 9.54 所示。

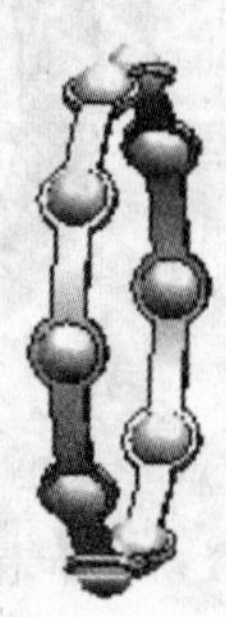

图 9.54

4. 单击"装配"工具条中的装配约束按钮,弹出"装配约束"对话框,在"类型"选项中选取"接触对齐"方式,系统提示要在"要约束的几何体"的"方位"选项中"选取择两个对象",先选取一个滚动体的表面,再选轴承内圈的圆弧凹槽面作为两个配对的对象,这时滚动体和保持架就会自动的装入轴承内圈中,如图 9.55 所示。

图 9.55

(四)装配轴承外圈

1. 单击"装配"工具条中的装配约束按钮,弹出"装配约束"对话框,在"类型"选项中选取"距离"方式,系统提示要在"要约束的几何体"的选项中"选取择两个对象",先选取轴承外圈的一端面，再选取轴承内圈的一端面(与轴承外圈所选的同一个方向)，在“距离”选项的文本框中输入“0”，单击“确定”按钮轴承外圈装入轴承内圈中，完成轴承的装配工作，如图 9.56 所示。

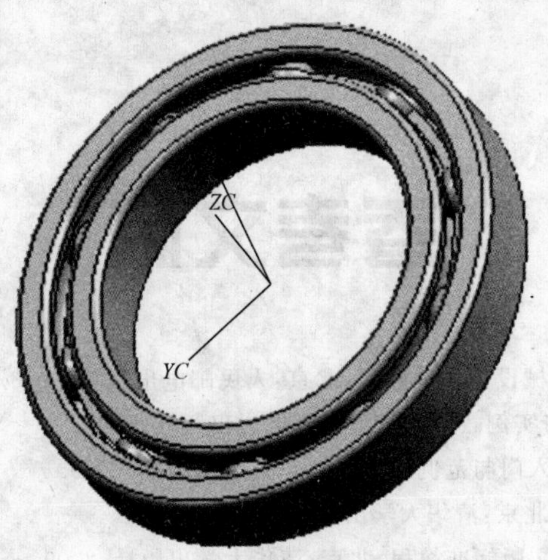

图 9.56

参考文献

[1] 朱凯，等. UG NX 中文版机械设计基础教程. 北京：人民邮电出版社，2006.
[2] 戴国洪. UG NX 5.0 应用与实例教程. 北京：中国电力出版社，2008.
[3] 钟日铭. UGS NX 6.0 基础入门与范例. 北京：清华大学出版社，2009.
[4] 詹才浩. UG NX 应用教程. 北京：清华大学出版社，2008.
[5] 张瑞萍，等. UG NX 6.0 中文版标准教程. 北京：清华大学出版社，2009.
[6] 孙慧萍，等. UG NX 基础教程. 北京：人民邮电出版社，2006.
[7] 谢龙汉. UG NX 中文版曲面造型基础教程. 北京：人民邮电出版社，2006.
[8] 展迪优. UG NX 5.0 快速入门教程. 北京：机械工业出版社，2008.
[9] 朱凯，等. UG NX 中文版机械设计基础教程. 北京：人民邮电出版社，2006.
[10] 张治. Unigraphics NX 参数化设计实例教程. 北京：清华大学出版社，2002.
[11] 宋振会. UG NX 4.0 工程制图基础教程. 北京：清华大学出版社，2006.
[12] 蒋丹. Unigraphics NX 软件教程. 上海：上海交通大学出版社，2004.
[13] 严正锡，等. Unigraphics NX 专业特训教程. 北京：人民邮电出版社，2005.
[14] 陈志康，等. 中文 Unigraphics NX 运用实例教程. 北京：冶金工业出版社，2003.